TRIZ王国游历记

——创新方法应用案例

江 帆 陈江栋 著

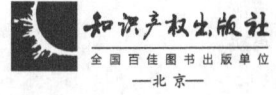

知识产权出版社
全国百佳图书出版单位
—北京—

图书在版编目（CIP）数据

TRIZ 王国游历记：创新方法应用案例/江帆，陈江栋著. —北京：知识产权出版社，2020.9

ISBN 978-7-5130-7010-2

Ⅰ. ①T… Ⅱ. ①江… ②陈… Ⅲ. ①创造学—青少年读物 Ⅳ. ①G305-49

中国版本图书馆 CIP 数据核字（2020）第 103210 号

内容提要

TRIZ 王国是创新思维的胜地，让我们随着尹问特的步伐，在创新思维方法城堡放飞思想、开拓思路；在技术进化城堡寻找技术进化的秘诀，促进技术的新陈代谢；在发明技巧城堡学习发明点金术，在创新发明路上有计可施；在矛盾城堡识别矛盾，体验矛盾消解之美；在物场城堡感受物场之韵，掌握一般解法与标准解法；在科学效应城堡探究问题，按图索骥获得解决方案；在分析方法城堡了解不同的分析方法与解决策略。通过 TRIZ 王国游历，成语与方法结合，让您熟悉创新技巧，提高创新能力。

本书适合中小学的学生和大学低年级学生阅读，也可供各级工程技术人员创新方法培训与自学时参考。

责任编辑：李 潇 刘 嚞　　　　责任校对：王 岩
封面设计：红石榴文化·王英磊　　责任印制：刘译文

TRIZ 王国游历记
——创新方法应用案例

江 帆 陈江栋 著

出版发行：	知识产权出版社有限责任公司	网　址：	http://www.ipph.cn
社　　址：	北京市海淀区气象路 50 号院	邮　编：	100081
责编电话：	010-82000860 转 8119	责编邮箱：	liuhe@cnipr.com
发行电话：	010-82000860 转 8101/8102	发行传真：	010-82000893/82005070/82000270
印　　刷：	北京建宏印刷有限公司	经　销：	各大网上书店、新华书店及相关专业书店
开　　本：	720mm×1000mm 1/16	印　张：	17.25
版　　次：	2020 年 9 月第 1 版	印　次：	2020 年 9 月第 1 次印刷
字　　数：	258 千字	定　价：	89.00 元

ISBN 978-7-5130-7010-2

出版权专有　侵权必究
如有印装质量问题，本社负责调换。

前　言

青少年是未来创新创业的主力军，加强青少年创新能力培养势在必行。如何培养创新能力呢？学习创新方法是当务之急。

创新方法不计其数，TRIZ 理论是一套系统的创新方法及流程，它能有效地消除人们意识中的思维惯性，解决创新效率低下的问题，值得青少年学习、掌握。正是基于从小培养创新能力的思想，本书以小发明爱好者尹问特游历 TRIZ 王国的故事为主线，结合我国的成语故事，介绍创新方法 TRIZ 理论的内容及其应用方法，激发青少年学习并应用创新方法的兴趣，着力提升青少年的创新能力。

建构主义认为学习是一个不断建构的过程，是学习者根据原有的知识经验同化新知识的过程。根据这个思路，本书设计了适合青少年学习的故事情节、实例图片，以期引导青少年从身边的创新实例入手，融合已有知识和新知识来建构自己的创新方法体系，达到提升创新能力的目的。

TRIZ 王国是创新思维的胜地，读者跟随尹问特的脚步，在创新思维方法城堡放飞思想，异想天开而有所收益；在技术进化城堡寻找技术进化的秘诀，促进技术的新陈代谢；在发明技巧城堡学习发明"点金术"，在创新发明路上有计可施；在矛盾城堡识别矛盾，体验矛盾消解之美；在物场城堡感受物场之韵，掌握一般解法与标准解法，解决效应不足或效应有害问题；在科学效应城堡探究问题，按图索骥获得解决方案；在分析方法城堡体验功能分析的魅力、裁剪的惬意，一起寻找因果、寻找资源。成语与创新方法结合，会让朋友们在温习传统文化的同时掌握创新方法。期望青少年朋友走完 TRIZ 旅程之后，能够用成语连接创新方法，让自己的想象力驰骋在创新世界里,在实践中应用创新技巧,解决实际问题,增强创新能力。

本书由江帆、陈江栋等集体创作完成,罗雅靖、庄蕴嘉设计了文中的图片。书中有少部分图片和案例的思路来源于网络,这里对原作者表示衷心的感谢!

本书创作得到了广东省科技计划项目(TRIZ王国游历记,2015A070710029)、广东省本科教学改革工程建设项目(应用型人才培养示范专业,粤教高函〔2014〕97号)的资助,还得到广州大学科研处、机械与电气工程学院以及知识产权出版社有限责任公司的大力支持,同时还获得了亲朋好友的支持,在此一并致以深深的谢意!

由于TRIZ王国博大精深以及我们的认识水平有限,本书肯定有不足之处,恳请各位读者批评指正。如果对本书有意见和建议,需要提供创新想法的技术支持,或者有TRIZ应用方面的问题,请发邮件(Email:jiangfan2008@126.com)进行探讨。谢谢!

走吧,开启TRIZ王国之旅吧!

编 者
2019年5月于广州

目 录

第一章 初识 TRIZ 王国 ·· 1

第二章 放飞思想 ·· 4
    1. 完美无缺 ··· 4
    2. 异想天开 ··· 7
    3. 三亲六眷 ··· 9
    4. 经天纬地 ·· 11
    5. 各尽所能 ·· 14
    6. 选择的困惑 ··· 16

第三章 技术在进化 ·· 19
    1. 样样俱全 ·· 20
    2. 青鸟传信 ·· 23
    3. 相得益彰 ·· 25
    4. 心满意得 ·· 28
    5. 随心所欲 ·· 30
    6. 先来后到 ·· 32
    7. 娇小玲珑 ·· 33
    8. 独当一面 ·· 35
    9. 新陈代谢 ·· 37

第四章　发明技巧40计……………………………… 40

1. 化整为零 ……………………………………… 41
2. 披沙拣金 ……………………………………… 44
3. 天圆地方 ……………………………………… 45
4. 错落不齐 ……………………………………… 48
5. 珠联璧合 ……………………………………… 50
6. 一应俱全 ……………………………………… 52
7. 层出不穷 ……………………………………… 54
8. 分庭抗礼 ……………………………………… 56
9. 先发制人 ……………………………………… 58
10. 未雨绸缪 ……………………………………… 61
11. 防患未然 ……………………………………… 63
12. 平起平坐 ……………………………………… 65
13. 倒行逆施 ……………………………………… 67
14. 毁方投圆 ……………………………………… 70
15. 一静不如一动 ………………………………… 72
16. 多退少补 ……………………………………… 75
17. 山不转水转 …………………………………… 77
18. 撼天动地 ……………………………………… 79
19. 周而复始 ……………………………………… 83
20. 马不停蹄 ……………………………………… 85
21. 快刀斩乱麻 …………………………………… 88
22. 修旧利废 ……………………………………… 90
23. 察言观色 ……………………………………… 93
24. 穿针引线 ……………………………………… 95
25. 自动自发 ……………………………………… 97
26. 以假乱真 ……………………………………… 100
27. 鱼目混珠 ……………………………………… 102

28. 李代桃僵 …… 104
29. 水涨船高 …… 106
30. 薄如蝉翼 …… 108
31. 无孔不入 …… 110
32. 五光十色 …… 112
33. 物以类聚 …… 114
34. 自生自灭 …… 116
35. 随机应变 …… 118
36. 沧海桑田 …… 120
37. 热胀冷缩 …… 122
38. 推波助澜 …… 124
39. 孟母三迁 …… 126
40. 相辅相成 …… 128

第五章 矛盾消解之美 …… 137

1. 什么是矛盾 …… 138
2. 技术矛盾消解之道 …… 139
3. 物理矛盾消解之道 …… 147
4. 矛盾迷宫 …… 160

第六章 物场之韵 …… 163

1. 物-场模型那些事 …… 164
2. 物-场模型的一般解法 …… 168
3. 物-场模型的标准解法 …… 179

第七章 按图索骥 …… 184

1. 依照哪些"图"可以找到良马 …… 184
2. 如何按图索骥 …… 192

3

第八章 分析方法城堡之旅 ·············· 198
  1. 功能分析有绝招 ····················· 198
  2. 裁一裁，更精简 ····················· 200
  3. 如何因果分析 ······················· 204
  4. 资源分析也不错 ····················· 206

依依不舍，作别 TRIZ 王国 ············ 209

参考文献 ···························· 211

附录 A 39 个通用工程参数 ············ 214

附录 B 76 个标准解法系统 ············ 218

附录 C 30 个 How to 模型与 100 个科学效应对照表 ········ 223

附录 D 经典矛盾矩阵表 ··············· 254

第一章 初识 TRIZ 王国

尹问特是一名创新爱好者，课余时间喜欢创新创造，也非常希望掌握一种类似万能钥匙的创新方法。他听说西北方有一个 TRIZ 王国，那里有许多创新高手，于是下定决心探访 TRIZ 王国。假期一到，尹问特便一路向西北，历经千难万险，终于来到了 TRIZ 王国（见图 1-1）。

图 1-1 远望 TRIZ 王国

TRIZ 国王阿奇舒勒（G. S. Altshuller）听说来自东方的尹问特前来拜访，很高兴地接待了尹问特，并向他介绍起 TRIZ 王国。

TRIZ 王国版图很大（见图 1-2），有创新思维方法城堡、技术进化城堡、发明技巧城堡、矛盾城堡、物场城堡、科学效应城堡、分析方法城堡等，而且还在不断发展中。

TRIZ 王国创立于 1946 年，历经了 70 多年建设，在研究超过 250 万份出色专利的基础上，搜罗出很多能够解决创新问题的高人，分住在各个城

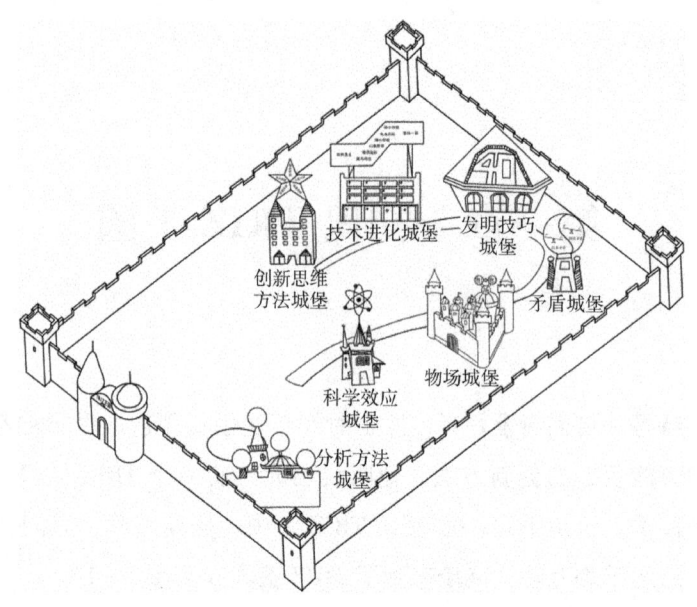

图 1-2　TRIZ 王国地图

堡中，为人们的创新问题求解提供帮助。TRIZ 王国经历了经典 TRIZ 和现代 TRIZ。经典 TRIZ 由创新思维方法城堡、技术进化城堡、发明技巧城堡、矛盾城堡、物场城堡、科学效应城堡组成；现代 TRIZ 主要集中在分析方法城堡。

TRIZ 国王还向尹问特介绍了 TRIZ 高手解决创新问题的套路：先把自己面临的问题转化为 TRIZ 的标准问题，而后在 TRIZ 王国中找到标准解决方案，最后将这个标准的解决方案套回自己的问题上，形成自己的解决方案，整个步骤如图 1-3 所示。面对自己的问题，直接求解往往比较困难，通过这种迂回的方式，能够将问题简化，容易得到理想的解决方案。

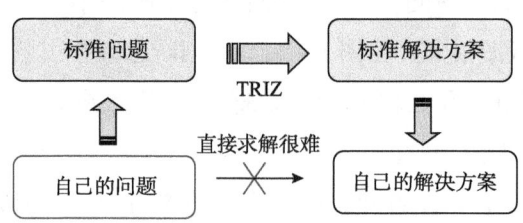

图 1-3　TRIZ 解决问题的步骤

最后，TRIZ 国王向尹问特介绍了 TRIZ 王国经常用到的一些术语。

（1）技术系统：具备特定功能的装置，如手机、汽车、照相机等，就是一个技术系统。

（2）子系统：技术系统的组成部分，如手机电池就是手机系统的一个子系统，方向盘就是汽车系统的一个子系统。

（3）超系统：技术系统以外更高层次的系统或存放的环境，如手机的超系统是通信工具或桌面。

如图 1-4 所示的文具盒，系统是文具盒，子系统是盒盖或盒身，超系统是文具。

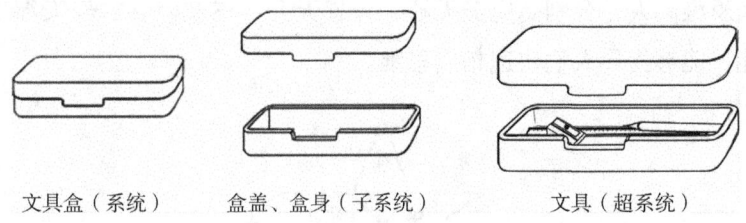

文具盒（系统）　　盒盖、盒身（子系统）　　文具（超系统）

图 1-4　文具盒的系统、子系统、超系统

（4）理想度 I：技术系统有用功能总和除以有害功能总和与成本总和，即

$$I = \frac{\sum F_U}{\sum F_H + \sum C} \tag{1-1}$$

式中，$\sum F_U$ 为有用功能总和；$\sum F_H$ 为有害功能总和；$\sum C$ 为成本总和。

（5）资源：一切可被人类开发和利用的物质、能量和信息等的总称，包括物质资源、能量资源、信息资源、时间资源、空间资源、功能资源等类型。

尹问特在国王这里了解了 TRIZ 王国的概况后，对创新的信心越来越强，迫不及待地想要拜访各位高人。我们就跟随尹问特一起去看看各位 TRIZ 高人是如何解决创新问题的。

第二章 放飞思想

尹问特告别了国王,来到创新思维方法城堡(见图2-1)。城堡中住着五大思维高人,分别是完美无缺、异想天开、三亲六眷、经天纬地、各尽所能,能够指导人们快速拓展思维。

图2-1 创新思维方法城堡

1. 完美无缺

完美无缺的名字出自清代钱泳的《履园丛话》,是指完善美好,没有缺点。完美无缺从小做事就追求理想的解决方案,所以大家都称他为完美无缺。

尹问特首先来到完美无缺家里，完美无缺告诉尹问特，他就是 TRIZ 理论中的最终理想解方法。

完美无缺对尹问特说，你看图 2-2 中，从现实问题出发，如果要到达理想解 A，是很难从 1~3 这三条路线中选出一条正确的路径的；但如果先确定理想解 A，而后从 A 出发回到现实问题，就很容易找到正确的路径。

图 2-2　完美无缺的解决方法

尹问特很快明白了建立理想解的重要性，碰到要解决的问题，首先就要提出理想的解决方案，而后找到实现理想解的障碍，再设法利用现有的资源或其他领域的资源消除这些障碍，最后建立理想的解决思路，具体步骤如图 2-3 所示。

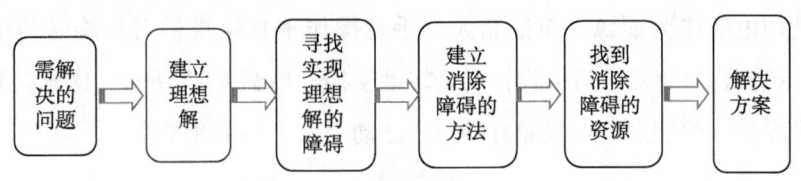

图 2-3　最终理想解的分析步骤

完美无缺给尹问特介绍了一个应用实例。

一对年轻的夫妇有一个两三岁的宝宝，宝宝在吃饭时很难握住钢勺，经常将勺子、餐碗等掉落在地上或到处乱丢。那么如何防止这种情况发生呢？

这里先建立理想解：宝宝不会把勺子乱丢。实现这个理想解的障碍是：勺子在被宝宝挪开桌面的时候会掉落在地上。建立消除障碍的方法：只要能将勺子保持在桌面上就可以了。根据这个方法，寻求相关的资源——可以增加一个吸盘，并用弹性的绳子将勺子和吸盘连接起来，这样就可以将餐具牢牢地固定在桌子上，宝宝吃饭时就不会掉落餐具了，如图2-4所示。

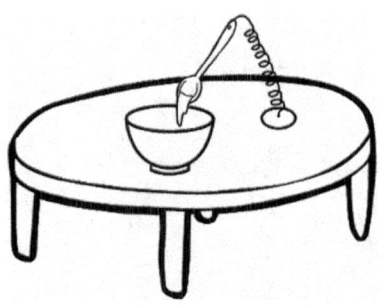

图2-4 餐具防掉落问题

尹问特听了介绍，感觉不是很难，于是也想自己练习一下。他想到以前老师布置的一个制作项目：如何在野外露营或者停电的时候榨果汁喝？现在用完美无缺介绍的这个理想解试试吧！先确定理想解：榨汁机在未供电的条件下也可以工作。实现这个理想解的障碍是：榨汁机的刀片需要供电才会旋转。建立消除障碍的方法：可以改变榨汁机能源的供给方式，即不使用电能作为能源，而依靠人的手动操作来直接提供刀片旋转的机械能。根据这个思路，可以设计一个转动手柄，如图2-5所示。这样就能满足爱喝果汁的朋友，可以随时随地自己动手来一杯果汁了。

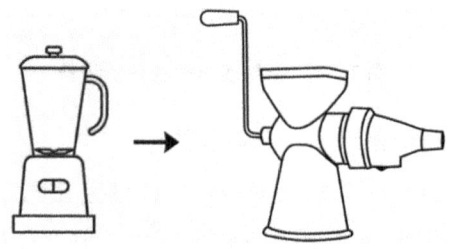

图2-5 手动榨汁机方案

完美无缺对尹问特的领悟力感到满意,建议他去异想天开那里看看。尹问特对"异想天开"的名字感到好奇。完美无缺告诉他,异想天开的名字出自清代李汝珍的《镜花缘》,这位先生喜欢异想天开。

2. 异想天开

"嗨,尹问特,我是异想天开。"尹问特刚走出完美无缺的家门,老远就听见异想天开先生的招呼声。他告诉尹问特,他是 TRIZ 理论中的金鱼法。异想天开继续说,当我们碰到问题后,设想的解决方案中有一些幻想的部分,需要将这些幻想的部分变为现实,怎么把幻想变为现实呢?看我的。

先看看这些方案为什么不现实,然后试试在什么条件下可把幻想的部分变为现实,寻找资源满足这些条件,最后建立解决方案,按如图 2-6 所示的步骤去做就好了。

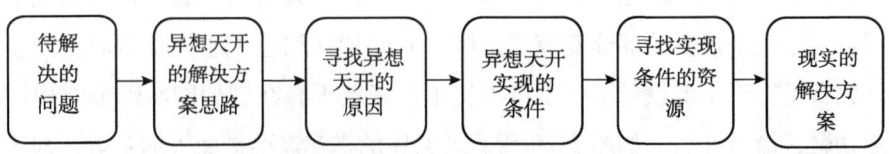

图 2-6 金鱼法的实现步骤

看到尹问特似懂非懂的表情,异想天开先生就给他举了一个例子:设计一张不占房间地面空间的床。

异想天开认真地讲解着:这个是一个幻想的方案,哪有不占房间地面空间的床呢?为什么是幻想?因为现有的床均占地面空间。如何让床不占地面空间呢?可以将床设计成用时展开,不用时收起,就不占地面空间了。再找找可以利用资源,有墙壁、天花板、其他家具等,这里我们可以利用墙壁。异想天开随手画了一个设计图(见图 2-7),这不就是不占地面空间的床!

听到这里,尹问特基本上明白了异想天开解决问题的思路。异想天开先生向尹问特提出一个问题。有一位探险家,十分喜欢在野外探险。但是

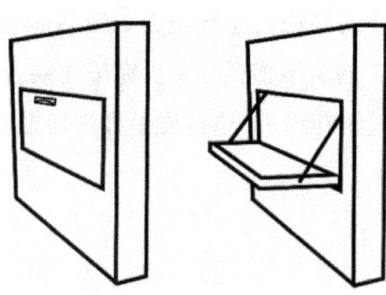

图2-7 不占地面空间的床

他每次出行都需要带很多装备，其中包括帐篷。但是帐篷实在太占空间了，又比较重，不可避免地成为野外行动的负担，如图2-8所示。异想天开先生希望尹问特能解决这个问题。

尹问特很珍惜这个练习的机会，按照异想天开的实现步骤，思考了一阵，就对异想天开说，要解决这个问题就要将帐篷设计成不占背包空间，是一个幻想解决方案。这个方案的现实部分是帐篷由布料和支撑骨架组成；幻想部分是将帐篷折叠收起来后，不会占很大空间。那在什么情况下可以将这个不现实的部分变成现实呢？尹问特仔细想了想，只需向空间发展就行了。于是他设计了一款可以将单人帐篷折叠在鞋的网状部分之中的运动鞋，简易轻巧，如图2-9所示。帐篷的搭建需要借助人的身躯，即手脚并用将其打开；或者在野外露营的时候，用树枝等支撑起来，这对于喜欢露营的人来说又是很棒的体验。尹问特设计的帐篷，没有支撑骨架，可以装在运动鞋上，不占空间，而且携带也不费力。

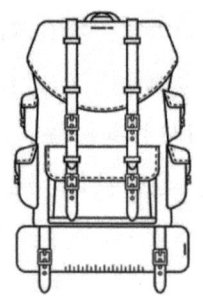   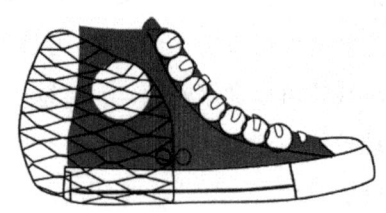

图2-8 平时携带帐篷的方式　　　图2-9 可以放帐篷的鞋

异想天开先生听了,连连夸奖尹问特:"真不错,幻想问题就是这样求解的。"

3. 三亲六眷

告别了异想天开先生后,尹问特要去拜访下一个思维高手——三亲六眷。这位先生的名字也挺有意思,听说这个名字出自元代关汉卿的《鲁斋郎》,表示众亲戚。看来创新思维也要考虑相关性。

不知不觉,尹问特走到三亲六眷先生的家里,看见三亲六眷先生站在三根相互交叉的轴前沉思,这些轴分别挂了标着"S""T""C"的牌子。过了一顿饭的工夫,三亲六眷先生才缓过神,看见了尹问特,面有歉意地笑着打招呼,给尹问特介绍他所精通的STC算子法。这个时候尹问特才意识到三亲六眷先生面前的三个牌子的含义:S 为 Size,尺寸;T 为 Time,时间;C 为 Cost,成本。这三个参数都是产品常用的参数。

三亲六眷先生继续说,所谓"三亲六眷",就是沿这 3 根轴的 6 个方向进行问题的思考,这 3 根轴是尺寸轴、时间轴、成本轴,6 个方向就是每根轴有扩大与缩小两个方向,即将我们思考的对象沿尺寸、时间、成本三根轴(见图 2-10)进行扩大和缩小改变。先将思考对象的尺寸变大(可以变到无穷大),看它会成为什么?再将思考对象的尺寸缩小(可以变

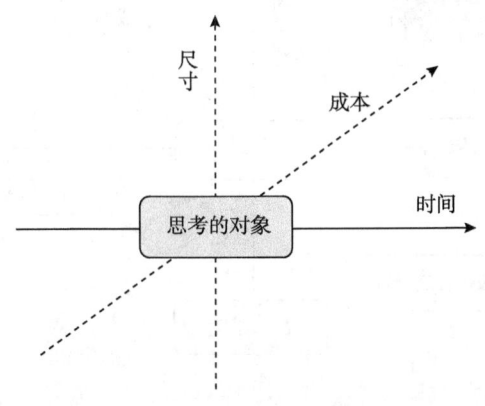

图 2-10 STC 算子法的思考方向

到0),再看它是否会变成新事物?同样,将思考对象的作用时间或运动速度逐渐扩大至无穷大,是否会发生变化?也可将思考对象的作用时间或运动速度逐渐缩小至0,又会产生什么变化?最后将思考对象的成本增大至无穷大,会产生什么情况?而将思考对象的成本减少到0,又会发生哪些变化?这样可以将尺寸、时间、成本3个参数分别向两个方向变化,得到6种创新思维的结果。

三亲六眷给尹问特介绍了眼镜的例子,利用STC算子法对眼镜这种产品进行思维扩展。如图2-11所示,先考虑将眼镜的尺寸缩小,可以采取无镜框设计,如隐形眼镜;再考虑将眼镜的尺寸扩大,就变成非常有趣和流行的VR/AR眼镜。接着从眼镜的制造时间方向思考:增加制造时间,就可以打造精美的眼镜;而减少制造时间,就是快取眼镜超市的模式了,在这里配眼镜只需要半小时或者一小时。最后从眼镜的成本变化的方向思考:增加成本,可以是在普通眼镜的基础上使用贵重的材料,如防蓝光镜片、防断裂眼镜框等,或者可以增加许多元器件和功能成为一副智能眼镜;减少成本,可以用廉价的镜框材料和镜片。通过STC算子法对眼镜进行发散性思考,就可以帮助使用者找到适合自己需求的眼镜。而且,在此基础上继续进行思维扩展,一定还能获得更多的改进思路!

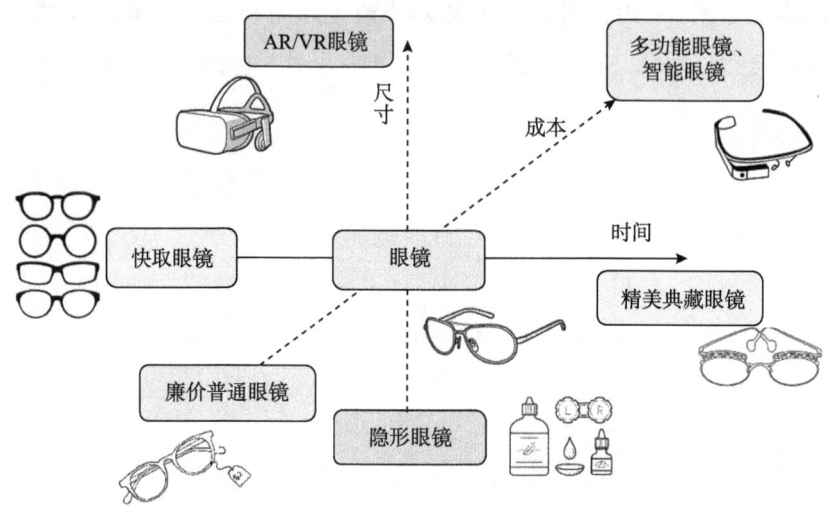

图2-11 眼镜的三亲六眷思维结果

尹问特听了三亲六眷先生的讲解之后，自己也应用了 STC 算子法对旁边的水杯进行了思维扩展，得到如图 2-12 所示的创新水杯方案。这些方案说不定对水杯的新产品开发很有帮助哦！

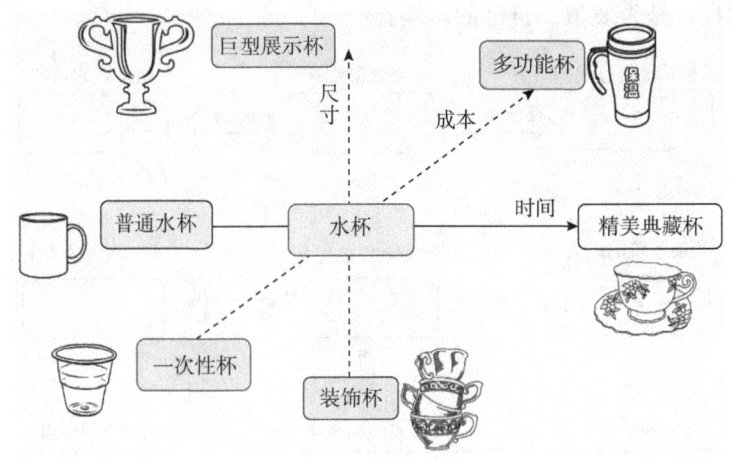

图 2-12　水杯的三亲六眷思维结果

通过练习，尹问特觉得三亲六眷的方法确实不错，由当前产品至少可以拓展出 6 个方案，以后要多使用。

握别尹问特时，三亲六眷顺便给他介绍了下一位思维高手——经天纬地。经天纬地的名字来自《左传·昭公·昭公二十八年》，形容人的才能极大，能做非常伟大的事业。看来创新思维也能成就伟大的事业，尹问特满怀憧憬地思索着。

4. 经天纬地

出了三亲六眷的家，尹问特来到经天纬地先生的院子，看见经天纬地先生正拿出一个九宫格，不知想干啥。经天纬地先生瞅见了尹问特，热情招呼他靠近九宫格并介绍说，我精通的是多屏幕法，也就是通过填九宫格拓展我们的思维。

九宫格如何填写呢？经天纬地先生继续说，按照图 2-13 中的顺序填写九宫格：首先填写序号为 1 的空格，当前系统；接着填写序号为 2、3 的空格，分别是当前系统的子系统和超系统；再填写序号为 4、5 的空格，当前系统的过去与未来；然后填写序号为 6、7 的空格，子系统的过去与未来；最后填写序号为 8、9 的空格，超系统的过去与未来。你看，经过这个填空过程，是否发散了自己的思维？

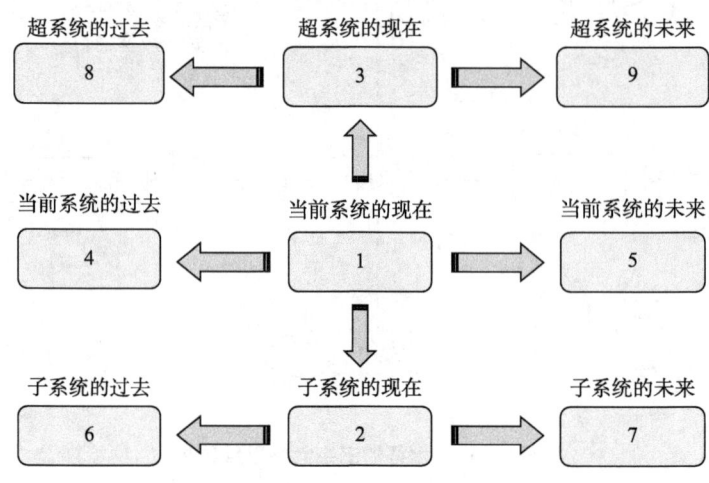

图 2-13　多屏幕法的填写顺序

经天纬地先生向尹问特具体介绍了一个使用多屏幕法对桌子进行思维扩展的例子。桌子是当前系统，桌脚为其子系统，地面为其超系统。接着看看桌子的过去，可以是石头桌，再看看桌子的未来，可以是多功能智能桌，即能自动收放物品且具备计算机的功能的桌子；随后看其子系统——桌脚的过去与未来。桌脚的过去为石头或木头，桌脚的未来可以是打破支撑思路的吊绳。再看看超系统——地面的过去与未来，地面过去是高低不平的，未来可能不接触桌子了，如使用悬浮可动的桌子或悬挂的桌子。通过九宫格的填写，形成如图 2-14 所示的思维方案。如果对超系统进行改进，即桌子不一定与地面接触，可以设计成悬空的，既节省空间、方便打扫，又能当作一个装饰品，如图 2-15 所示。

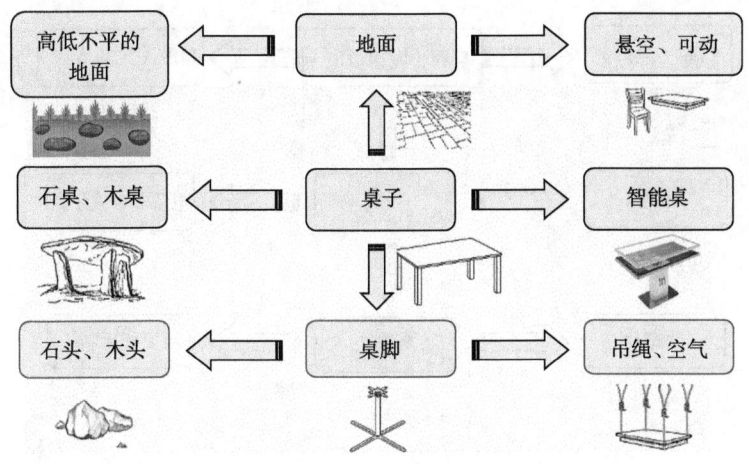

图 2–14　桌子的九宫格

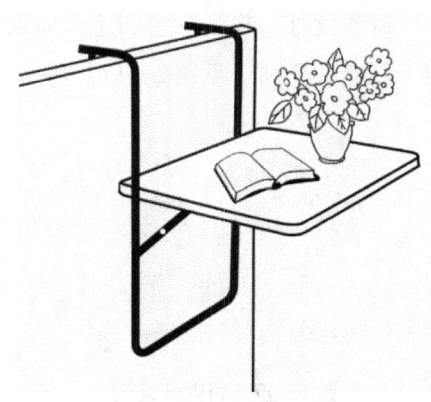

图 2–15　悬空桌子

尹问特听了经天纬地先生的讲解，觉得多屏幕法不难，也决定一试身手。拿什么拓展呢？对，就是日常生活中常用到的牙刷。如图 2–16 所示，牙刷为当前系统，子系统为牙刷头，超系统为口腔。牙刷的过去为简单的杨柳枝，未来为电动旋转式牙刷或超声波振动式牙刷。牙刷头的过去为软布片牙刷头，牙刷头的未来为整体可更换式牙刷头。口腔（清洁）的过去为漱口、剔牙，未来可能为咀嚼或量身定制的刷牙系统。

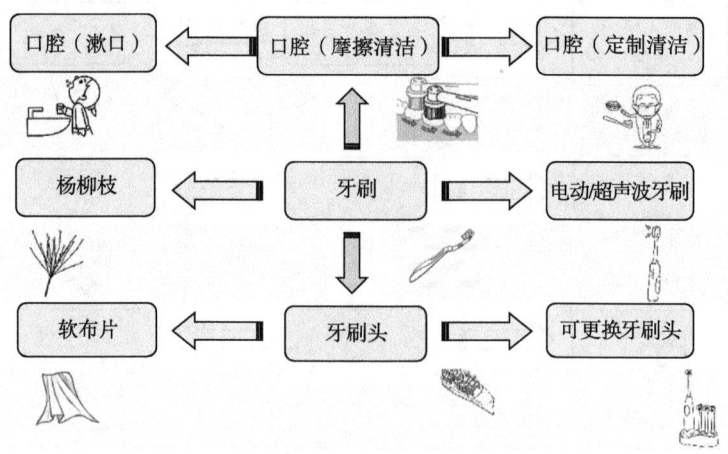

图 2-16 牙刷的九宫格

这样一填写，尹问特还真可以找到一些创意，如设计咀嚼清洁口腔产品、超声波振动牙刷、百变头牙刷（见图 2-17）等。

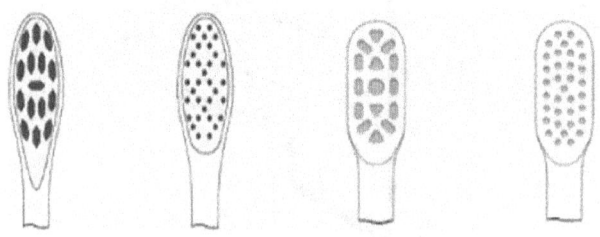

图 2-17 百变头牙刷

5. 各尽所能

尹问特辞别了经天纬地先生后，向各尽所能先生家走去，路上有人告诉了他各尽所能先生名字的来历，是出自《后汉书·曹褒传》，指每个人都尽了自己全力。看来这位各尽所能先生善于发挥个人的优势。

尹问特走着走着，老远就看到各尽所能先生带着一群小矮人在玩。各尽所能先生也看到了尹问特，就邀请他加入，并告诉他这不是一群普通的小矮人，而是能协助我们产生创新方案的小矮人，在 TRIZ 理论中称为小矮人法。

各尽所能先生继续介绍说,当我们碰到系统的某个部分不能发挥其正常功能时,可以试试小矮人法,将系统中不能发挥功能的部分或相邻部分想象成一群群的小矮人,通过改变小矮人的功能、位置、形状等,获得所需的功能,进而得到解决方案。图2-18是小矮人法求解流程。

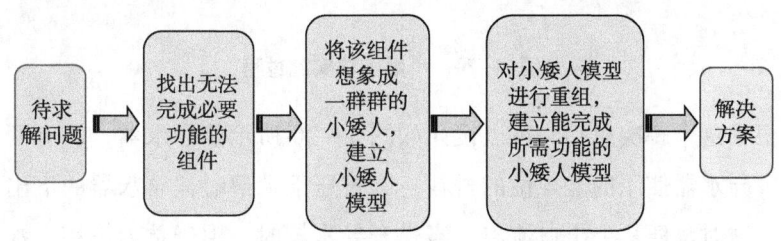

图2-18　小矮人法求解流程

"还是举个例子,你更容易明白些。"各尽所能先生给尹问特介绍了一个小矮人法的实例。很多人饭后漱口时希望不用杯子盛水,而目前水龙头的水只能向下流,如果能设计出既可以向上喷,又能向下冲洗的结构,就解决了这个问题。

这针对的是现有水龙头中水流不能向上流的问题,是功能缺陷问题,用小矮人法就能解决。首先,找到求解对象——水龙头,将水龙头的管道看成一群小矮人组成的模型,建立小矮人模型(图2-19中的空头小矮人)。再增加了一种小矮人[图2-20(a)中的实头小矮人],当他们向内靠拢的时候,封住了下面的出口,这时水便只能往上流出。当这些小矮人彼此相离的时候,下面的出口又疏通了,这时水便可以往下流出了,如图2-20(b)所示。

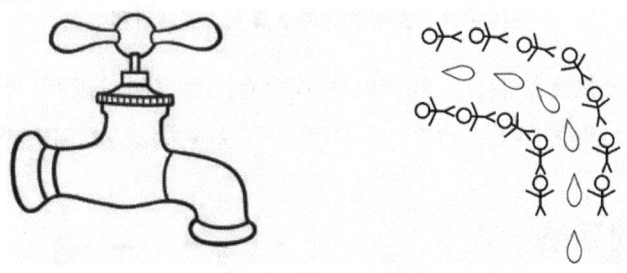

图2-19　水龙头和小矮人模型

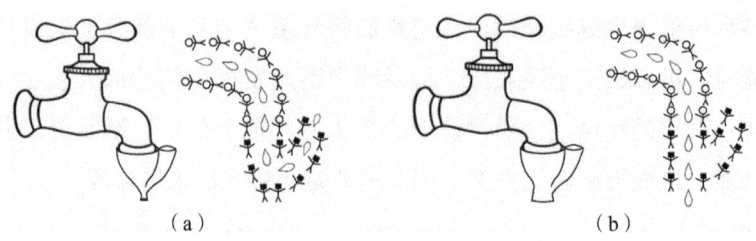

图 2-20 小矮人法实施过程

根据这个解决思路,可以设计如图 2-20 所示的导水器,具有两个出水口。导水器使用的是柔性的材料,当挤压下端部时,导水器的下出口被封闭,这时水便从上出口流出;当松开导水器时,由于重力作用,水只会从下出口流出。

听了这个例子,尹问特明白了小矮人法的应用方法,自己也想到了一个问题:家里煮完面后要去掉锅内的水不太容易,因为直接倾斜锅来倒水,面条容易一起倒出,是否可以用小矮人法来试试?分析之后,尹问特发现主要是锅盖不能发挥应有的作用,他把锅、面条与锅盖画成一群一群的小矮人,如图 2-21(b)所示。把锅盖小矮人疏密程度改变一下,一个角落留出一些小孔,如图 2-21(c)所示,这样盖上锅盖倒水,面条就不会被倒出。映射实际情况,就是在锅盖靠边缘的一角开出一些小孔,如图 2-11(d)所示。通过这个问题的求解,尹问特对小矮人法更加熟悉了。

图 2-21 面锅改进的小矮人法实施过程

掌握了小矮人法后,尹问特向各尽所能先生道谢后离开。走在离开创新思维方法城堡的路上,也产生了困惑——这些方法该如何选择呢?

6. 选择的困惑

尹问特的困惑也是有原因的,前面的 5 位高人给出的 5 种创新思维方法，都能帮助我们拓展思维，但碰到具体问题时，是一个个去试，还是有一个选择的策略呢？5位高人已经来到城堡门口送别尹问特，告诉他一个选择策略：先采用理想解方法（完美无缺），针对实现理想解的障碍，可以借助金鱼法分析（异想天开），或者通过多屏幕法（经天纬地）、STC算子法（三亲六眷）去寻求可以解决问题的资源，如果某个部分不能达到功能要求，可以利用小矮人法（各尽所能）进行重组与变换，得到解决方案，即按照图2-22中的步骤进行选择。对于实际问题，拓展我们的思维即可，不一定每个方法都使用。

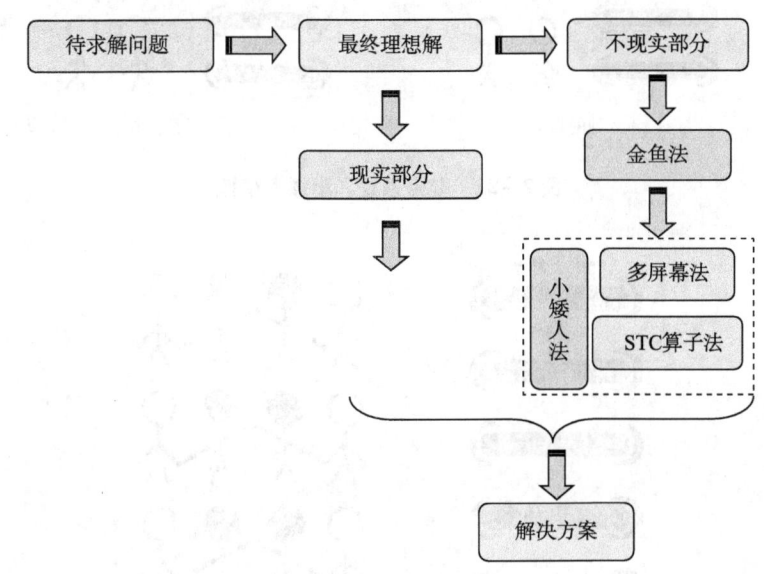

图2-22 创新思维方法选择流程

尹问特想试试这个选择策略，他对时间的分配一直很严格，甚至不希望把时间浪费在系鞋带上。于是，他想通过创新思维工具来解决。

尹问特先用最终理想解方法，设定最终理想解：用最节省时间的方式完成系鞋带。这个理想解中包含幻想部分：系鞋带不花费时间。实现这个幻想的障碍：系鞋带需要打结和将绳子拉紧的动作。要克服这个障碍，可以考虑采用小矮人法解决。将鞋子上的绳子用小矮人代替，建立小矮人模型。原来的模型中只存在一种小矮人，这种小矮人只能通过人手的外力使彼此靠拢，如图2-23所示。现在模型中引入另一种小矮人，这种小矮人能够自己手拉手靠紧。根据这个想法，尹问特设计了一种磁性模块。先把鞋带裁剪到合适的长度，然后将磁铁模块穿进去，最后穿上鞋子将两块磁铁一碰即可快捷地把鞋带系紧。如果想脱掉鞋子，将脚掌向前一抬即可撑开磁块，如图2-24所示。

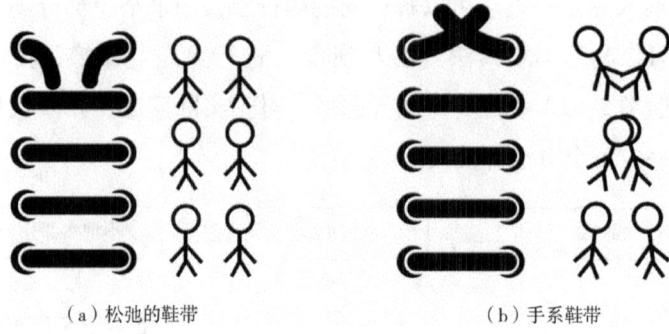

（a）松弛的鞋带　　　　　　（b）手系鞋带

图2-23　鞋带系统和小矮人模型

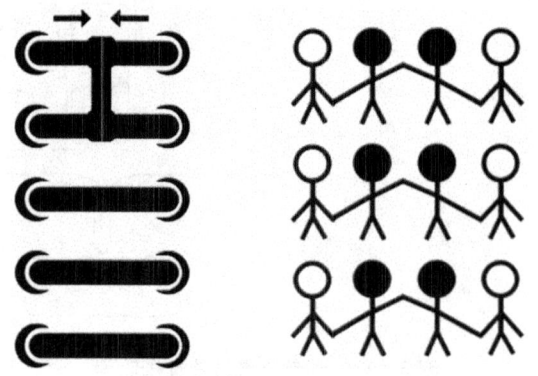

图2-24　改进后的鞋带系统和小矮人模型

通过实践，尹问特对这些创新思维方法有了更深的认识，对于自己遇到的问题，可以根据图2-22的流程选择具体的思维方法放飞自己的思想，获得理想的解决方案。

与5位高人告别后，尹问特走出了创新思维方法城堡。回望一下，尹问特想说的是，您放飞思想了吗？要多实践，创新思维会一直陪伴您！

第三章 技术在进化

尹问特出了创新思维方法城堡,继续前行,走了没多远,就到了一个S形的技术进化城堡,如图3-1所示。

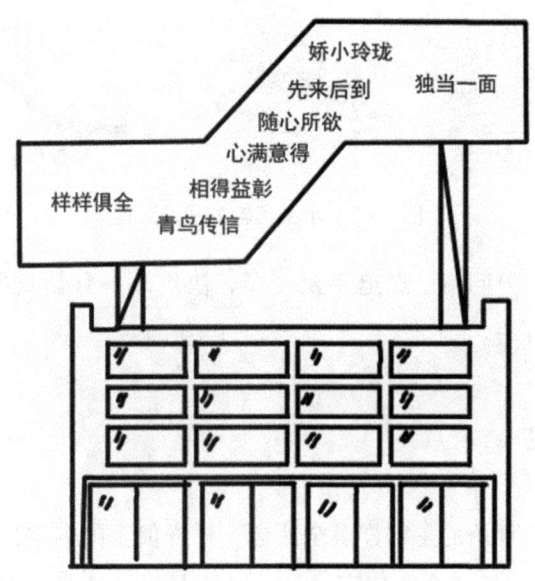

图3-1 技术进化城堡

进了技术进化城堡,映入眼帘的是一幅幅关于技术进化的壁画,如图3-2所示的水上运输方式的进化过程。最后尹问特看到一个关于技术进化城堡的介绍,该城堡有八大进化法老:样样俱全、青鸟传信、相得益彰、心满意得、随心所欲、先来后到、娇小玲珑、独当一面。另外还有一位新陈代谢长老。

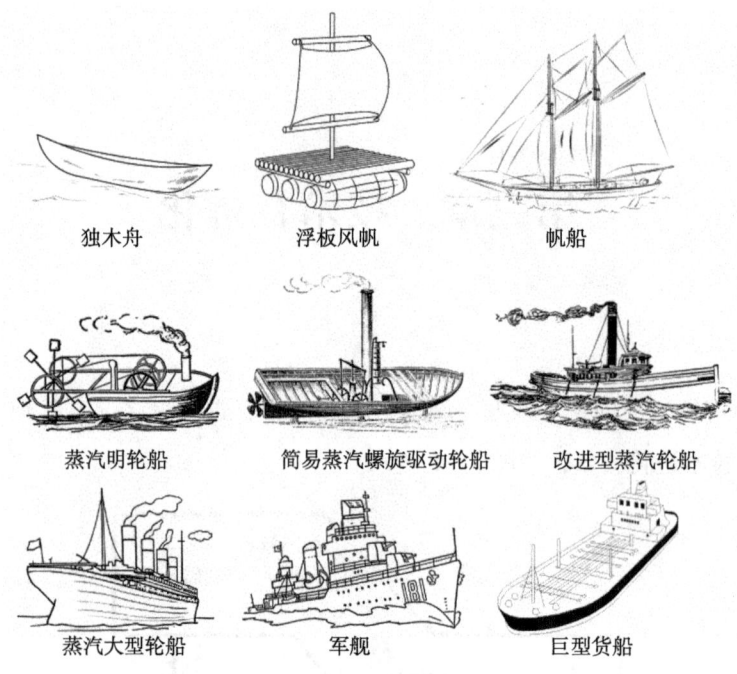

图3-2 水上运输方式的进化

看到这些,尹问特已经迫不及待了,决定逐一拜访这些法老与长老,掌握技术进化方法。

1. 样样俱全

尹问特首先拜访的是样样俱全法老,样样俱全的名字出自曲波的《林海雪原》,表示一切齐全,应有尽有。是不是设计产品得保持齐全呢?尹问特看到样样俱全法老时就这样想着。

见到样样俱全法老后,尹问特就虚心向他讨教起来。样样俱全法老也很热心地给尹问特介绍他所掌握的技术进化法则。样样俱全法老精通的是TRIZ理论中的完备性法则,就是一个完整的技术系统必须有动力装置、传输装置、执行装置和控制装置4个部分。

样样俱全法老说,日常生活中的许多机械产品都有这4个部分,如照相机、飞机、电梯等。如图3-3所示的电动自行车，动力装置是电动机，传动装置是链轮与链条，执行装置是车轮，控制装置是刹车等。

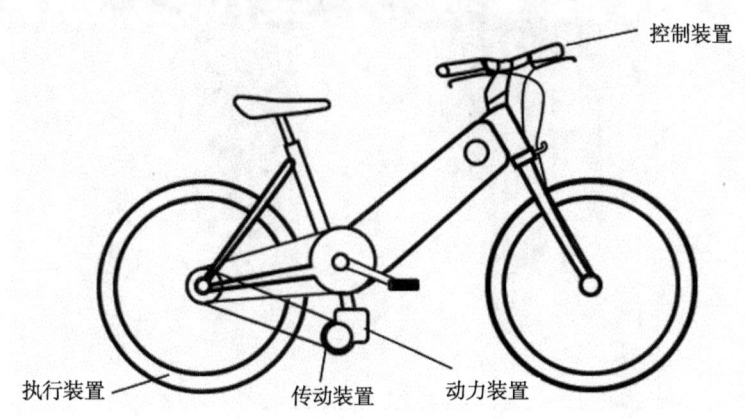

图3-3　电动自行车系统

样样俱全法老继续介绍完备性法则的使用思路。①当技术系统中缺少某些部分时，补全它就是一个改进的思路，如缺少控制装置，就增加控制装置，这样就会得到一个新产品。例如，玩具飞机加上遥控装置，就变成了无人机；滑板车加上电动机，就成为电动滑板车。②改善某个部分的性能，也是产品改进的思路。例如，数控铣床就是在普通铣床的基础上改善控制系统而形成的新产品。

对于这个进化法则，尹问特比较容易理解，而且有了尝试的想法。他看到窗台上的窗帘每次开和关的时候都需要人手去拉，不太方便，于是开始分析这个系统。它的动力原来是靠人的肌肉系统输出，如果增加一个动力装置，即借助电动机的机械能将窗帘关上或打开，就会减轻人们的劳动量。想到这个方案后，尹问特就开始实施，动手设计了一个自动开关窗帘的系统，如图3-4所示，包括电动机、控制器、轨道。

尹问特意识到，使用完备性法则时，先要根据完备性找出缺少的或是不完善的部分，之后将缺少的部分补全或完善该部分，就产生了新的创意或解决思路。

接着，尹问特想起了他原来做的简易坦克模型，只有一个开关来控制，玩起来很不方便。由完备性法则得知，对系统的某一部分进行改进，

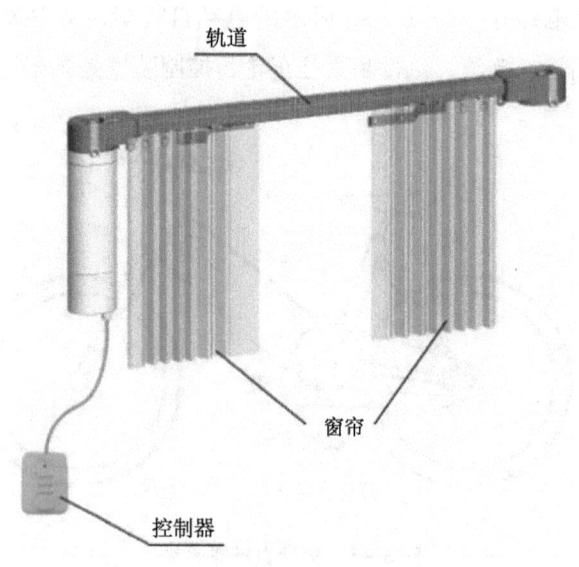

图3-4　窗帘系统

即对该坦克模型的控制系统进行改进，会使产品进化。于是他开始计划改造，他准备上网购置一套遥控器组件，加装在原来的坦克模型上，制作的遥控坦克车，设计图如图3-5所示。

图3-5　改进的坦克模型

样样俱全法老很满意尹问特的应用成果，建议尹问特继续去第二位法老家看看。

2. 青鸟传信

离开了样样俱全法老家，尹问特往青鸟传信法老家走去，也顺便了解了他为什么叫青鸟传信，原来是出自唐代欧阳询的《艺文类聚·青鸟》，表示使者传递信息。

来到青鸟传信法老的家，青鸟传信法老热情地接待了尹问特，给他讲解了他所掌握的能量传递法则。

能量传递法则是指技术系统中的能量能够从动力源输送到技术系统的所有部分，如果技术系统中的能量传输不通畅，就会导致技术系统不能正常工作。

技术系统中的能量传递可以有以下媒介：①物质媒介，如皮带、链条、轴、齿轮等；②场媒介，如磁场、电场、引力场、化学场等；③物－场媒介，如带电粒子流等。

图3-6显示了汽车发展历史中能量传递情况的变化。蒸汽时代，煤的化学能经过燃烧转化为热能，加热水生成水蒸气，形成压力能，再推动活塞做功，输出机械能，驱动车轮运动，能量利用率较低，仅有10%左右；内燃机车时代，汽油的化学能通过燃烧直接转化为压力能推动活塞运动，再通过曲柄滑块机构转换成转动，输出机械能，推动车轮转动，能量利用率相对较高，达到40%左右；电气时代，通过电能直接驱动电动机，转换为机械能，驱动车轮转动，能量利用率很高，达到80%左右。从图3-6中就很直观地得到一个结论：减少能量形式的转换，能够有效地提高能量的利用率。

能量传递法则的应用思路为：①尽量缩短能量的传递路径，可以使技术系统得到改进；②采用可控性好的能量系统及其传递方式（尽量用"场"传递）；③尽量减少能量转换的次数。

青鸟传信法老给尹问特介绍了航空母舰弹射器的例子。现阶段航空母

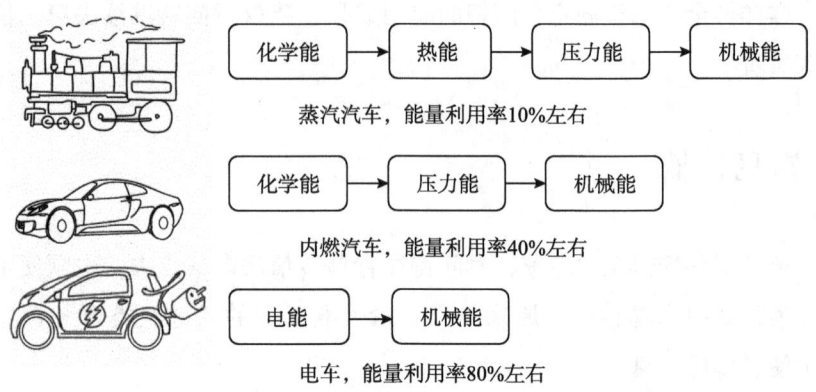

图3-6　汽车发展过程中能量传递形式

舰上战斗机的起飞方式主要有滑跃起飞、弹射起飞和垂直起飞3种。而其中的弹射起飞在现阶段较多使用的是蒸汽弹射起飞。蒸汽弹射器的原理是先将化学能转化为热能,再转为压力能,最后转为机械能,能量利用率不高。而电磁弹射器是将电能转化为机械能,传递路径明显缩短,能量利用率较高且具有体积小、辅助系统要求低和维护费用低等优点,如图3-7所示。

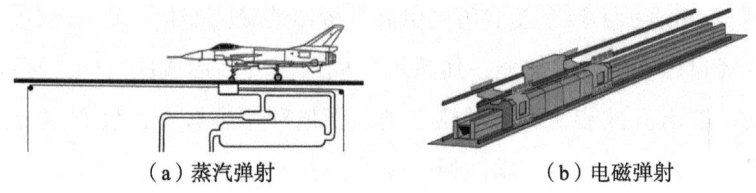

（a）蒸汽弹射　　　　　　　　　（b）电磁弹射

图3-7　舰载机弹射起飞方式

经过青鸟传信法老的细致讲解,尹问特很快明白了能量传递法则的应用方法。之后他想到自己家的院子里种了一些果树,由于冬天的时候容易被冻伤,尹问特便和爸爸搭建了一个暖棚,采用吸热保湿原理,即白天时大棚的材料可以采光吸热,而夜晚时可以保持湿度并防止热量散失。后来,他们又为这个暖棚安装上太阳能板,可以将太阳能转化为电能,再转化为热能,靠的是光生伏特效应。尹问特认为暖棚可以进行改进,不需要将太阳能先转化为电能,而是直接转化为热能。于是他向青鸟传信法老请教该如何直接利用太阳能,法老与他一起查找资料,发现真空集热管等集热和储热水箱等就可以满足需求。尹问特计划回家后对暖棚进行进一步的改进,他的想法如图3-8所示。

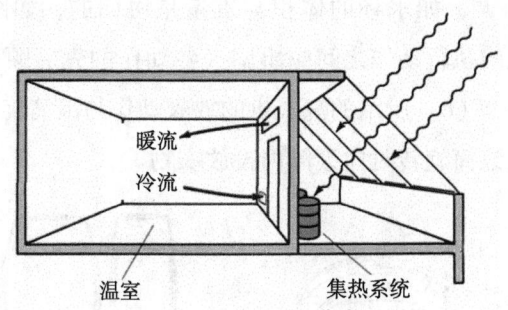

图3-8 改进的太阳能暖棚

尹问特通过学习能量传递法则,对能量传递法则有一个新的理解,就是优化产品(或装置、机构)的传动系统,可以提高能量利用率。青鸟传信法老很高兴尹问特这么快就掌握了能量传递法则,并产生新的理解,于是建议他赶快去相得益彰法老那里看看。

3. 相得益彰

出了青鸟传信法老的家门,下一站是相得益彰法老家。尹问特也打听了这位法老的名字来由,原来出自西汉王褒的《圣主得贤臣颂》,指两个人或两件事物互相配合,双方的能力和作用更能显示出来。看来相得益彰法老掌握的方法与配合或协调有关了,尹问特暗想着。

尹问特来到相得益彰法老家里,发现他正在思考自己设计的产品如何协调,果真与他的名字的意思相似呢。其实,相得益彰法老就是研究协调性法则的。他回过神来,就给尹问特介绍起协调性法则。

这个法则是指,产品系统需要各子系统、各参数之间,以及系统参数与超系统各参数之间相互协调,这样产品系统才能完成所需的功能。

相得益彰法老接着介绍了协调性法则的具体应用措施:①产品系统在

结构（几何尺寸、质量、形状等）上保持协调，即希望达到什么样的功能，就设计相应的结构，如图3-9（a）所示的矿泉水瓶的瓶盖，为了防漏，顶部有一圈凸起；②产品系统的各性能参数（荷载、功率、电压、电流等）要保持协调，如水杯的体积与重量是协调的，如图3-9（b）所示；③产品系统的执行动作之间应协调（各动作的先后顺序、各动作的速度等），如图3-9（c）所示的洗衣机的放衣动作与滚筒旋转动作是有先后关系的，不能在滚筒旋转时向滚筒内投放衣物。

图3-9 协调性法则

接着，相得益彰法老给尹问特介绍了一个实例。机器人整体重量比较重，而这种串联式机器人，它下半身要带动上半身运动。为了使机器人运行得更稳定，将机器人的底座和下半身设计得比较粗壮而上半身比较轻巧，如图3-10所示，这就是结构上的协调。相得益彰法老还举了无碳小车的例子，无碳小车的后轮是驱动轮，因此应该适当增大外径，这样才能走得更远，而前轮是从动轮，主要作用是转向，故可以做得比较细小，如图3-11所示，这也是结构上的协调。

第三章 技术在进化

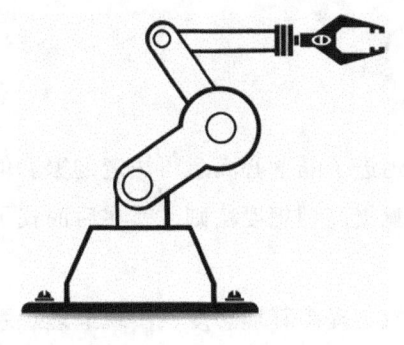

图 3-10　机器人　　　　　图 3-11　无碳小车

　　尹问特学习了协调性法则后，想到了自己以前设计的扑翼鸽子。他设计的扑翼鸽子不是飞不起来就是飞到空中后因为无法掌握平衡而到处乱撞。现在他知道了，扑翼鸽子是靠翅膀提供动力的，所以翅膀应该做得比较长和大，这样受力面积才大，才能提供更多动力；同时，翅膀的材料应该比较轻，这样扑翼才比较有力。扑翼鸽子的尾巴可以保持平衡，因而需要一定的重量。扑翼鸽子的身子只是安装控制组件的元器件，因此要尽量做小，才不会给飞行带来太大的阻力。于是尹问特依照这个思路重新设计了扑翼鸽子，如图 3-12 所示。

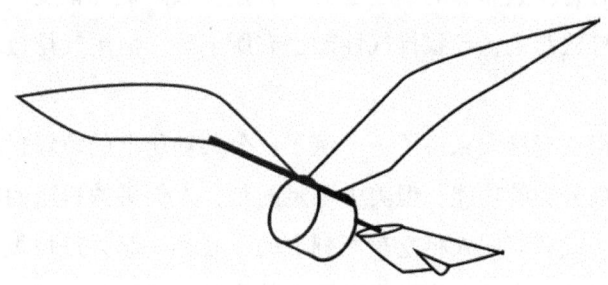

图 3-12　扑翼鸽子

　　尹问特通过这个练习，对协调性法则有了基本的掌握，再看了看相得益彰法老积累的其他实例，之后就起身告辞。相得益彰法老送别尹问特时，顺便对他说了下一家心满意得法老的名字的出处，心满意得出自茅盾的《子夜》，指心中满足、洋洋得意。

4. 心满意得

尹问特告别了相得益彰法老，走进了隔壁心满意得法老的家。他看到心满意得法老正在给一群小学生讲解提高理想度法则，就在后面找了一个座位坐下认真听了起来。

提高理想度法则是指技术系统沿着提高其理想度、实现最理想系统的方向发展。提高理想度就是提高系统的有用功能，降低系统的有害功能。

心满意得法老重点讲解了以下几种提高理想度的具体方法。①提高系统的有益参数，如提高客车的载客量、提高房间的容积等，也包括简化子系统、简化操作、简化组件。例如，计算机的操作由复杂的 DOS 命令操作到简单的图形化操作，就是大幅简化操作，方便了用户。②降低系统的有害参数，如减少空调对环境的污染。③提高有益参数的同时降低有害参数，如提高计算机的性能，降低计算机成本。④同步提高有益参数与有害参数，但有益参数提高幅度远大于有害参数的提高幅度，如手机性能提高，成本也有所提升，但性能提高的幅度较大。⑤同步降低有益参数与有害参数，但有害参数降低的幅度远大于有益参数降低的幅度，如为了降低汽车尾气的排放污染，导致排气性能也有所下降，但尾气排放污染降低幅度较大。

心满意得法老给大家讲了一个例子：公共场所上的垃圾桶，大部分已经具备了垃圾分类的功能；但美中不足的是，人们丢饮料瓶的时候饮料瓶里还装着水，或者有些人将吃东西剩下的汤底也一起丢进垃圾桶，这给清洁垃圾桶的保洁工人的工作带来了很大的麻烦。采用提高理想度法则，可以让垃圾桶更加理想，减少保洁工人的麻烦。按照大幅提高有益参数、小幅提高有害参数的方法，在垃圾桶的旁边安装倒入液体的水槽，方便人们在扔垃圾前，先将里面的液体倒入水槽里面，如图 3-13 所示，这样将垃圾与废液分离，降低了保洁工人的工作难度。

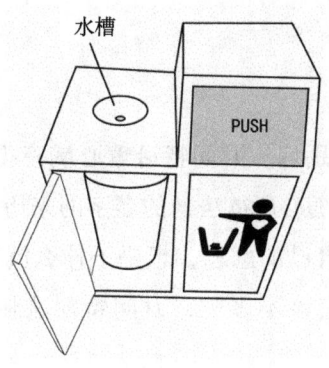

图 3−13　提高理想度

尹问特听了心满意得法老的讲解，想起 TRIZ 国王提到的理想度公式，就是通过改变公式的分子或分母，来达到提高理想度的目的。关键是如何利用资源来满足这些方法，例如，有什么资源可以提高系统的有益参数？有什么资源可以降低有害参数？此外，也可以利用前面的多屏幕法和 STC 算子法来拓展思维，寻求可以利用的资源。

尹问特想到了自己教室的课桌椅是固定的，但随着年龄的增长，学生的身高是增长的，若能改造成可调整的就好了。他拿出纸笔，将课桌椅的支柱设计改成分段结构，而后增加一些插孔，这样就可以调整了，如图 3−14 所示。看到尹问特能够灵活应用提高理想度法则，心满意得法老鼓励他应用该法则改进更多的产品。

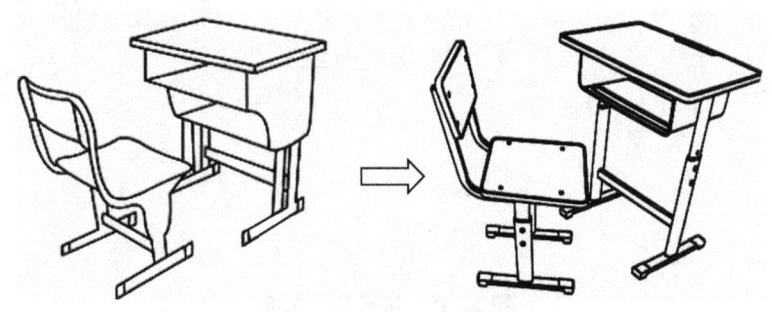

图 3−14　课桌椅的改进

5. 随心所欲

与心满意得法老告别后,尹问特沿着心满意得法老所指的方向走去,仍是有热心人告诉了他随心所欲法老的名字的来历。原来该名字出自《论语·为政》,意为随着自己的意思,想要干什么就干什么。在创新思维界能达到随心所欲的人应该不多吧,尹问特对去随心所欲家拜访充满了期待。

敲开了随心所欲法老的家门,随心所欲法老很高兴地为尹问特讲解动态性进化法则。相对于不变的、固定的结构,将产品变成可调整的、可动的结构,无疑可以给我们更多选择,这就是动态性进化法则。这个法则告诉我们,改进产品的 3 个具体方法为:①提高产品的柔性(或适应性);②提高产品的可移动性;③提高产品的可控性。

随心所欲法老给尹问特介绍了一个具体例子——他设计的一架无人机,这个无人机就考虑了"提高产品的柔性",即将无人机的 4 个支架设计成可以随时折叠和展开,这给外出拍摄带来了极大的方便,如图 3-15 所示。

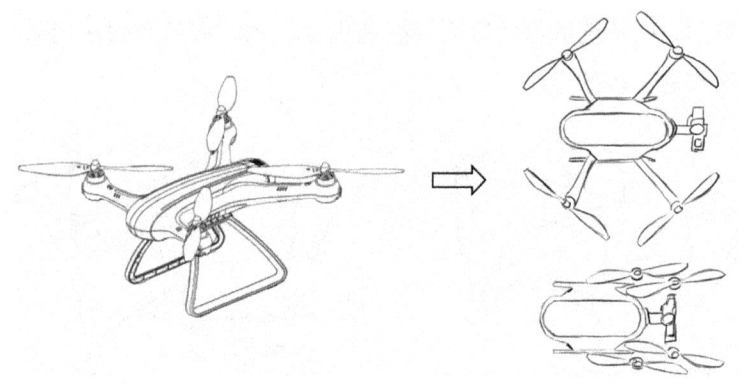

图 3-15 可折叠无人机

尹问特听到这里也心痒了,决定动手试试,于是想起自己见过的所有台灯,包括自己桌面上的那盏,灯的照明范围都是不能调节的。他感觉十分不方便。尹问特根据"提高系统柔性"的路线，将灯设计成采用OLED光源的三段折叠式，可以根据需要调节面板的角度来设置照明范围、角度和照明等级，无论展开还是收缩都非常自由，如图3-16所示。

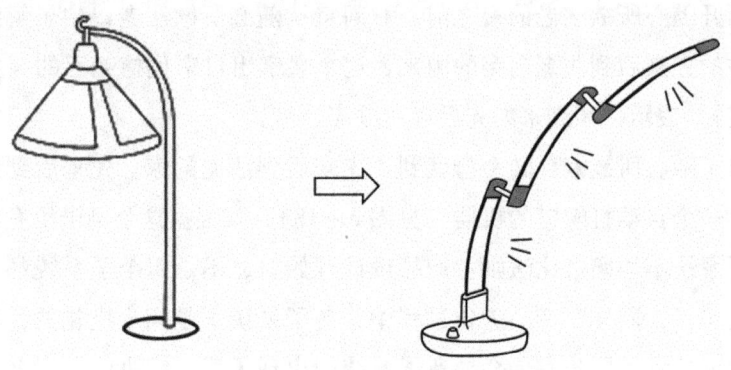

图3-16 可调节照明范围的灯

在随心所欲法老提示下，尹问特也想到生活中有很多应用"动态性进化法则"的实例，如在电脑桌的桌脚加上轮子，在行李箱的底部加上轮子，如图3-17所示，就可以方便地移动，提高了"可移动性"；同样，婴儿床加装轮子，就变成婴儿手推车了。还有商场的红外线自动门、水库的智能水阀、走廊的声控路灯等也是"提高可控性"的例子。

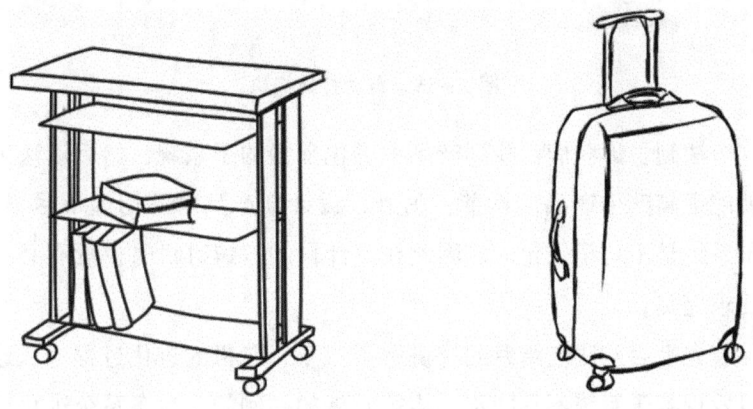

图3-17 增加了轮子的电脑桌和行李箱

6. 先来后到

离开随心所欲法老的家之前，尹问特从随心所欲法老口中了解到下一个拜访的先来后到法老名字的由来，这个名字出自宋代梅尧臣的《宛陵先生文集》，表示按照到来的先后确定顺序。

出了随心所欲家，转个弯就到了先来后到法老的家。先来后到法老正在设计一个自动打螺钉的机器（见图3-18），就根据这个例子给尹问特介绍起子系统不均衡进化法则：产品设计开始时，不是每个子系统都是处于相同的水平，同样，产品进化过程中，各子系统不是同步进化的，而是有先有后。这种不同步发展会导致子系统间出现矛盾，解决此矛盾会给整个系统带来突破性发展。

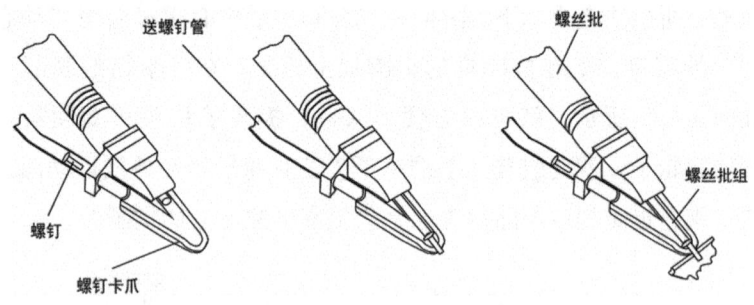

图3-18　自动打螺钉机

这个法则告诉我们：找到产品中进化最慢的子系统，然后设法进行改进，就能提高整个产品的性能；另外，设计新产品时不用追求尽善尽美，因为子系统是不均衡进化的，因此在设计自动打螺钉机时也没有必要一开始就要求完美。

接着先来后到法老给尹问特讲解了汽车、飞机的进化过程，从这些过程中也发现各子系统不是同步、均衡发展的。例如，汽车系统进化首先是改善动力系统（发动机），而后是改善气动性能（外形），接着是改善舒适性，现在则是面向智能化发展。

听了这些，尹问特把目光投向了浴室系统，他想对浴室进行改进，能否利用这个子系统不均衡进化法则呢？浴室的子系统包括浴缸、镜子、水龙头、毛巾架和放置洗发水的储物架等。这些子系统经历了很长时间的进化，陆续解决了系统中存在的问题，如可调节出水量和出水温度的水龙头、移动浴缸和浴室桌等。尹问特发现浴室系统出现的两个问题还很少有人去解决：一个是浴室的镜子，人们在洗澡的时候浴室的镜子会因水蒸气的冷凝作用变得模糊而不能看清；另一个是毛巾，人们洗完澡后毛巾通常是湿的。在干燥的地方生活，湿毛巾可能第二天就会变干，但如果在潮湿的地方生活，湿毛巾可能很久都不会变干燥。尹问特为镜子想到的解决方案是在镜子的某个局部增加发热装置，为毛巾架想到的解决方案是在毛巾架上安装一个干燥装置，如图 3-19 和图 3-20 所示。

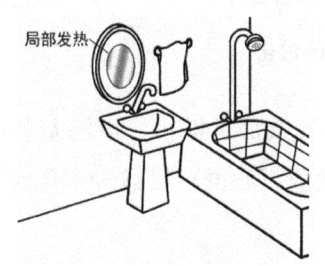
图 3-19　局部发热的镜子

图 3-20　自动干燥毛巾架

先来后到法老对尹问特提出的方案很赞赏，勉励他多应用该法则，设计更多的新产品。

7. 娇小玲珑

尹问特告别了先来后到法老，转身就去找娇小玲珑法老，在他家门口有个小牌子，刻着娇小玲珑法老名字的缘起。这个名字来自唐代李白的《江夏行》，形容身材小巧、伶俐可爱的样子。这位法老专攻微型化创新思维。

尹问特轻轻推开他的家门，找了很久才找到他。娇小玲珑法老的身材就像他的名字一样娇小，设计的产品也是微型的。他让尹问特看了动力装置的进化历程，它们一开始是庞大的蒸汽机，后面出现了煤气内燃机，到现在的汽油内燃机，体积越来越小了，说明技术系统进化有时是朝着小型化的方向发展,如图3-21所示。还可以从很多产品上看到这一趋势,如计算机、芯片、手机等。这种技术系统在进化过程中向着尺寸小型化的方向发展,就是TRIZ理论的向微观系统进化法则。

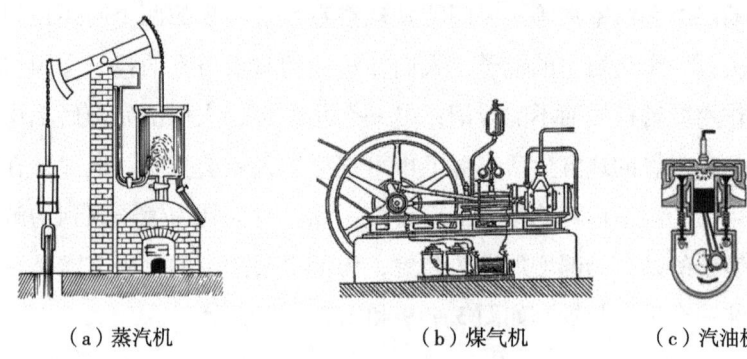

(a) 蒸汽机　　　　　(b) 煤气机　　　　(c) 汽油机

图3-21　动力装置的进化

这个法则教给我们一些思路:①将产品做得足够小,以满足特殊需要;②为了减少对空间的占用,可把产品做成折叠的,以减少不用时所占据的地面空间。

娇小玲珑法老给尹问特出了一道难题,他用手指着桌子,让尹问特自己挑一种物品,应用向微观系统进化法则,设计出新的产品。尹问特思考了一会,灵机一动,拿出图纸,开始画出他设想的新产品。然后,他告诉娇小玲珑法老,这是一个卡片式计算器,因为它像卡片一样轻薄,靠太阳能供电,并且它和普通银行卡大小一样,完全可以放在钱包里面随身携带,如图3-22所示。

图3-22　卡片计算器

娇小玲珑法老非常开心地点了点头，尹问特也十分高兴。但他还不满足于现状，因为桌上的物品那么多，应该再找一种物品进行设计。他把目光转向了桌面上的卷笔刀，思考一阵后尹问特给出了自己的想法，如图3-23所示。他设计的卷笔刀仅仅是由一片弯曲的不锈钢片制成，但是依旧非常锋利。只需将卷笔刀置于铅笔头轻轻旋转，便可以轻松地削好铅笔。卷笔刀锋利的刀片是藏在里面的，这样便不容易割伤手指。如此小巧的卷笔刀方便用户携带，同时也能够为厂家节省不少生产成本，真可谓是一举两得的巧妙创意呢！

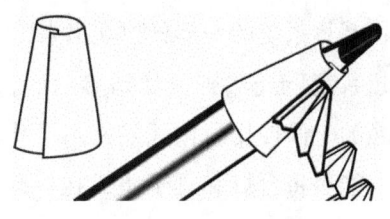

图3-23 钢片卷笔刀

接连给出微型化的创意，娇小玲珑法老已经对尹问特不住地称赞了，随后给他介绍了独当一面法老名字的来源：这个名字出自《史记·留侯世家》，表示单独担当一个方面的重要任务。至于更多的内容，娇小玲珑法老要尹问特当面向独当一面法老去讨教，于是便与尹问特告别。

8. 独当一面

当尹问特进入独当一面法老家里时，他正在给游客介绍自己的法宝——向超系统跃迁法则：当技术系统进化到极限时，实现其某项功能的子系统会从系统中剥离，转移至超系统，作为超系统的一部分。

现在大家如果在旅途中发现手机没电了，就用充电宝来充电，这个充电宝就相当于原来的手机电池。电池是手机的一个部分，把电池单独处理成一个产品（见图3-24），这就是向超系统跃迁的实例。

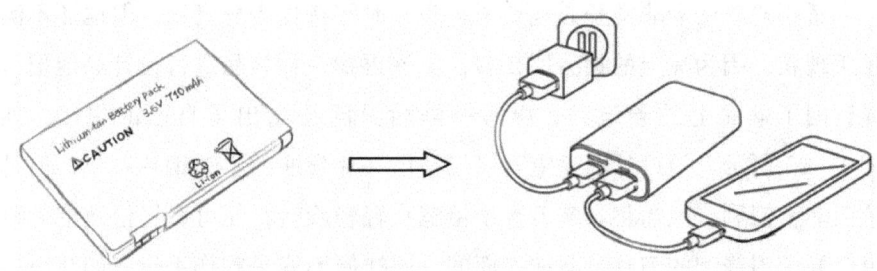

图 3-24 充电宝的来历

该法则告诉了我们一些具体思路：①通过技术组合，形成双系统或多系统，进化为超系统；②将系统的一部分独立出来，单独做成一个产品。

尹问特学习了向超系统跃迁法则，受到启示后，想对台灯进行改进。他发现台灯只是在夜晚的时候使用，白天发挥不了作用，其实是浪费桌面空间的。他开始思考，能否将台灯和桌子集成在一起，并且使台灯不占空间呢？他立刻动手设计起来，如图 3-25 所示，他把台灯设计成可折叠收放式的。当不使用台灯时，可以将台灯收回桌子的槽内，而使用台灯时再将其从槽内取出展开。台灯的照明功能即成为了桌子功能的一部分。

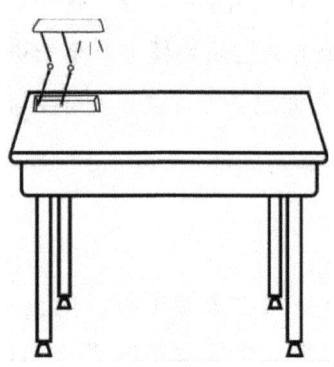

图 3-25 可折叠回收的台灯

不知不觉中，尹问特已经访问了八位法老，掌握了八大进化法则；但同时也存在一个疑问，这些法则应如何选择呢？不如去听听新陈代谢长老有什么建议。

9. 新陈代谢

新陈代谢长老的名字来自郭沫若的《少年时代·黑猫》，指新事物不断产生、发展，代替旧的事物。尹问特心想，这个名字最能反映技术系统的进化过程了，不断用新事物取代旧事物。

来到新陈代谢长老房子前，尹问特发现他的房子呈S形曲线的形状，有些不解。恰好新陈代谢长老出来了，尹问特就上去咨询。

新陈代谢长老告诉他，这个S形曲线表示：技术系统（或产品）进化过程可分为婴儿期、成长期、成熟期和衰退期4个阶段。其增长函数用图形描述为一条S形曲线，如图3-26所示，是一条分段的曲线。S形曲线指明了技术系统进化的一般规律。例如，从汽车进化史看到，蒸汽汽车出现，是汽车的婴儿期；内燃机出现，特别是汽油内燃机出现并缩小后装在车辆上，产生了现代汽车，这是汽车的成长期；目前，汽车已经在动力系统、安全性、舒适性方面取得了巨大进步，汽车已处在成熟期；未来，汽车可能逐步走向衰退，被更环保、更便捷的交通工具取代。S形曲线还有一个功能，就是能够帮助我们针对技术的不同阶段选择不同的投资策略。

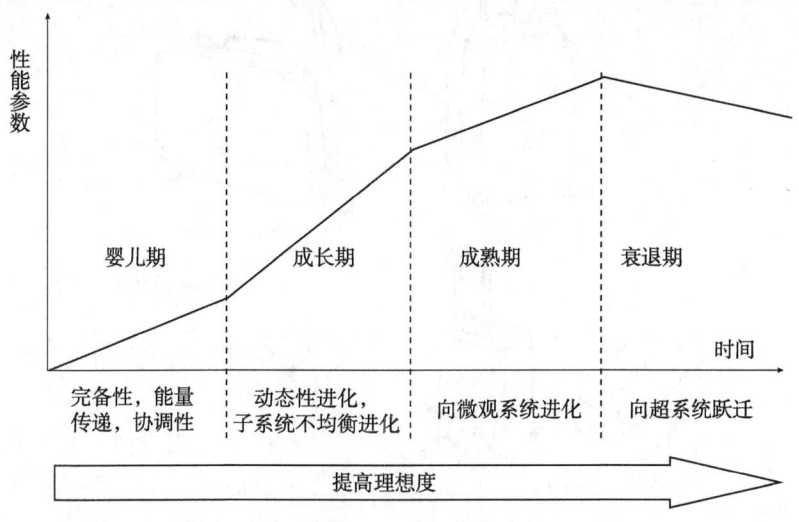

图3-26　S形曲线与技术进化法则的关系

接着新陈代谢长老给尹问特讲解了八大进化法则与S形曲线的关系：提高理想度法则是核心，是其他法则的基础，分布在S形曲线的全过程；其余七条法则是围绕着提高理想度法则而运用的，分布在S形曲线的4个阶段，如图3-26所示。

从图3-26中看到：①在婴儿期，可采用完备性法则、能量传递法则、协调性法则使产品的功能实现；②在成长期，可以采用动态性进化法则、子系统不均衡进化法则，促进技术系统快速完善，获得用户认可；③在成熟期，应用向微观系统进化法则，对局部加以改进，使技术系统更完善或满足某种特殊需求；④在衰退期，技术系统的性能参数、盈利水平已经达到最高并开始下降，需要开始开发新系统，可以采用向超系统跃迁法则使系统更新换代；⑤提高理想度法则贯穿技术系统的全生命周期，每个阶段都需要不断提高产品的理想度。这样我们就可以根据具体的产品阶段来确定应选用哪种进化法则。

听了新陈代谢长老的详细讲解，尹问特明白了如何根据具体情况选择进化法则，他想立即试试。尹问特想到的问题是：如何改进行李箱？

目前的行李箱［见图3-27（a）］虽然装了轮子，但还是需要人力拖

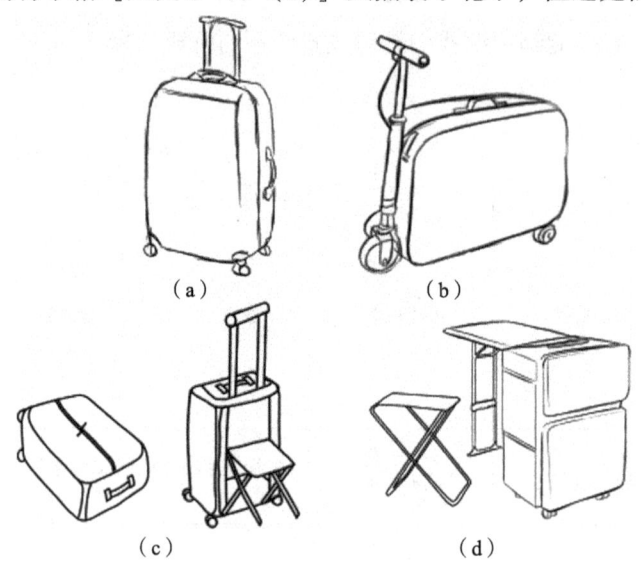

(a)　　　　　　　　(b)

(c)　　　　　　　　(d)

图3-27　行李箱的改进

行；根据完备性法则，可以完善其动力装置，改造成电动的，如图3-27（b）所示，人们可以坐在上面，外出就轻松多了；还可以根据向超系统跃迁法则，使行李箱变成多系统，如图3-27（c）和图3-27（d）所示，方便人们在等候交通工具时休息或办公。当然，还可以根据行李箱的具体阶段，利用进化法则进行更多改进。

尹问特的思路得到新陈代谢长老的赞赏，也感觉时间过得很快，转眼就访问完了技术进化城堡。依依不舍跟新陈代谢长老和其他八位法老告别后，尹问特向着发明技巧城堡奔去。

第四章　发明技巧 40 计

尹问特已经迫不及待地想学到更多与发明相关的实用知识了！从技术进化城堡出来后，尹问特便循着老国王的指引，来到发明技巧城堡拜访高人。来这之前，他听说在这座城堡里面藏着 40 个发明技巧的秘密，传说中这些发明技巧有着神奇的魔力，帮助人们解决了一个又一个的问题，并且创造出许多新的产品。有些人利用这些发明技巧解决了日常生活中的问题，有些人则利用这些发明技巧做出新产品，发家致富。

尹问特终于来到了这座城堡。"这座城堡真大呀，这应该是王国里面最大的建筑了！"尹问特望着如图 4-1 所示的发明技巧城堡不禁感叹道。正当他转悠着欣赏城堡时，忽然看见城堡大门附近有一位老先生在向他招手。尹问特见状便跑过去，近看才发现，这位老先生衣着考究，散发着一股书生的气质。一番交流后得知，原来老先生就是城堡主人。

图 4-1　发明技巧城堡

老先生接待了尹问特，他们从城堡的大门进入，一边在城堡里散步，一边介绍发明技巧。尹问特发现，老先生对发明技巧十分熟悉，而且是位懂得理论联系实践的高人。聪明的尹问特从交流中知道，这些发明技巧是国王阿奇舒勒带领一些人在分析了大量专利的基础上总结出来的。走着走着，他们来到了城堡的最高处。尹问特向下望去才发现，这座城堡的轮廓原来是40这个数字，意味着40个发明技巧！

老先生告诉尹问特，城堡里的40位高人将分别向尹问特介绍这40个发明技巧。这40位高人的名字也是一个个有趣的成语或俗语呢，分别是化整为零、披沙拣金、天圆地方、错落不齐、珠联璧合、一应俱全、层出不穷、分庭抗礼、先发制人、未雨绸缪、防患未然、平起平坐、倒行逆施、毁方投圆、一静不如一动、多退少补、山不转水转、撼天动地、周而复始、马不停蹄、快刀斩乱麻、修旧利废、察言观色、穿针引线、自动自发、以假乱真、鱼目混珠、李代桃僵、水涨船高、薄如蝉翼、无孔不入、五光十色、物以类聚、自生自灭、随机应变、沧海桑田、热胀冷缩、推波助澜、孟母三迁和相辅相成。

尹问特高兴极了，原来城堡内住着这么多位高人，他决定逐一拜访这些高人。先从入口处开始吧！于是尹问特先去拜访了高人化整为零。

1. 化整为零

化整为零先生的名字出自郭沫若的《洪波曲》。在有些战争中，部队应当分散使用，不以团体为单位，而是以个体为单位，这样目标比较小，不容易被敌人发现和消灭；同时个体灵活性高，常取得出其不意的效果。这个名字启示我们要擅于由整化零、由大转小，可以把一个整体分成许多零散的部分，例如遇到大困难时，可把大困难分解成许多小困难，再一个一个去克服小困难，最终就能战胜大困难。

尹问特来到化整为零先生家里的时候，正碰见他在房间里面研究无人机，一看就是一位科学达人！看到来自东方古国的尹问特前来拜访，化整为零先生十分兴奋。他二话不说就从试验台上跳下来，握着尹问特的手热情地说："走，一起去试验我制作的无人机。"尹问特见他这么激动，就答应了。于是化整为零先生便开始收拾他的无人机，而尹问特则在高人家里参观一番。不一会儿工夫，化整为零先生就带着尹问特出发了。尹问特只看到化整为零先生背着个小包却没有看见无人机，难道后院里放着无人机吗？尹问特十分好奇却没有多问。但他们到达后院的时候，尹问特就惊呆了。他看到化整为零先生从包里面掏出一个个部件，然后很快地将它们组装成一架无人机，不到一分钟的时间，无人机就飞上蓝天了。

  化整为零先生似乎看出了尹问特的疑问，就对尹问特说自己是研究分割原理的。分割原理是将一个技术系统分成若干部分，以拆解或组合，也叫分割法。听到这里尹问特开始有点明白了，原来高人是将无人机设计成容易组装和拆卸的形式，出发之前将螺旋桨、电池、云台和照相机等部件先拆卸下来放进包包里面，到后院的时候再进行组装（见图4-2）。

  化整为零先生接着介绍了分割原理的三个应用措施：①将物体分成相互独立的部分，如图4-3所示的搅拌器，分成独立的搅拌杯、主机、打蛋器、果汁杯；②将物体分成容易组装和拆卸的部分，如前面所说的可拆装的无人机；③增加物体的可分性，如图4-4所示的多格壁柜和图4-5所示的石砖路，就是这一措施的应用。

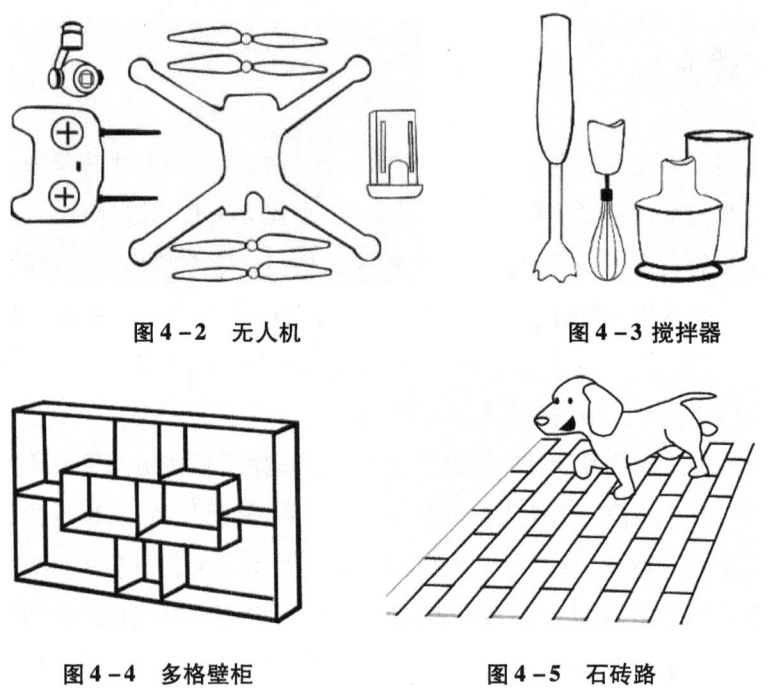

图4-2　无人机　　　　　　图4-3　搅拌器

图4-4　多格壁柜　　　　　　图4-5　石砖路

最后，化整为零先生还对分割原理的使用场景进行了总结，即当系统因为太重或太大而不易操控时，可考虑将其分割成若干轻便的子系统，使每一部分均易于操控。

化整为零介绍完原理之后，问尹问特是否已经理解。聪明的尹问特点点头，这时他开始在思考这个原理可以应用的场合。他回想起自己在前往城堡的路上，曾看到路人丢垃圾时并不注意对垃圾进行分类。他想这可能是垃圾桶上的标示不够醒目和生动，或者分类不够明确导致的。于是他利用刚刚学习到的分割原理，设计了一种新型的分类垃圾桶，如图4-6所示。这个垃圾桶将金属、塑料和纸张三类不同的垃圾分隔在三个独立的空间，并且用颜色和图案来帮助区分。尹问特将这个构思呈现给化整为零先生看后，他热情地给予了赞扬。化整为零先生二话不说拉着尹问特的手回到了城堡，开始制作这个分类垃圾桶。经过他们的努力，分类垃圾桶真的制造出来了。化整为零先生希望能将这个产品量产后投放到街道上使用，尹问特也十分开心。

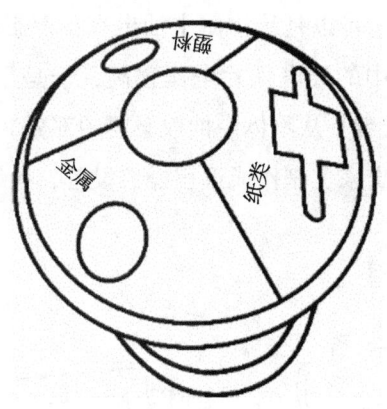

图4-6 分类垃圾桶

跟化整为零先生一起钻研科学的日子十分充实，但尹问特想到发明技巧博大精深，还有很多技巧等待自己去学习，于是他告别了化整为零先生，开始去下一个高人家里拜访。

2. 披沙拣金

披沙拣金这一名字来自唐代刘知几的《史通·直书》,是指金子藏在沙里,我们需要拨开沙子来挑选金子。例如,小朋友都喜欢看儿童书籍,但是图书馆有许许多多的书籍,就需要在里面找到自己喜欢的儿童书籍,那么儿童书籍就如同金子,其他的书籍就如同沙子。披沙拣金先生的名字就是告诉我们要擅长于挑选自己有用、需要的东西或者去掉不需要的东西。

尹问特来到了披沙拣金先生的家里。此时披沙拣金先生正面对着一块肥皂和肥皂盒进行思考。见到尹问特来拜访,披沙拣金先生急忙放下手头的事,热情地招待了尹问特。和前一位高人化整为零不同,披沙拣金一上来就准备给尹问特讲解他所擅长的抽取原理。

抽取原理是指将系统中有用或者有害部分(属性)抽取出来,并可以通过这些措施实现:①可以是从物体中抽出有负面影响的部分或属性,加以隔离。例如,插座中的导电铁片电压很高,于是用塑料外壳封装起来,如图4-7所示。②或者是从物体中抽取必要的部分,制成新产品,如将飞机中控制的部分提取出来,制作成远程操控设备,操纵无人机,如图4-8所示。

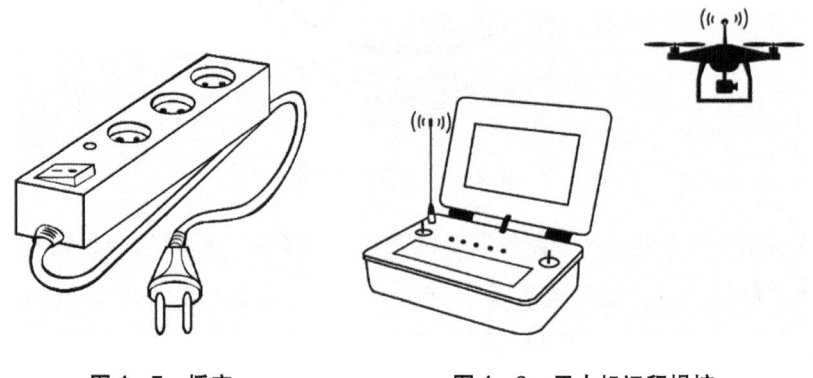

图4-7 插座　　　　　图4-8 无人机远程操控

介绍完抽取原理的基本知识后,披沙拣金还向尹问特说明了该发明技巧的应用者应该铭记在心的东西，即把系统中的功能或部件分成有用的和有害的部分，视情况抽取出来，同时也要注意不是为了抽取而抽取，而是要使系统增加价值！

学习完抽取原理后，尹问特开始联想能够应用该发明技巧的场合。披沙拣金告诉尹问特，自己刚刚正在思考公共卫生间的肥皂使用问题，因为他发现大部分人似乎都不愿意使用公共卫生间的肥皂，他们认为公用的肥皂被许多人的手接触过，是不干净的。听披沙拣金先生这么一说，尹问特开始思考用抽取原理解决这个问题，只要人们每次只接触需要的那部分肥皂不就好了吗？于是他按着这个思路去寻找可行的方案。最后，尹问特构思出一种可以单手操作，并且双手不会接触肥皂的肥皂粉碎机，可以将肥皂切削成肥皂屑，方便涂抹。尹问特设计的肥皂粉碎机如图4-9所示。他的方案得到了披沙拣金先生的充分肯定。

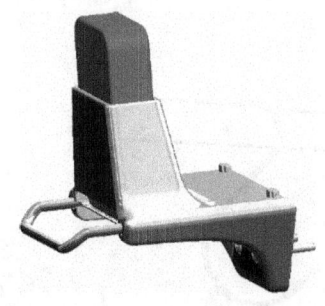

图4-9 肥皂粉碎机

通过这个技巧的应用，尹问特很快就掌握了抽取原理。不仅如此，他还帮助了披沙拣金先生解决了实际问题，尹问特十分开心。披沙拣金先生建议他赶快去天圆地方先生那里看看。于是尹问特又起身出发了。

3. 天圆地方

天圆地方先生的名字来源于《尚书·虞书·尧典》。古人认为天是圆的，地是方的，合起来就是天圆地方。现在来看这个认识虽然很有局限性，不符合实际情况，但也启示我们可从局部看问题，利用好局部。

尹问特过来拜访天圆地方的时候，老先生正在打扫卫生。尹问特发现他使用的扫把居然是倾斜的，正当尹问特好奇地揣摩时，老先生终于回过神来并接待了尹问特。当老先生知道尹问特是来学习发明技巧之后，便开始给他介绍起局部质量原理。该原理指在某一特定区域内（局部的）改变某事物（气体、液体或固体）的特性，以便获得某种所需的功能特性。

按照天圆地方的说法，局部质量改善法有以下3个具体措施。①将物体、外部环境或作用的均匀结构改变为不均匀结构，例如图4-10所示的S形挂钩。这时候老先生还从旁边拿来了刚才正在使用的斜扫把，如图4-11所示。他告诉尹问特这样设计的扫把更贴合人们的使用习惯，效率也高。②使物体的不同部分具有不同的功能。如图4-12所示的工兵铲一边用于砍、一边用于锯。③使物体的各部分处于完成其功能的最佳状态。如图4-13所示的电脑桌桌底的空间原本没有被利用，这里增加一个移动储物柜和计算机主机柜。

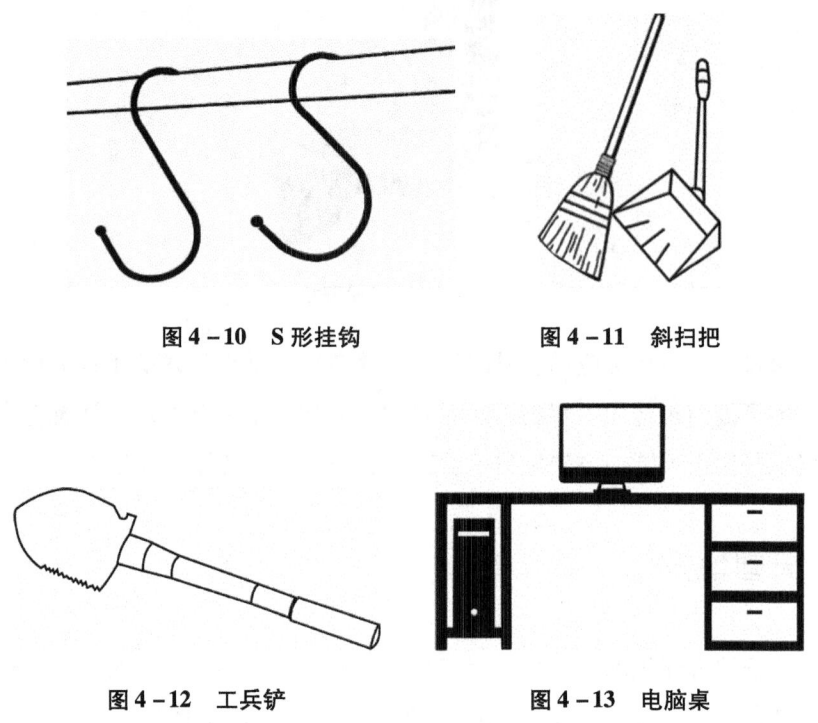

图4-10　S形挂钩　　　　　图4-11　斜扫把

图4-12　工兵铲　　　　　图4-13　电脑桌

天圆地方先生还进一步补充道：该发明技巧提示我们，要充分利用系统的各个部分，同时注意不均匀的结构或环境具有很强的适应性。

经过天圆地方先生的细心讲解，尹问特很快就理解了局部质量原理。天圆地方为了使尹问特能够更加熟练地掌握局部质量原理，给尹问特出了一道题目。他指着摆在桌上的台灯，希望尹问特可以应用局部质量原理对台灯进行二次设计。尹问特思考了一阵子后，开始在图纸上绘制起草图来。他看到台灯的底座并没有得到充分利用，于是考虑用局部质量原理将底座改装为具有某种特定功能的装置，尹问特首先想到的是蓝牙音箱。天圆地方先生欣然同意了尹问特的想法，他马上叫旁边的工人师傅按尹问特的想法来加工新的台灯，如图4-14所示。看着外观新颖的多功能台灯，尹问特心里特别高兴，这更加坚定了他学习的信念。

图4-14　具备音响功能的台灯

通过对局部质量原理的学习，尹问特对产品的结构设计有了不一样的认识。他以前只知道把东西设计成质量均匀或者材料均匀的，这种做法限制了他的想象力。现在他受到了启发，那就是对物品的局部进行改善是有必要的，应该使物品的各个部分得到充分的利用。例如，可以把手机的背面利用起来，附一面镜子，就可以便于化妆时使用。

尹问特这次学习收获十分丰富，他感到很满意。其实除了天圆地方先生的悉心指导外，还要归功于尹问特善于思考和发现的精神。很好，接下来就去拜访错落不齐先生吧！

4. 错落不齐

错落不齐先生的名字出自叶圣陶的《皮包》,是指不整齐、不规整,看来"不规整"也有我们可以利用的地方。

尹问特来到错落不齐家门前,发现门口摆放的是一对形状对称但颜色却不一致的运动鞋,其中一双颜色以橙色为主,而另一双则以绿色为主。尹问特感觉这双鞋子非常有特色,如果穿上它,一定会给人带来充满活力的感觉。

这时候,错落不齐先生看见了尹问特。他急忙将尹问特带到客厅里面畅聊。说起门外那双鞋子,错落不齐先生说那是自己给孙子设计的,他自己也觉得这是非常有个性的设计。接着,错落不齐先生便开始向尹问特介绍不对称原理。该原理指在某些情况下,将对称结构改为非对称结构,或加强非对称程度。该技巧在 TRIZ 理论中也称非对称法。

错落不齐先生希望尹问特能够牢牢记住应用不对称原理的两个具体措施:①把原来对称的物体修改为不对称的结构,如图 4-15 所示的单肩衣服、图 4-16 所示的非对称雨伞,以及图 4-17 所示的根据人体工程学设计的可以使操作更加舒适的鼠标;②增加不对称物体的不对称程度。例如,原有的键盘在键的分布上已经是不对称的,现在让键盘的整体外形也不对称(见图 4-18)。

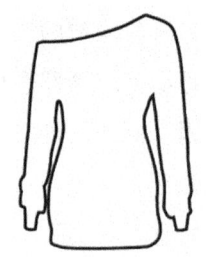

图 4-15 单肩衣服

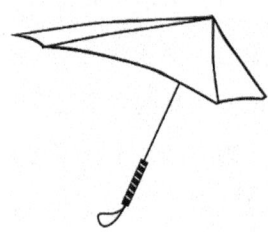

图 4-16 非对称雨伞

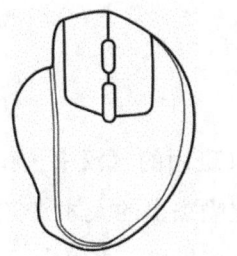 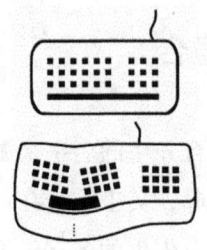

图 4-17　人体工程学鼠标　　图 4-18　键盘

最后，错落不齐先生总结了该技巧的提示：善于对物体的状态作出改变，如改变物体的平衡、让物体倾斜、减少材料用量、降低总重量、变换几何结构等，以获得特殊的性能，如三角插头、USB 接头等。

错落不齐先生担心尹问特学习得太累，于是招呼尹问特一起冲杯茶喝。细心的尹问特发现错落不齐先生用茶壶倒水时，茶几的排水很不理想，因为倒出的水不会自动地往出水口流。如果想要让水流进茶几上的洞口，还需要不断按压橡胶抽水泵。于是他根据不对称原理构思出新的茶几，即将茶几的平面设计成具有小倾斜角的斜面，而出水口就在茶几面较低的一端，如图 4-19 所示。错落不齐先生觉得尹问特的设计十分简洁而有效，便吩咐下属按尹问特设计的方案对茶几进行改造。

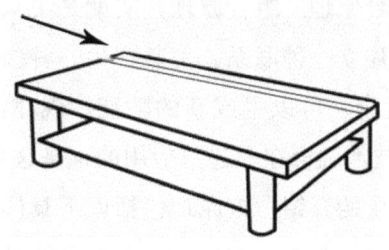

图 4-19　斜面茶几

以前，尹问特一想到产品的外观，脑袋里就蹦出"对称美"这样的字眼。但现在不一样了，尹问特学习了不对称原理后，知道了要对具体问题进行具体分析。有时候因为功能上的需要，必须将产品设计成不对称的。而且，不对称的事物有时候也可以很美啊！

5. 珠联璧合

珠联璧合先生的名字来源于东汉班固的《汉书·律历志上》，是指珍珠联串在一起，美玉结合在一块，比喻杰出的人才或美好的事物结合在一起。珠联璧合先生的名字告诉我们，多集成、多组合，才能有好的创意。

尹问特走到珠联璧合先生家附近时，发现他家门外有一群人围堵在一起。于是尹问特便赶过去看个究竟。原来，珠联璧合先生出门的时候把门锁了，但刚刚发现钥匙丢了，而城堡里面的工匠师傅又都不在，所以一时半会进不了家门，而这时的珠联璧合先生却并没有十分着急。珠联璧合先生走到城堡的广播处对着话筒说，如果有人发现城堡内有发光的小物品，麻烦捡起来并送到广播室。没想到过了一会就有人把发光物送到广播室，而这正是珠联璧合先生的钥匙。原来，珠联璧合先生的钥匙不仅有开锁的功能，还可以发光。由于现在是傍晚，而城堡里面比较暗，因此发光的钥匙便十分明显，容易被发现。

珠联璧合先生只是简单地将一种荧光材料和钥匙结合在一起，却发挥了重要的功能，太神奇了！尹问特佩服得五体投地。珠联璧合先生随后便开始向尹问特介绍组合原理。组合原理其实就是集众所长，指在物品的功能、特性或部分之间建立一种联系，使其产生一种新的、期望的结果。通过对已有功能进行组合，可以生成新的功能。现在经常提到的"集成创新"（将各种有益的技术融合在一起）应用的也是这个原理。

根据珠联璧合先生的介绍，该原理包括以下具体措施。①把空间相邻的物体或相邻的操作联合起来。例如，组合家具就是将一个房间内几个相邻的家具组合在一起形成的，如图4-20所示；还有各类组合刀具、组合夹具等，如图4-21所示。同样，将相邻的操作组合在一起，也是组合原理的应用。例如，工厂里面的操作台可以将多台设备的操作组合在一起，便于操作人员同时操控多台机器，如图4-22所示。②把时间上相同的物品或相邻的操作联合起来。例如，咖啡机就是将磨粉、压粉、装粉、冲泡、清除残渣等几个操作组合在一起，如图4-23所示。

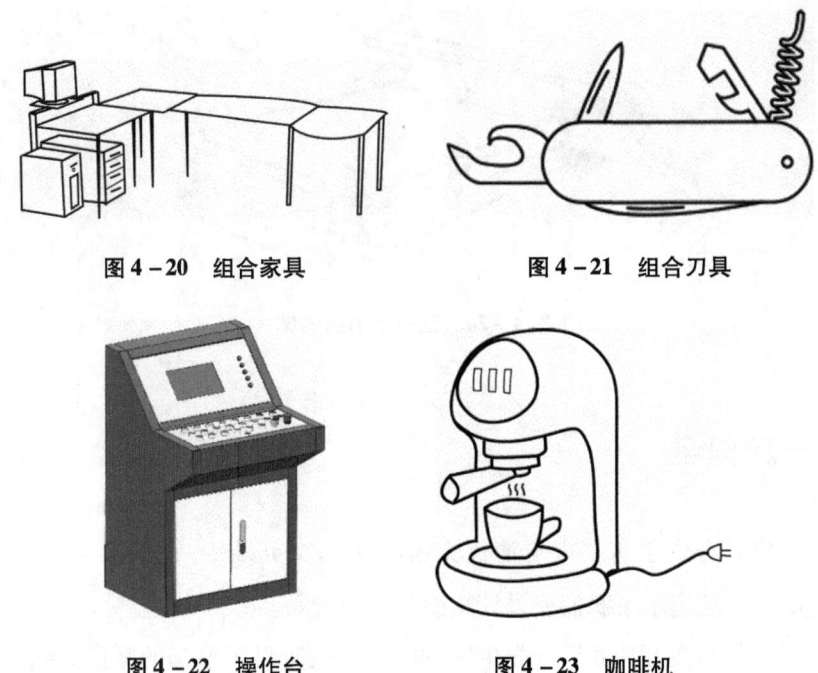

图 4-20　组合家具　　　　图 4-21　组合刀具

图 4-22　操作台　　　　　图 4-23　咖啡机

珠联璧合先生提示尹问特，在使用该技巧时，可以将新材料、新方法、新技术引入老产品中，在时间和空间上加以组合，达到提高产品性能的目的。

学完组合原理后，尹问特开始思考该原理应用的场合。尹问特平时喜欢在睡前看会书。前天晚上睡觉时，他发现城堡的房间里面并没有藏放书籍。但如果每个来城堡里面学习和参观的客人的睡房中都放置书架，成本太高而且会造成浪费。于是他利用多用性原理，在床的两侧设计了一个曲线形状的柜子作为小型书架（见图 4-24）。这样既节省空间又使取放书籍变得更加方便，而且避免了另外布置书架。珠联璧合对尹问特的想法赞不绝口，他马上让旁边的仆人记下尹问特的建议。

哈哈，学习了组合原理的尹问特感到自己受益匪浅。他也明白了有时候做一件事情，单打独斗的效率往往是不高的，而是要集众所长，把大家团结起来，这样才能将效率最大化。珠联璧合先生对尹问特能够举一反三感到很满意，他认为尹问特已经掌握了组合原理的精髓，于是让他去学习下一个技巧，这次尹问特要拜访的是一应俱全老先生。

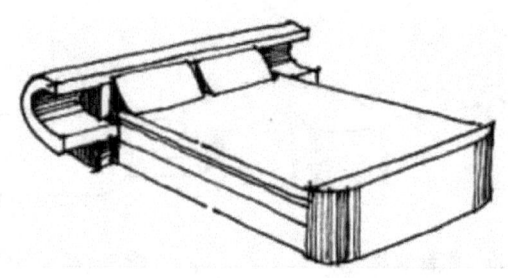

图 4-24　配备了书架的床

6. 一应俱全

一应俱全先生名字来自清代文康的《儿女英雄传》,是指一切齐全、应有尽有。这提示了我们要设计功能齐全的产品。

尹问特刚离开珠联璧合先生家的时候,就听见了悠扬的琴声。到了之后才发现,原来是一应俱全先生在弹钢琴!见到尹问特前来拜访,一应俱全先生马上热情地招呼起来,他觉得尹问特学习了这么长时间肚子应该饿了,于是便烤起蛋糕来。尹问特吃着美味的蛋糕,向一应俱全先生竖起了大拇指,心想老先生太能干了,正如他的名字一样的多才多艺呀。一应俱全先生微微一笑,他告诉尹问特自己最擅长的其实是 TRIZ 理论中的多用性原理。一应俱全先生还说,自己在休息的时候还喜欢弹奏乐器、烹饪等,所以虽然忙碌,但生活得很开心。因为有这样的信念,所以日积月累,一应俱全先生渐渐地掌握了多种实用技能。接着,一应俱全先生开始向尹问特介绍自己最擅长的多用性原理。该原理指一个物体可以实现多种不同功能,因而不需要其他物体的参与。该技巧也称一物多用法。

介绍完多用性原理的概念后,一应俱全便开始讲授应用多用性原理的具体措施:①使物体具备多个功能,如图 4-25 所示的镜子手表,以及图 4-26 所示的倒立可以放牙刷的牙刷杯;②如果某个物体的功能被取代,则该物体可以被裁剪,如图 4-27 所示的画板被手绘板取代。

一应俱全先生根据多年以来应用多用性原理的经验,进一步提示尹问特：设计物品或产品时，可以考虑增多它们的功能。

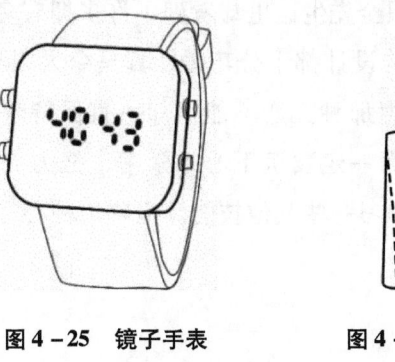

图 4-25　镜子手表　　　　图 4-26　牙刷杯

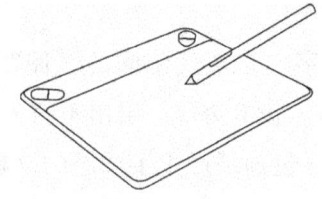

图 4-27　手绘板

学习完多用性原理后，一应俱全告诉尹问特时间不早了，可以先在自己家里休息，明天再继续学习新的发明技巧。尹问特来到休息的房间，看着十分宽敞的房间，尹问特想起家里空间有限。这促使他开始不断思考可以节省空间的设计。他思考后发现，家里的手提箱使用频率比较低，于是他想到利用组合原理来将其改造成为具备多种功能的物品。接着尹问特设计了如图 4-28 所示的多功能手推车，它具备小车和手提箱的功能。记录完这个想法后，尹问特满足地躺到床上睡觉了。

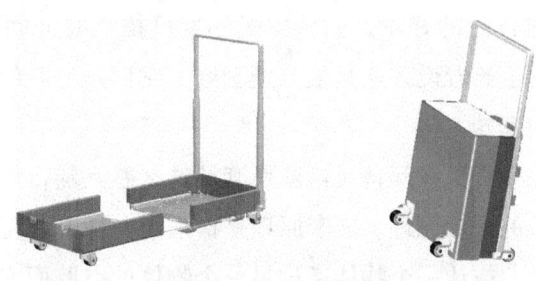

图 4-28　多功能手推车

53

多用性原理对尹问特的启发特别深刻，尹问特以前只知道一种产品具备一种功能，但到一应俱全先生这里却看到了许多拥有多功能的产品，而且这些产品的外观和结构设计都十分巧妙，真是令人眼界大开呀！同时，尹问特还被一应俱全先生那种无所不能但却一直保持着学习的心态所鼓舞。尹问特告诉自己以后一定要沉下心来学习，努力成为一个领域的专才，然后在学有余力时学习一些其他技能。抱着这种心态的尹问特出发去找下一位层出不穷先生。

7. 层出不穷

层出不穷先生的名字出自清代纪昀的《阅微草堂笔记·槐西杂志二》，指接连不断地出现，没有穷尽。层出不穷先生原本不叫这个名字，他在一次逛超市时，对一包抽纸产生了浓厚的兴趣，为什么每次抽完一张另一张就立马跟着出来了，感觉就是永无止境一样。这样一张纸与另外一张纸折叠嵌套在一起给生活带来了便利，应该好好研究这里面的关系，然后应用到其他的产品上，产生更多的创意，为此他改名为层出不穷。

尹问特遇见层出不穷先生的时候，老先生正在擦拭一个漂亮的装饰品，这是一个精致的陶瓷娃娃。于是尹问特站在一旁准备等老先生干完活再向他打招呼。尹问特见层出不穷先生擦拭完陶瓷娃娃，正打算向他打招呼时，却发现层出不穷先生将陶瓷娃娃打开，并从里面取出一个更小的娃娃，继续擦拭，前前后后重复这个过程，一共擦拭了 5 个陶瓷娃娃！尹问特终于按捺不住自己的好奇，开始向老先生打招呼并询问起这些陶瓷娃娃。层出不穷先生笑着说，这是俄罗斯套娃，它们是空心的，因而里面可以再装进更小的套娃。

层出不穷先生看见尹问特对俄罗斯套娃这么感兴趣，便主动向尹问特介绍起自己擅长的嵌套原理。嵌套原理是指采用一种方法将一个物体放入另一个物体内部，或让一个物体通过另一个物体的空腔而实现嵌套，即彼此吻合、彼此组合、内部配合等，也称为套叠法。

第四章 发明技巧40计

层出不穷介绍起原理时滔滔不绝，他马上又向尹问特介绍嵌套原理的具体应用。①一个物体位于另一物体之内，而后者又位于第二个物体之内，以此类推。生活中存在很多这样的实例，如图4-29所示的碗的叠放以及如图4-30所示的超市手推车叠放。②一个物体通过另一个物体的空腔，如图4-31所示的电线、图4-32所示的伸缩鱼竿及图4-33所示的注射器。

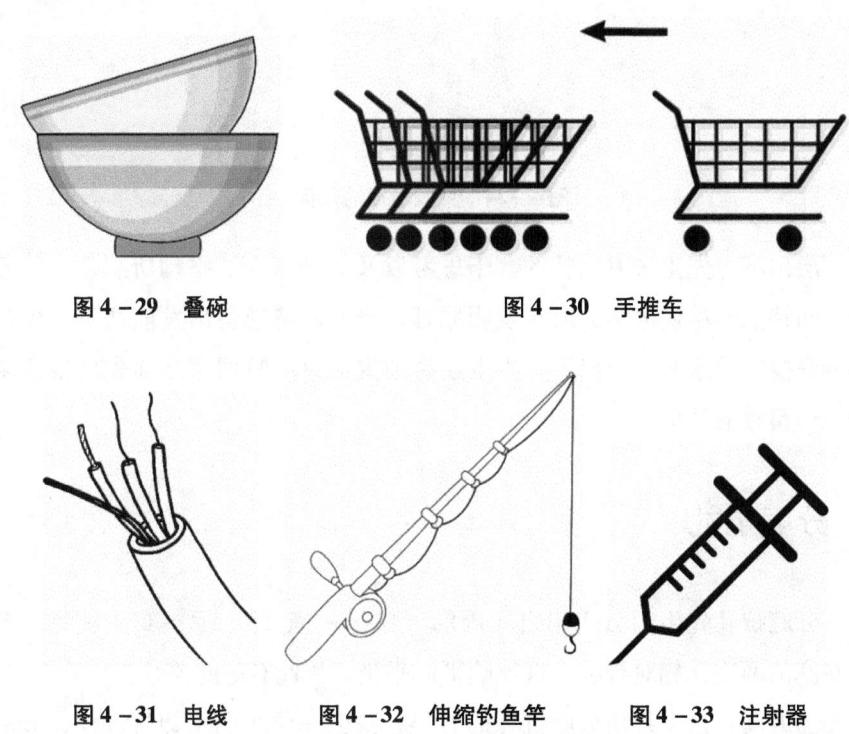

图4-29 叠碗　　　图4-30 手推车

图4-31 电线　　　图4-32 伸缩钓鱼竿　　　图4-33 注射器

接着，层出不穷又向尹问特说明了该发明技巧的使用诀窍：可以尝试在不同方向（如水平、垂直、旋转、包容等）上对物品进行嵌套，同时考虑空间的利用以及被嵌套的重量。

学完嵌套原理之后，尹问特开始思考这个原理可以应用的场合。他想到自己的爸爸经常需要带手提电脑出差办公，但是每次收拾电脑或从电脑包拿出电脑的时候，鼠标的电线都太容易缠绕住。他曾经想到给爸爸买一个无线鼠标，但又担心在重要场合电池没电。于是学完嵌套原理的尹问特便想到了一个好办法，只要在不使用鼠标时将鼠标线藏进鼠标里，在使用

55

时再拉出来不就可以了。于是尹问特设计了这种可以收放线的鼠标,如图 4-34 所示。他打算在旅程结束后在这里制作一个并带回家给爸爸做礼物。

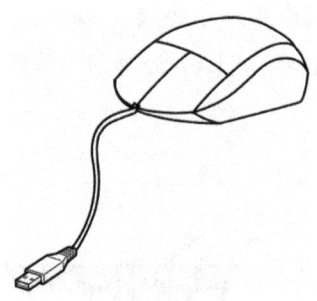

图 4-34 可收放线的鼠标

层出不穷先生被尹问特的善于思考以及关爱家人的举动所感动,他希望尹问特能够尽快地学完所有发明原理。当尹问特准备出发前往下一位高人分庭抗礼的家时,层出不穷先生还特地提醒尹问特回家之前先到他家来做一个精致的鼠标。

8. 分庭抗礼

分庭抗礼先生的名字出自庄周的《庄子·渔父》,原指宾主相见,分站在庭的两边,相对行礼。现比喻平起平坐、彼此对等的关系。

当尹问特过来拜访分庭抗礼的时候,身旁一位小朋友却告诉他,分庭抗礼先生这时候不在家里,他应该在田地里照看庄稼。于是尹问特便跑到城堡外的田地里寻找分庭抗礼先生,没想到果真在田地附近遇见了,他看见分庭抗礼先生正在拖着水面上的一个桶。尹问特一时想不出他这样做的原因。其实,分庭抗礼先生之所以这样做,是因为庄稼肥料存放的地点距离庄稼所在的地点有点远,而这两个地方之间恰好有一条湖连接着,于是聪明的分庭抗礼先生便想到将肥料先装在一个大塑料桶里面,然后将这个塑料桶放在湖水上,最后用绳子绑着塑料桶牵着走。这样做就能节省好多力气!尹问特等分庭抗礼先生做完劳动后,便过去向他请教问题。

原来，分庭抗礼先生是研究重量补偿原理的，怪不得他能想到用水的浮力来抵消肥料的重量。接着分庭抗礼先生开始向尹问特介绍：重量补偿原理就是指以一种对抗或平衡的方式来减弱或消除某种效应，或是纠正某种缺陷，或是补偿过程中的损失从而建立一种均匀分布形式，或是增强系统其他的功能，这一原理也称为重量补偿法。

按照分庭抗礼先生的进一步说明，重量补偿原理包括以下措施：①将物体与具有上升力的另一物体结合以抵消其重量，如图 4-35 所示的旅行热气球和图 4-36 所示的飞艇；②将物体与介质（最好是气动力和液动力）相互作用以抵消其重量，如图 4-37 所示的充气游泳圈、图 4-38 所示的直升机的螺旋桨。另外，液压千斤顶也是应用了这个原理。

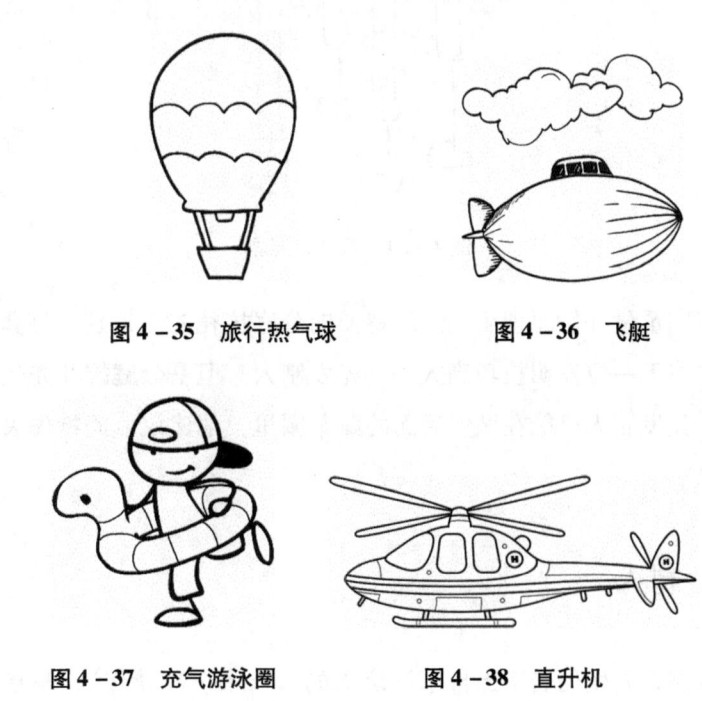

图 4-35　旅行热气球　　　　图 4-36　飞艇

图 4-37　充气游泳圈　　　　图 4-38　直升机

该技巧提示我们，尽量利用气体或液体的浮力，完成一些必要的功能。

这时细心的尹问特想起城堡外面拉着的几条竖幅，它们是靠气球悬挂着的。原来，气球拉竖幅依据的是重量补偿原理呀！聪明的尹问特决定将这个方法带回自己的学校。因为在过新年的时候，尹问特就读的学校会举办大型的跨年晚会，届时老师们将会组织同学们布置场地。其中一个环节就需要有人将竖幅挂在高处，但爬上高处比较危险，而且高处也没有能够提供悬挂位置的物体。如果将竖幅的一端系在许多个充满氢气的气球上，就能靠气球的升力使竖幅稳定在高处（见图4-39）。同时，气球也带来了一定的美观效果，真是一举两得！

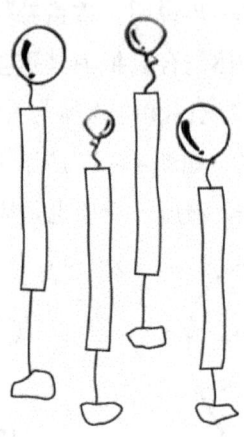

图4-39　气球拉竖幅

学习完重量补偿原理后，尹问特便向分庭抗礼先生道别，打算回到城堡里面寻找下一位发明技巧高人——先发制人。但是分庭抗礼先生却告诉尹问特，先发制人可能在城堡后面的蔬菜园里，他建议尹问特先去那里找先发制人。

9. 先发制人

先发制人先生的名字出自东汉班固的《汉书·项籍传》，是指争取主动，先动手来制服对方。

尹问特果真在蔬菜园里发现了先发制人，老先生正使用锄头在劳动呢！尹问特走近了看才发现老先生已经挖了一条长长的沟，但是尹问特实在想不出这是做什么用的，是放肥料的吗？但是沟又不需要这么宽啊。好奇的尹问特终于按捺不住，开始向老先生请教这条长沟的作用。老先生告诉他，多雨的季节将要到来了，如果下大雨的时候园地排水不好会导致果蔬被淹。为了防止水漫园地，就先挖出一条沟槽。听完老先生的描述，尹问特豁然开朗。

先发制人告诉尹问特，他自己研究的就是预先反作用原理。预先反作用原理指根据可能出现问题的地方，采取一定的措施来消除、控制或防止这些问题的出现，也称为预加反作用法。

按照先发制人的说法，预先反作用原理可以有以下两个具体措施。①事先施加机械应力，以抵消工作状态下不期望的过大应力，如图4-40所示，因为了解到梁在受力的状况下，会向下弯曲，故先将梁向上弯曲。这样处理后，梁在安装后受力刚刚平衡，就能提高其工作寿命。另外，工程中的卷尺应用的也是这个原理，为了让钢卷尺能够收回，在钢卷尺内部安装了卷簧，预先施加了回卷的力，如图4-41所示。②如果需要某种相互作用，则事先施加反作用，如图4-42～图4-44所示的发条玩具车、弹弓、老鼠夹。

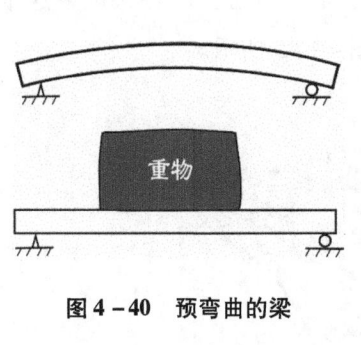

图4-40　预弯曲的梁

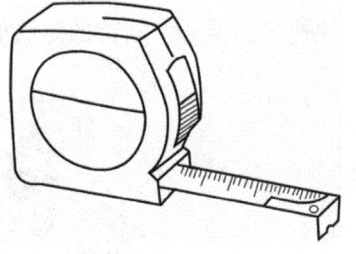

图4-41　钢卷尺

图4-42　发条玩具车

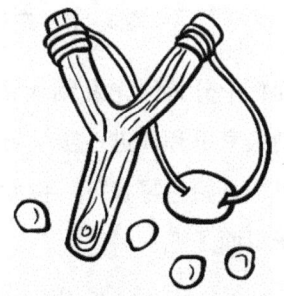

图4-43　弹弓

图4-44 老鼠夹

为了让尹问特能够更好地理解预先反作用原理,先发制人对该原理作了进一步的总结。他提示尹问特,设计时可以考虑预应力结构、带弹簧复位、发条驱动等。这些措施都属于预先反作用,可以预先采取这些行动来抵消、控制或防止潜在故障出现。

接着,先发制人便和尹问特回到了城堡。在他们前往先发制人家的途中,细心的尹问特发现城堡里面的地毯容易变脏,他知道这是由存在于空气中的废物粉尘导致的。于是他认为,根据预先反作用原理,可以在地毯上预先涂覆一些无害的化学药品,这种化学药品可以防止地毯沾上粉尘。先发制人觉得尹问特的建议很新颖,于是吩咐自己的仆人记下这个方法,并且尽快进行试验。尹问特的想法如图4-45所示。

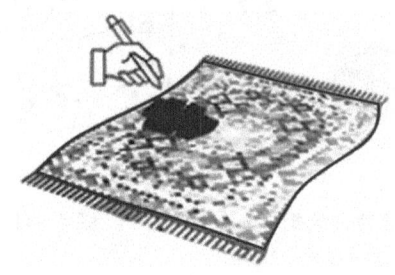

图4-45 预先涂覆化学药品的防尘地毯

尹问特十分感谢先发制人百忙之中抽空为自己讲解预先反作用原理。在先发制人家里和他进一步学习了预先反作用原理后,尹问特离开了先发制人家里,开始去寻找下一位发明高手未雨绸缪先生。未雨绸缪先生应该是在城堡里面了吧!

10. 未雨绸缪

未雨绸缪先生的名字出自《诗经·豳风·鸱鸮》，是指趁着天没下雨，先修缮房屋门窗，比喻事先做好准备工作。

尹问特到达未雨绸缪先生家门口的时候，还没进门就听见了"咚咚咚"的声音，进去后才发现老先生正在切菜呢！原来，之前分庭抗礼先生回到城堡后，恰好碰见了未雨绸缪先生，于是便告诉他尹问特会过来拜访他。未雨绸缪先生听到后很开心，他是一位好客的人。于是，还没等尹问特过来拜访，他就开始将菜切好、把食物从冰箱里拿出来解冻。这样当尹问特过来的时候很快便能吃上美味佳肴了。

未雨绸缪先生是研究预操作原理的。预操作指在另一事件发生前，预先执行该作用的全部或一部分，这个技巧也称为预操作法。在吃饭的时候，未雨绸缪开始向尹问特介绍这个原理。

他还耐心地为尹问特指出了预操作原理的具体措施：①预先完成要求的作用（整个的或部分的），如预先将冰箱的食物取出来解冻并切好，这样后面煮菜时就很省事，如图4-46所示；②预先将物体安放妥当，使它们能在现场和所需地点立即能发挥出所需发挥的作用，如图4-47、图4-48所示的洗浴用品、车轮备件。

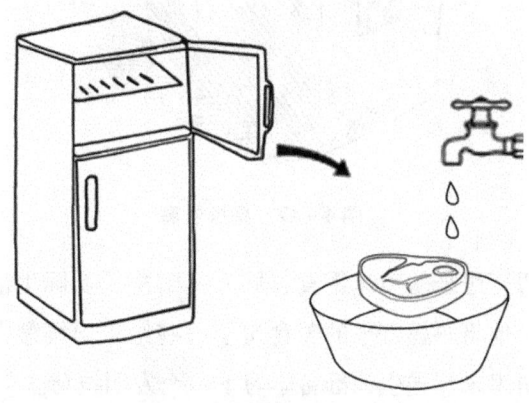

图4-46　解冻冰箱中的食物

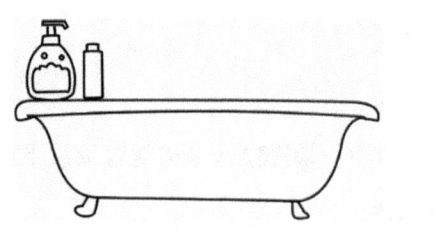
图 4-47　浴缸旁的洗浴用品

图 4-48　车轮备件

该技巧提示我们,预先考虑一些措施,在临时应用时便能带来方便。

在尹问特同未雨绸缪先生喝茶休息的时候,城堡里的仆人给尹问特递来了一个包裹。原来,尹问特的妈妈从遥远的家里给尹问特寄来了一些物品。尹问特十分高兴,拿过包裹就开始拆了,但他发现包装很结实,不容易直接打开。于是他麻烦未雨绸缪给自己一把剪刀才顺利地打开了包裹。这时他想,如果没有剪刀,开包裹就很不方便了,而且使用剪刀剪开包裹可能使包裹里面的物品被剪刀破坏。于是尹问特根据预操作原理设计了一种如图4-49所示的易拆包裹。这种包裹在开口的一端有一排孔,撕开的时候沿着这排孔就可以很轻松地撕开了。他将这个想法告诉了快递小哥,受到在场所有人的表扬。

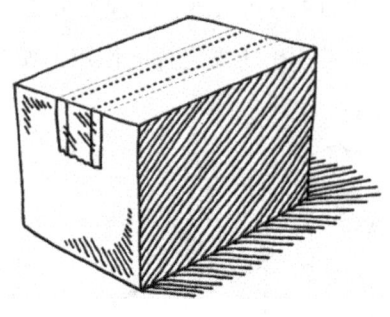
图 4-49　易拆包裹

吃上了妈妈寄过来的美味零食,同时又解决了实际生活中的问题,尹问特十分高兴。他将妈妈寄来的美食送了一些给未雨绸缪先生后便向他道别,开始寻找防患未然先生,准备学习下一个发明技巧。

11. 防患未然

防患未然先生的名字出自《汉书·外戚列传下》，是指防止事故（或祸害）于尚未发生之前。

尹问特刚从未雨绸缪先生家门口走出来，就见到一位老先生扛着一箱东西在城堡内走着。尹问特急忙跑过去帮忙。一番交流之后才发现眼前这位老先生就是防患未然。原来防患未然先生是在检查城堡内的各种防护设备，而他背上扛着的物品正是新式灭火器，原来城堡里的灭火器太老旧了，需要更换上新式的。除此之外，老先生还仔细地检查了城堡内的安全通道情况等，目的是预先做好防范措施。

防患未然先生研究的正是预先防范原理。该发明原理是指对将要发生的事情，预先做好防范措施，以防止或降低危险的发生，也称为预防原理、事先防范原理或预先防范法。

防患未然进一步指出该原理的具体措施为：以事先准备好的应急手段补偿系统的可靠性，即采用各种手段防止系统发生危险，如考虑防撞、防漏、防跌、防坠物、防晒、防盗、防泄密、防灾等。如图4-50所示的汽车保险杠、图4-51所示的旅行医药箱和图4-52所示的电梯内的对讲机等。

图4-50　汽车保险杠

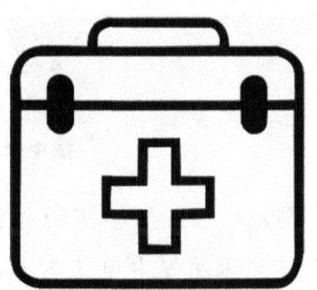

图4-51　旅行医药箱

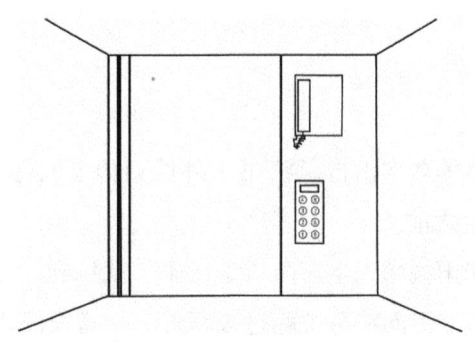

图 4-52　电梯内的对讲机

听完防患未然先生这么一介绍，尹问特对预先防范原理有了清晰的认识，他和防患未然继续在城堡内检查。走着走着，他们忽然看到前面有一个坐着轮椅的老先生。尹问特发现老人坐的轮椅在经过不平坦的道路时会发生剧烈的颠簸，导致老人十分不舒服。于是他和防患未然一起商量，最后根据预先防范原理，为轮椅设计了一种减震器。有了减震器，就可以防止轮椅在遇到坑洼地面时发生剧烈颠簸，如图 4-53 所示。老人坐上这种轮椅，一定会感到舒服得多！他将这个建议告诉老人的家人，他们都很感谢尹问特和防患未然，还邀请两人去他们家里作客。

图 4-53　安装了减震器的轮椅

利用自己的所学知识和创造发明来帮助他人，尹问特十分有成就感。防患未然先生也认为尹问特已经熟练掌握了预先防范原理，于是建议他去拜访平起平坐先生。于是，尹问特告别了防患未然而去寻找平起平坐。

12. 平起平坐

平起平坐先生的名字出自清代吴敬梓的《儒林外史》,比喻彼此地位或权力平等。当我们个子比较小的时候,前面个头比较大的人会挡住我们的视线,我们通常会选择跳起来,这样才能看见前方。平起平坐先生的名字除了包含了地位和权力平等的意思,还表达了一种水平等势,如果大家都是一样的个头,就不会存在遮挡的问题了。

按照人们的提示,尹问特在一个电梯口找到了平起平坐,此时平起平坐正在修理眼前这部电梯。一番交流之后尹问特才发现,这部电梯停止或启动时的位置不正常,电梯门开着的时候电梯的水平面和楼层的水平面未对齐,这不仅导致了人在进出电梯的时候很是不便,而且容易引发安全事故。不过尹问特很好奇,为什么电梯需要平起平坐老先生来修呢?

原来呀,平起平坐先生是研究等势性原理的。该原理是指改变物体的工作状态,以减少物体上升或下降的需要,也称为等势法或相对法。

等势性原理的具体措施为:①使一个系统或加工过程的所有点或面处于同一水平,以减少重力做功,如图4-54所示的实验台和图4-55所示的加工流水线;②在系统内部建立关联,使系统可以支持等势状态,如图4-56所示的利用船阀进行船体的升降;③建立连续或完全互联的组合及关系,如图4-57所示的飞机的舷梯,建立了门与地面的联系,使人能顺利地下飞机。

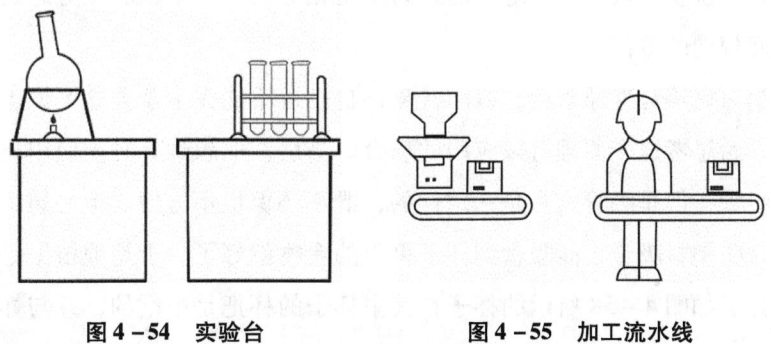

图4-54 实验台　　　　图4-55 加工流水线

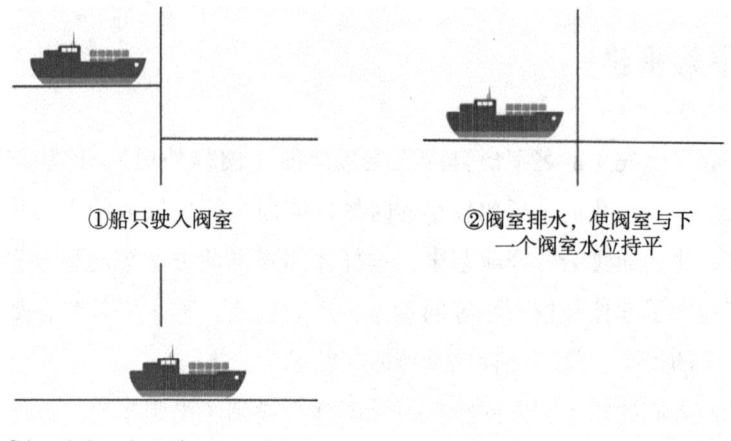

图4-56 利用船阀进行船体的升降

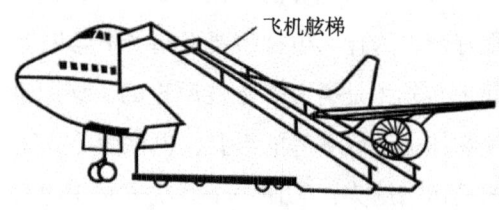

图4-57 飞机和等势的舷梯

  这个技巧提示我们，减少重力做功，充分利用环境、结构或系统内部资源，以最低的附加能量消耗来有效地消除不等位势（有害作用）。车轮之所以会成为车辆必不可少的部件，就是因为车轮具有等势性，无论车轮转动哪个位置，其中心与地面的距离总是相等的，即车轴的位势总是保持与地面相同的差值。

  学习完等势性原理后，尹问特觉得自己还不能完全掌握这个原理，于是他开始思考这个原理可以应用的场合。最后，他想到有时候使用杯子会用到吸管，但是吸管大多是一次性的，既不环保也不方便。他心想，如果不用这些塑料吸管也能吸食到杯子里面的食物就好了。于是他根据等势原理设计了如图4-58所示的杯子，其中杯子的杯把是中空的，并与杯腔相通，而且杯把的上端又做成管状。这样，无须另外配备吸管也能吸食杯子里的物体了。

图 4-58　具备吸管的杯子

通过这个应用思考，尹问特基本掌握了等势性原理，并且能解决实际问题。平起平坐先生感到十分欣慰，他鼓励尹问特以后在日常生活中也要多运用学到的这些发明原理。最后，他建议尹问特去拜访倒行逆施。

13. 倒行逆施

倒行逆施先生的名字出自西汉司马迁的《史记·伍子胥列传》，指做事违反常理，不择手段，现多指所作所为违背时代潮流或人民意愿。先生的名字听起来是贬义的，其实他是想警示自己，在为人处世方面一定要遵守道义，要懂仁爱，不做违背常理的事情；但他认为解决难题时可以正向思维，从头到尾，也可也以逆向思维，从尾到头，类似于前面的完美无缺所掌握的最终理想解方法。

天快黑了，尹问特才找到倒行逆施的家，当他遇见倒行逆施先生的时候，对方正拿着手电筒在城堡内观察蝙蝠的生活习性。尹问特跟在倒行逆施先生后面，他第一次发现蝙蝠是倒挂着睡觉的！接着，倒行逆施先生又带着尹问特去观察马，尹问特发现有一些马居然站着睡觉，他感到十分困惑不解。动物们这样做不会很累吗？睡觉不是躺着才最省力和舒服吗？尹问特不禁发出这样的疑问。倒行逆施先生似乎看出了尹问特的困惑，于是向尹问特解释道，蝙蝠倒挂着睡觉，察觉到危险时就能及时脱身，而且冬天的时候，它们不必将整个身体跟冰凉的地面接触。听倒行逆施先生这么一说，尹问特豁然开朗。倒行逆施先生还把"马站着睡觉"的问题留给尹问特自己思考和解决。

接着，老先生向尹问特介绍起自己精通的反向原理来。尹问特认真地听着对方的描述。原来反向原理是指施加一种相反（或反向）作用，如上下颠倒或内外翻转。反向原理也称作反向作用或反向功能。

从倒行逆施先生的描述中，尹问特还学习了反向原理的具体措施：①用相反的作用代替技术条件规定的作用，如图 4-59 所示的将外凸的杯把改为内凹的杯把，以及图 4-60 所示的螺旋桨上的自紧螺母（螺母的螺纹方向和螺旋桨的转动方向正好相反）；②使物体或外部介质的可动部分成为不可动的，而使不可动的成为可动的，如图 4-61 所示的电动扶梯和图 4-62 所示的逆流游泳池；③将物体颠倒，如图 4-63 所示的倒立安装的工业机器人。

图 4-59 内凹杯把的杯子

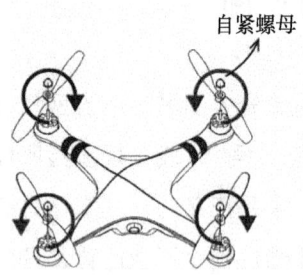

图 4-60 螺旋桨上的自紧螺母

图 4-61 电动扶梯

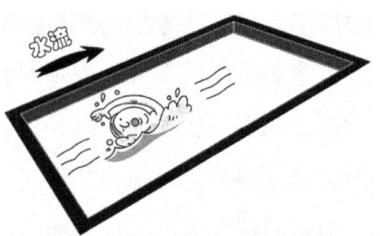

图 4-62 逆流游泳池

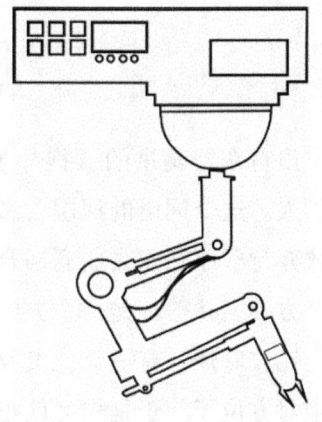

图 4-63 倒立安装的工业机器人

该技巧提示我们，尝试使系统或物体"反转"或颠倒，看看能否获得新功能、新特征、新作用及新物体。

学完这个原理后，倒行逆施询问尹问特有没有想到什么生活上的好点子。尹问特一时半会想不出来。这时他们看到城堡里面有个人在冲洗碗盘和水桶，经常弄得水花四溅。尹问特灵机一动，他想到了可以应用反向原理解决这个问题，即将碗盘或水桶倒转，水龙头向上冲洗，如图 4-64 所示，这样就不会到处溅水了。

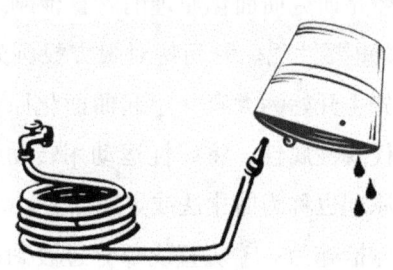

图 4-64 水龙头向上冲洗水桶

尹问特觉得反向原理十分有趣，因为由反向原理带来的解决方法都十分新颖，似乎总能颠覆之前的惯性思维。倒行逆施先生十分欣赏尹问特这种善于思考的精神，他建议尹问特坚持多思考，还让他快点去拜访毁方投圆先生，努力学习新知识。

14. 毁方投圆

毁方投圆先生的名字出自东晋葛洪的《抱朴子·汉过》，比喻抛弃立身行事准则，曲意迎合别人。这个词语的深层含义有点贬义。其实先生用这个名字不是希望自己放弃行事原则而去曲意迎合别人，而是因为先生以前家里有一口井，是一个方井，井盖也是一个方的，每次先生打完井水盖井盖时要对齐才能放好，比较麻烦。有一天他突发奇想，为什么不把井造成圆的呢，圆井盖就无须对方位了。于是先生就把自己家的方井毁掉，改建了一个圆井并配上圆井盖，从那以后别人都称呼他为毁方投圆。

尹问特终于见到毁方投圆先生了，老先生长得十分和蔼可亲。尹问特见到他的时候，他正在给小朋友做实验呢！尹问特也赶紧凑过去看个究竟，只见毁方投圆先生坐在一架单车上。这架单车看起来并没有什么特别，但仔细观察后才发现，这架单车的轮子是方形的。毁方投圆先生开始骑行了，然而单车上下振动得十分厉害，想必老先生骑起来挺辛苦的吧！接着毁方投圆先生将方形的轮子换下，改装了圆形的轮子，这下单车骑起来既平稳又快速。

哦，毁方投圆先生是研究曲面化原理的呀！他刚才的做法是在"以身试法"，说明曲面化的重要性呢。尹问特对毁方投圆先生的敬佩之情油然而生。接着毁方投圆先生开始为大家介绍起曲面化原理：曲面化原理是应用曲线或球面属性取代线性属性，将线性运动用转动取代，使用滚筒、球或螺旋结构，曲面化原理也称为曲化法或类球面法。

曲面化原理的具体措施为：①从直线部分过渡到曲线部分，从平面过渡到球面，从正六面体或平行六面体过渡到球形结构，如图4-65所示的为应用人体工程学的曲面记忆枕；②利用杆、球体、螺旋，如图4-66、图4-67所示的弹簧和滚筒式搅拌机；③从直线运动过渡到旋转运动，利用离心力，如由锯子的直线往复运动到如图4-68所示的圆锯的转动，还有如图4-69所示的离心式风机。另外，绞肉机也是利用旋转运动提高切削效率。

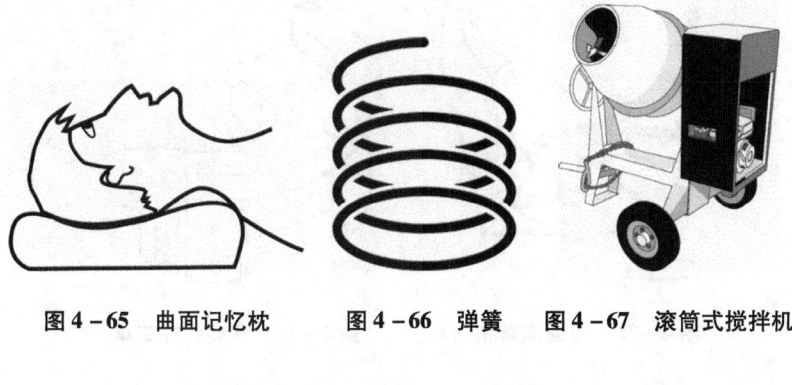

图4-65 曲面记忆枕　　图4-66 弹簧　　图4-67 滚筒式搅拌机

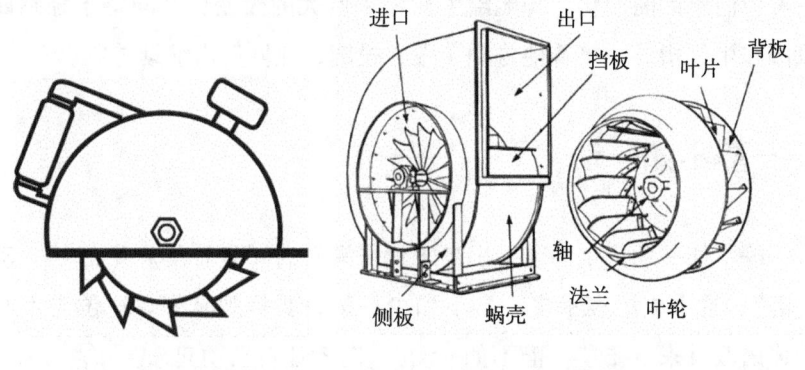

图4-68 圆锯　　图4-69 离心式风机

接着,毁方投圆先生还向大家介绍了该技巧的应用诀窍,即将直角、线性、平面、立方体尝试改变,转换为圆角、非线性、曲面、球面体,看看能否实现新的功能。

尹问特发现,曲面化原理在日常生活中也是十分常见的,自己在家里的枕头其实就是曲面记忆枕。他开始联想生活中可以应用曲面化原理的物品。尹问特首先想到的是家里的椅子。他发现自己的坐椅不是很舒适,于是根据曲面化原理,设计了一把适合自己的椅子,椅面靠背是曲面状,坐起来会十分舒服,如图4-70所示。有了曲面形状靠背的椅子,尹问特心想,可不可以将这个想法应用在桌子上呢?于是乎他又设计了曲面形状的桌子,如图4-71所示。他把这个想法记录下来,准备下次回家的时候和爸爸一起把这个椅子和桌子加工出来。

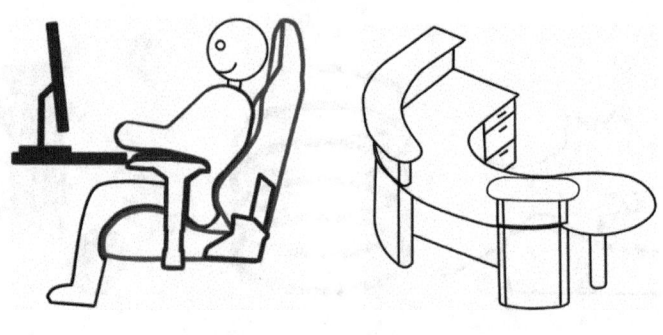

图 4-70　曲面靠背椅　　　图 4-71　弯曲的办工桌

看似简单的曲面化，却能给生活带来巨大的改变！尹问特十分感谢毁方投圆先生的指导，接着他告别了毁方投圆，在城堡内继续游览。

15. 一静不如一动

一静不如一动先生的名字出自宋代张端义的《贵耳集》中的"一动不如一静"，这个成语表示多一事不如少一事，要静观其变。这位先生则把这个成语改过来，要"一静不如一动"，时刻让自己动起来。

学习这么长时间，尹问特有点累了，就在城堡里面散散步。城堡里面特别宽敞，不仅有各种饮食休闲中心，而且运动健身的设施也一应俱全。喜欢运动的尹问特很想去健身房看看，于是便怀着好奇的心情走去健身房。走进健身房的时候，一个特别的画面吸引了尹问特。只见一个年迈的老先生正在跑步机上面跑步，并且做出各种高难度的动作。他一会交叉跑、一会又倒着跑。尹问特看呆了，随后他趁这位老先生休息的时候过去和他聊天，尹问特惊奇地发现原来他就是自己要找的一静不如一动。一静不如一动先生告诉尹问特，自己平时看书做学问大部分时间是坐着的，便想着每天要抽出一些时间做做运动，于是每天坚持来跑步机跑步，现在不仅身体健康，还学会了一些技巧性比较高的动作。

接着老先生便带着尹问特回到了自己的家里，开始向尹问特介绍自己研究的动态化原理。这个原理是指使系统的状态或属性成为短暂的、临时的、可动的、自适应的、柔性的或可变的,也称为动态特性法。这个技巧与以前学习到的技术进化工具中的动态性进化法则是一致的。

接着一静不如一动先生开始向尹问特讲授动态化原理的具体实施措施,它包括:①改变物体的性质或外部环境,使其工作的每一阶段都达到最佳效果,如图4-72所示的可调扳手、图4-73所示的变速山地车;②将物体分成彼此相对移动的几个部分,如图4-74所示的木偶、图4-75所示的多关节蛇形机器人;③使静止的物体成为可动的,如图4-76、图4-77和4-78所示的移动拖地桶、椅床和轮椅。

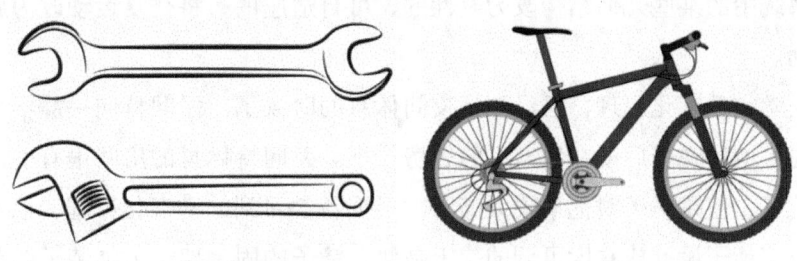

图4-72 普通扳手和可调扳手　　图4-73 变速山地车

图4-74 木偶　　图4-75 多关节蛇形机器人

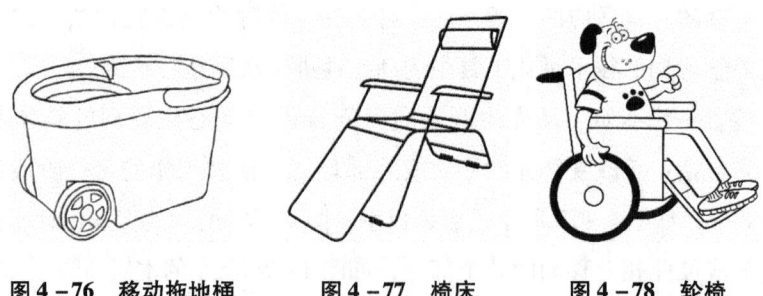

图 4-76　移动拖地桶　　图 4-77　椅床　　图 4-78　轮椅

这个发明原理在日常生活中的应用十分广泛，它提示我们，可以考虑将系统中的某些几何结构改为柔性的、可自适应的，将往复运动改为旋转运动。

学完动态化原理，已经到了夜间休息的时候了。尹问特向一静不如一动先生道过晚安后便在他家里的客房住下。尹问特休息的房间里有一面全身镜子，但是镜子对他来说太高了。根据新学习到的动态化原理，他希望可以把镜子设计成高度可调的，于是便在镜子的固定架子上加装了调节机构（见图 4-79）。同样，他还想利用这个原理将镜子设计成可以移动的，于是在镜子下面安装了轮子，这样打扫房间需要移动镜子的时候就很方便了。

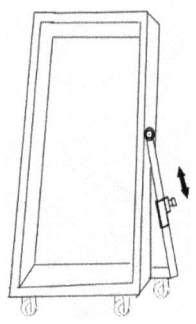

图 4-79　高度可调的移动镜子

经过一天的休息，尹问特的精神更加充沛了。下面，他该去拜访多退少补先生了。听一静不如一动先生说，多退少补先生养了很多小动物，而且现在应该在城堡的楼顶上面喂白鸽呢！

16. 多退少补

多退少补先生名字的原意是指，在无法知道商品具体价格的情况下先给对方一个大概数目的费用，当确定商品价格后，再退回或补给其实际价格与大概数目的差额。简而言之，多退就是过量了，少补就是不足，所以先生的名字是想告诉自己把握一个合适的量的方法。

尹问特怀着期待的心情去城堡的楼顶。尹问特遇见多退少补先生时，正看见他在给白鸽喂食。等尹问特凑近，多退少补先生才回过神来。多退少补先生叫尹问特也来体验一下给白鸽喂食的感觉。尹问特先尝试在地上撒一把杂粮，只听见"噗噗噗"的声音，白鸽们都从笼子上面飞了下来，争抢着尹问特撒下的食物。尹问特问老先生，白鸽们这么能吃，为什么不在笼子里面放好充足的食物呢？多退少补先生告诉尹问特，每一次给白鸽们准备的食物的量不能太多，不然白鸽因为有吃不完食物可能会养成挑剔或厌食的坏习惯。而通过撒谷物这种方法，让白鸽感受到食物是需要争取的，既避免了坏习惯的养成，也增加了白鸽的运动量，真可谓一举两得。

事实上，多退少补先生研究的正是不足或过度作用原理，他巧妙地把这个原理应用在日常生活中。接着他开始向尹问特介绍这个原理，它是指运用"多于"或"少于"所需的某种作用或物质获得最终结果，也称为局部作用或过量作用法。

接着多退少补先生介绍了该原理的具体措施：如果所期望的效果难以百分之百地实现，稍微超过或稍微小于期望效果，会使问题大大简化。如图4-80所示的3D打印机，都是先把基座和整体打印出来，最后再将基座除去。图4-81所示的浇注也是这样的道理，要先准备好比设计的容腔体积更大的浇注液。

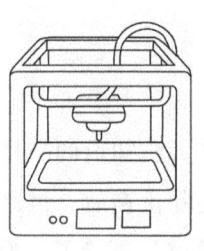
图 4-80　3D 打印机

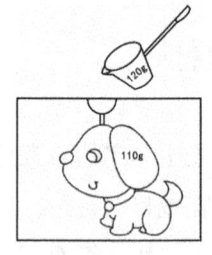
图 4-81　浇注

最后，多退少补先生还总结了该技巧的使用场合，即当做某件事不能直接取得最佳效果时，可以先从容易掌握的情况或者最容易获得的东西入手，尝试在"多于"和"少于"之间过渡，或尝试在"更多"和"更少"之间渐进调整等。

学完过度作用原理之后，尹问特回想起妈妈给他的小松鼠饰物，他一直把这个饰物视作护身符。尹问特想在自己的行李箱上用喷漆喷出小松鼠的图案，但是自己的喷漆技术不是很好，总担心会使行李箱变丑。现在学习了过度作用原理就有办法了，他先用纸张将周围不需要喷涂的区域围起来，只空出待喷涂的区域，然后再对该区域进行整体喷涂。把纸拿掉以后，就有自己想要的理想图案了（见图 4-82）。发明技巧真是帮了自己大忙。

图 4-82　局部喷漆

尹问特再一次感受到了应用所学知识帮助解决实际问题的成就感，他希望以后还能利用这些知识解决更多难题。接下来，他准备去拜访山不转水转先生，于是便和多退少补先生道别了。

17. 山不转水转

山不转水转先生的名字出自路遥的《平凡的世界》，原意为山不动但是水会动。仁者喜欢山，因为山是静的、固定的，表现的是一种坚定、一种执着。智者喜欢水，因为水是动的、流淌的，表现的是一种灵活、一种变化。先生名字除了表达了仁和智，还表达了一种相对的运动，水相对于山是动的，山相对于水也是动的。

刚从多退少补先生家出来的时候，尹问特就听到隔壁的屋子有比较大的声响。这声音原来是从山不转水转先生家传出来的。于是尹问特想过去看看究竟。一进山不转水转先生的家门，尹问特就被先生家里的设备震撼到了。原来刚刚听见的声音就是这些设备发出的3D（即三维）环绕立体声。我们平时看电视听音乐都是2D的影像或声音，真实感并不强。而到先生这里看电影却有种身临其境的感觉，好像自己就是电影中的主角。

原来山不转水转先生是研究维数变化原理的，难怪他知道要把音响系统设计成3D的！山不转水转见到尹问特后，就热情地招待了他，还请他欣赏电影。一番享受过后，山不转水转便开始为尹问特介绍维数变化原理。维数变化原理是指改变线性系统的方位，如使垂直变成水平、水平变成对角线、水平变成垂直等，也称为多维法。

该原理虽然简单，但具体措施却很丰富多样，包括：①从一维过渡到二维，或者从二维过渡到三维空间，如图4-83所示的交通从平面到立体、图4-84所示的六轴工业机器人；②利用多层结构替代单层结构，如图4-85所示的公交车从单层到双层；③将物体倾斜或侧置，如图4-86所示的倾斜写字台，还有倾斜墨水瓶等；④利用指定面的反面或者相邻面，如图4-87所示的双面胶和图4-88所示的双面衣服；⑤利用投向相邻面或反面的光线，如图4-89所示的汽车后视镜。

图 4-83 立体交通

图 4-84 六轴工业机器人

图 4-85 双层公交

图 4-86 倾斜写字台

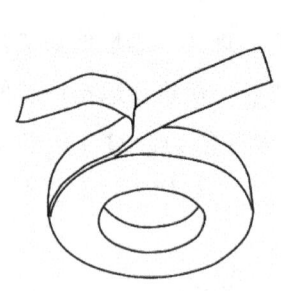
图 4-87 双面胶

图 4-88 双面衣服

图 4-89 汽车后视镜

虽然原理的实现方式多种多样,但都是本着改善空间的使用效率、可达性等目标的实现。如果将物体转换到新的维度上不能满足要求,则需要对其进行第二次或多次转换,或者考虑使用物体的另外一个面。经过这么一总结,尹问特对这个原理理解得更加深入了。

尹问特回想起城堡一处摆放着物品的展柜原来也是这个维数变化原理的一种应用。他受到启发,想起自己家里书柜放着文学书、教辅书和漫画书等。因为书本比较多,放书的时候不好分类,导致找书的时候十分不方便。尹问特根据维数变化原理,准备在旅程结束回家以后,将书柜改造成具有多个隔层的结构,并在每个隔层上贴上相应的标签,做到合理分类,如图4-90所示。

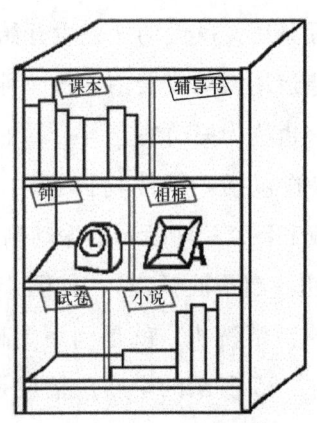

图4-90　多隔层分类书柜

尹问特认为自己已经很好地掌握了维数变化原理,于是向山不转水转先生道别,接着去拜访撼天动地先生。

18. 撼天动地

撼天动地先生的名字出自《水经注·河水》,撼动天空,摇动大地,形容力量强大。很久以前,撼天动地的家乡遭遇了一场大地震,许多房屋都倒塌了,他当时还是一个小孩子,被这突如其来的地震吓着了,第一次感觉到大自然的可怕,也给他留下了深刻的印象。当他回过神来冷静地想了一想，大自然通过大地的振动可以让房屋倒塌，振动有这么大的威力，是不是可以进行合理利用呢？于是先生改名为撼天动地。

撼天动地先生听说尹问特要来拜访自己，于是准备给尹问特做点面食吃。这不，他已经开始在找面粉了。尹问特到撼天动地家里时，看到他正在用一个筛子筛选面粉。撼天动地看见尹问特已经过来了，就急忙去拿椅子让尹问特先坐着休息一下，然后一边和尹问特聊天一边筛选面粉。他告诉尹问特，面粉有黏性，容易形成大的颗粒，这样的面粉吃水不顺，容易导致和面的时候形成面粉团，做出来的点心会不均匀，同时也影响口感，所以使用前都要经过筛选。撼天动地使用的是一个上面布满小孔的筛子，通过振动筛子来分离大小颗粒的面粉。

两人吃过香喷喷的面条后，撼天动地先生开始给尹问特介绍自己研究的振动原理。该原理是指运用振动或振荡，将一种规则的、周期性的变化限制在一个平均值附近，也称为振动法。

振动原理的具体措施包括：①使物体振动，利用振动来工作，如图 4-91 所示的声波牙刷和图 4-92 所示的振动剃须刀；②如果已在振动，则提高它的振动频率（达到超声波频率），如图 4-93 所示的超声波碎石机和图 4-94 所示的超声波清洗机，就是利用更高频率的振动来工作的；③利用共振频率，如图 4-95 所示的电台广播就是利用了电磁共振现象，还有如图 4-96 所示的小提琴等乐器的共鸣腔；④用压电振动替代机械振动，如图 4-97 所示的压电式振动盘，以及图 4-98 所示的压电扬声器。

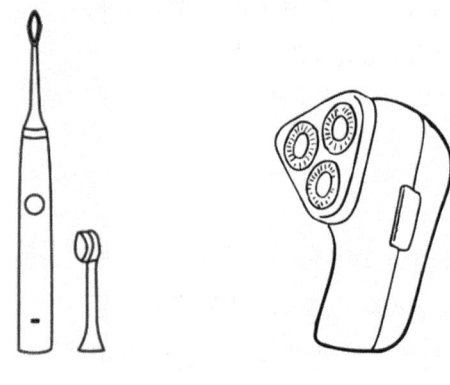

图 4-91　声波牙刷　　图 4-92　振动剃须刀

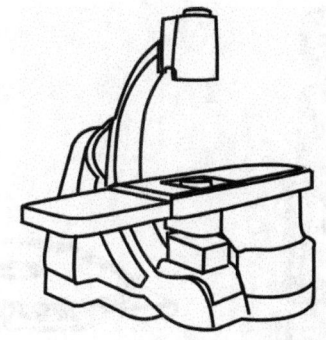

图4-93 超声波碎石机

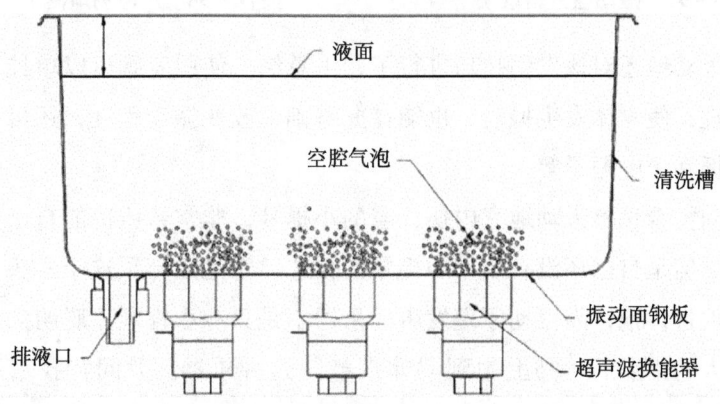

图4-94 超声波清洗机

图4-95 电台广播　　　图4-96 小提琴

81

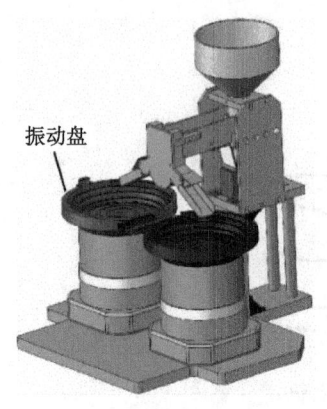
图4-97 振动盘进料系统

图4-98 压电扬声器

撼天动地还对该发明技巧进行了归纳总结。使用者既可以单纯地运用振动原理，使物体发生振动，也能在此基础上改变振动程度，还可以考虑利用共振和压电振子等。

尹问特看见撼天动地家内摆放着的小提琴，非常希望也能自己制作一把乐器。但是自己还没有制作小提琴的技艺，于是放弃了这个念头。这时撼天动地告诉他，靠振动原理发声的乐器不是只有小提琴。聪明的尹问特受到高人的指点后，马上想到"非洲鼓"这种乐器。尹问特找来一个小桶，在桶口盖上一层布，并用绳子拴紧，便完成了一个简易小鼓的制作，再经过简单的修饰后，就成为一个精致的小鼓了，如图4-99所示。

图4-99 小鼓

尹问特为自己能够应用振动原理制作一个乐器而感到十分开心。这时候撼天动地先生也在一旁微笑着点点头，对尹问特的举一反三表示了赞赏。接着他建议尹问特可以去拜访周而复始，学习新发明技巧了！

19. 周而复始

周而复始先生的名字出自《文子·自然》，指转了一圈又一圈，一次又一次地循环。周而复始先生很喜爱大自然，他从小就喜欢到野外玩耍。有一次，他在一个小山丘上躺着，看着周围的小草，忽然想到一个问题。他记得去年小山丘上着了野火，把小草都烧光，但是现在小草又重新长了出来。于是他领悟到规律：自然万物总是周而复始，生生不息。其实，这不就是事物周期性的表现吗？从那时候开始，周而复始先生就对事物的周期性非常感兴趣。

尹问特前来拜访周而复始的时候，周而复始正在给小朋友们讲授地理知识呢！尹问特看见老先生在试验台上模拟白天黑夜的昼夜轮回，于是也加入其中学习。周而复始对大家说："白天黑夜，昼夜轮回，24个小时的周而复始是地球自转送给我们的礼物，宇宙神秘的力量带给了我们生机勃勃的世界，也让我们的生物钟有了一定的节奏。"周而复始讲授完地理知识以后，又接着介绍自己研究的周期性作用原理。原来之前的"昼夜轮回"模拟只是周期性作用原理的铺垫。该原理指改变执行动作的方式，可以达到所需的效果，也称为离散法。

讲完原理的概念后，当然是介绍原理的应用和实施了，具体措施包括：①用周期（脉冲）动作替代连续性动作，如图4-100所示的打桩机和图4-101所示的摆钟。另外，闪烁警报灯也是应用这个原理；②如果已经是周期性动作，则改变周期性，如图4-102所示的节拍器以及图4-103所示的脉冲喷水器；③利用脉冲的间歇完成其他动作，例如流水线中的传送带，利用机器人抓取动作的间隙完成送料动作，如图4-104所示。

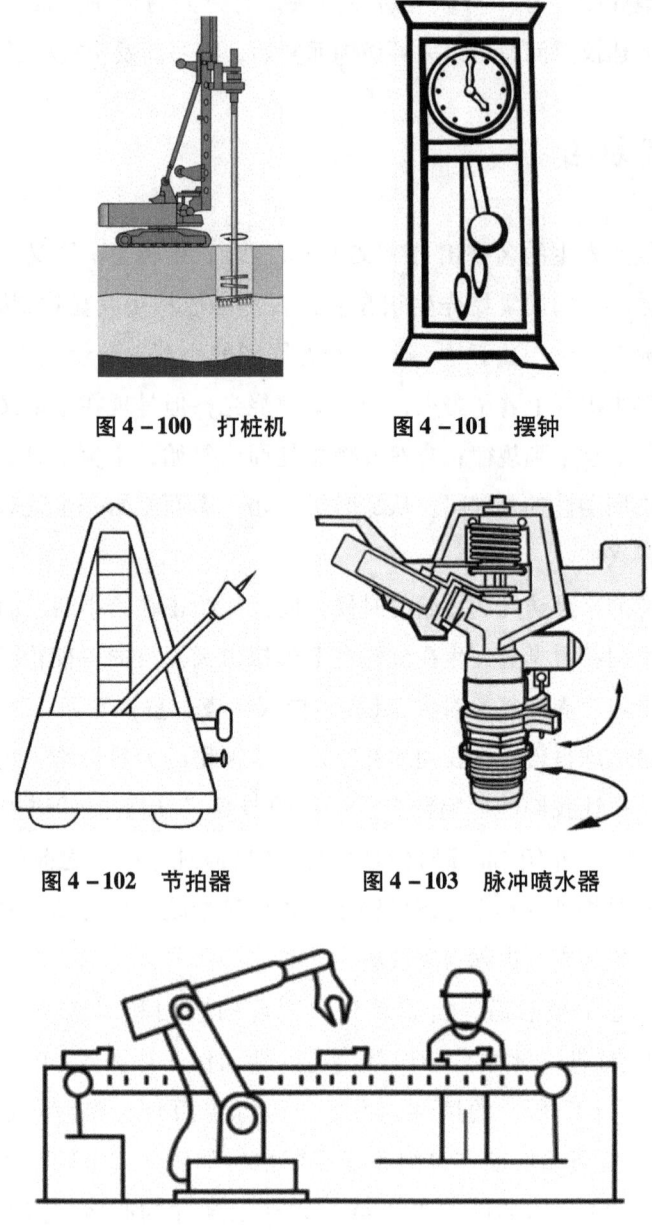

图 4-100 打桩机　　图 4-101 摆钟

图 4-102 节拍器　　图 4-103 脉冲喷水器

图 4-104 机器人抓取

按照周而复始先生的观点，应用周期性作用原理时，应该首先尝试利用动作间隙和改变频率。尹问特对此牢记在心。

周而复始为了让尹问特学得更加深入,便带着尹问特来到自己的小汽车前。他要仆人打开汽车车窗上的雨刷器,只见雨刷器周期性地来回摆动。原来这就是周期性作用原理啊!尹问特很受启发,他忽然想到回家后,可以设计一种周期性投喂谷粒的装置,并装在奶奶家的养鸡场里。这样,奶奶就不必经常弯腰给小鸡们投喂食物了,因为投喂装置会每天在固定的时间点投喂食物。他想到奶奶高兴的样子,感到十分满足。尹问特设想的周期性投喂装置如图 4-105 所示。

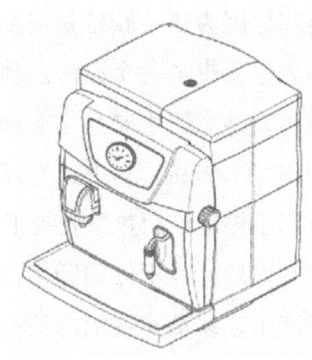

图 4-105　周期性投喂谷粒的装置

尹问特心想,周期性确实使得周围的很多事物都变得有规律可循。例如,正是交通灯的周期性运作才使交通变得井然有序。尹问特已经对周期性原理掌握得十分全面了。接下来,他该去拜访马不停蹄先生了。听人们说,马不停蹄先生可是个充满精力的学者!

20. 马不停蹄

马不停蹄先生的名字出自元代王实甫的《丽春堂》,指马不停止跑动,比喻一刻也不停留,一直前进。先生上班的店铺距离家有 1.5 千米,平时走路需要 20 分钟左右。一天先生起晚了,洗漱完毕后发现只剩下 10 分钟了,上班就要迟到了,先生赶紧一路狂奔,最终按时上班了。先生就思考着,平时需要 20 分钟,为什么我今天 10 分钟就够了呢?原来平时自己喜欢走走停停,这次是连续地奔跑中间没有任何的停歇,说明连续性可以大幅提高效率，所以他就把名字改为马不停蹄，希望自己以后能够注重效率。

尹问特见到马不停蹄的时候，他正在和自己的孩子制作木制的工艺品。见到尹问特后，马不停蹄先生高兴地招呼了尹问特，并邀请尹问特加入他们的活动。尹问特当然答应，他们三个一起修整木制零件，再把零件粘起来。尹问特每一次粘完之后，都将热熔胶枪的开关关掉，因为他觉得热熔胶枪一直产生热量，是不环保的做法。但他发现每次开启热熔胶枪的时候都要等待很长一段时间，因为热熔胶枪是需要预热的，这样就浪费了很多时间。于是马不停蹄先生便想了一个办法。他给尹问特分配了一个任务，那就是使用热熔胶枪将修整完的木制品粘起来，而自己和孩子的任务是修整木片。每次尹问特粘好木制品，马上又有新修整好的木片给尹问特去粘接，这样尹问特就可以不停地使用热熔胶枪了。

待他们完成工艺品的制作后，马不停蹄开始向尹问特介绍有效作用的连续性原理。该原理是指产生连续动作或消除所有空闲及间歇性动作，以提高其效率，也称为有效作用持续法。

连续性原理的具体措施为：①连续工作，使物体的各个部分满负荷工作，以提供持续可靠的性能，如图4-106所示的环形流水线代替直线形流水线，以及图4-107所示的绞肉机代替刀；②消除空转和间歇运转，如图4-108所示的双程打印机与图4-109所示的双程打气筒，分别把打印头与活塞的两个行程都利用起来。

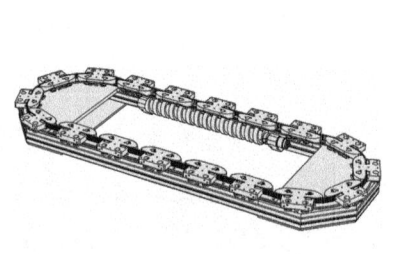
图4-106　环形流水线

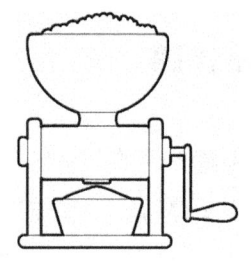
图4-107　绞肉机

 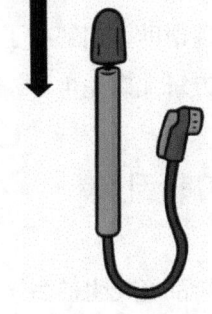

图 4-108　双程打印机　　　图 4-109　双程打气筒

该技巧提示我们，要消除物体的空闲部分，或保持连续工作以消除停歇时间。

学完这个原理后，尹问特和马不停蹄便在城堡里面散步，同时思考这个原理可以应用的场合。在途中，尹问特看见过道上有许多人在搬箱子。马不停蹄告诉尹问特，城堡正在调整布局，这些人正在搬运城堡里面阅览馆的书籍。尹问特发现，他们每次搬完书空手回来的这段路程没有得到充分利用。于是他建议马不停蹄让搬书的人们排成一列，把书籍一堆一堆地以传递的方式搬运到目的地，这样就大大节省了搬运者的步行消耗（见图 4-110）。马不停蹄对尹问特的做法非常赞同，于是吩咐这些搬运者按照尹问特的想法做。

图 4-110　接力搬书

尹问特在马不停蹄先生家中的所见所闻都十分有趣。他还再一次地应用所学原理帮助人们解决了现实中的问题。现在，他要告别马不停蹄先生去拜访快刀斩乱麻先生。

21. 快刀斩乱麻

快刀斩乱麻先生的名字十分生动有趣，它比喻办事果断，爽快地解决纷繁复杂的问题。在快刀斩乱麻先生小的时候，他的爸爸给他和兄弟们出了一道题目。爸爸对儿子们说："我这里有一大堆乱麻。现在发给你们每人一把，各自整理一下，看谁整理得最好最快。"比赛一开始，其他孩子都手忙脚乱、十分紧张，他们把乱麻一根根抽出来之后，又一根根理齐，速度很慢。但是快刀斩乱麻却与众不同，他很快找来一把刀，把相互缠绕的乱麻狠狠地斩断，然后再加以整理。这样一来，那些相互缠绕的乱麻便不再影响自己的整理了。果然，他很快就整理完了。他的爸爸看到快刀斩乱麻的做法，十分惊奇，便给他起了这个名字。

尹问特来到快刀斩乱麻家里的时候，看见快刀斩乱麻正在制作玩具、焊接电子元器件。看见尹问特很感兴趣，快刀斩乱麻就招呼尹问特在旁边观察，并一边讲解焊接时应该注意的事项。他告诉尹问特，焊接的时候应该做到准和快，如果焊接不准而焊错了位置，会导致电路不能达到期望的功能。而如果焊接的时间过长，焊头和电子元器件接触太久，会导致电子元器件被烧坏。

焊完小玩具后，快刀斩乱麻便开始测试小玩具的功能。哇！小玩具果然按快刀斩乱麻的设定动起来了，尹问特见到后十分开心。接着，快刀斩乱麻开始向尹问特介绍起自己擅长的减少有害作用时间原理。该原理是指快速执行一个危险或有害的作业，以消除有害的副作用，也称为快速法、急速动作法、减少有害作用时间法。

该原理的具体措施为：高速跃过有害的或危险的动作。如图4–111所示的高温瞬时灭菌、图4–112所示的焊接和图4–113所示的建筑爆破。

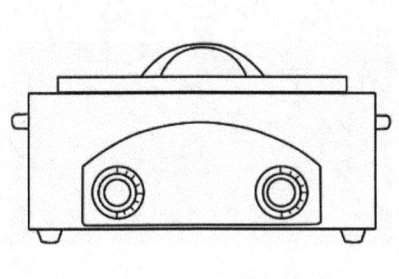 

图 4-111　高温瞬时灭菌　　　　图 4-112　焊接

图 4-113　建筑爆破

该原理对于一些作业具有重要的保护作用，因为高速的动作有利于跳过有害的或危险的部分。因此，当产品在执行某个动作期间会产生有害的功能或状况，则需要考虑各种方式加快这个动作，以减少此动作的危害性。

学完这个技巧后，尹问特还是有点疑惑，他还想不到可以应用该原理的具体场合。但不一会儿，疑惑便消散了。尹问特想起自己喜欢在课外时间动手做一些小手工，有时候要在塑料板上钻孔。他曾经使用小刀来挖孔，在木板上一边向下压一边旋转，几次都将刀刃弄断。于是他改用旋转的小钻头，果然顺利地钻穿了（见图 4-114）。但是钻头旋转太快而钻孔过程时间太长容易产生难闻的烟气。于是他将对一个位置的长时间钻孔的动作分解为多次短时间的钻孔动作。他把这件事告诉了快刀斩乱麻先生，快刀斩乱麻先生告诉他这就是减少有害作用时间原理。

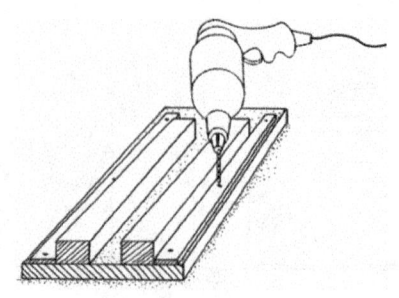

图 4-114 钻孔

快刀斩乱麻见尹问特已经掌握了减少有害作用时间原理，于是建议他去拜访下一位发明原理研究者——修旧利废。

22. 修旧利废

修旧利废先生的名字出自《汉书·司马迁传》，是指把破旧的修补好，把废物利用起来。先生从小就喜欢动脑筋，也喜欢动手制作一些小饰品。有一天，他发现家里的屋檐下放着一些形状不规则的小木板，既不美观也影响人们行走，怎么才能把这些小木板处理掉呢？他突然想到自己可以用这些木板给小鸟做一个家，于是马上动手，敲敲打打之后，一个美丽的鸟巢出现了。这就是把没有用的东西变成有用的东西，先生也因此获得了修旧利废的大名。

尹问特在快刀斩乱麻家门口看见了修旧利废，他好像在寻找什么东西。尹问特见状，急忙跑过去。原来，修旧利废是在城堡里面找塑料瓶子。虽然尹问特不知道他找塑料瓶子用来做什么，但还是先帮忙找到再看看吧！不一会他们便找到了一个塑料瓶子。修旧利废把塑料瓶子带回家中，只见他先是在瓶子上钻孔，然后又从旁边拿来了快递箱子并开始剪裁。不一会儿他居然做出了一只可爱的小汽车模型。但好戏还在后头呢！修旧利废找来了一套零件，里面有小马达、小齿轮等，经过一番改造，瓶子和快递箱子最后变成了装上电池后可以行走的玩具车！

修旧利废接着向尹问特介绍变害为利原理。该原理指的是利用各种方式从有害物（或废物、有害作用）中取得有用的价值，也称为变有害为有益法。

具体可采用以下的措施：①利用有害因素（特别是介质的有害作用）获得有益的效果，如图4–115所示的垃圾发电和图4–116所示的废品回收利用；②通过有害因素与另外几个有害因素的组合来消除有害因素，如以毒攻毒、酸碱中和（见图4–117）、同极排斥（见图4–118）等；③将有害因素加强，使其不再有害，如图4–119所示的噪声武器，另外还有利用强光的闪光弹、利用臭味的臭弹等，如图4–120所示。

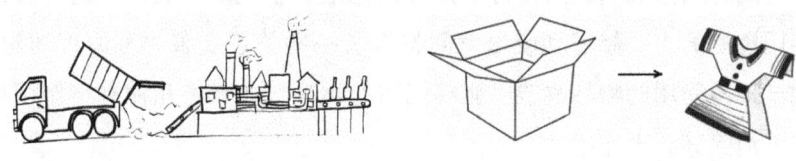

图4–115　垃圾发电　　　　图4–116　废品回收利用

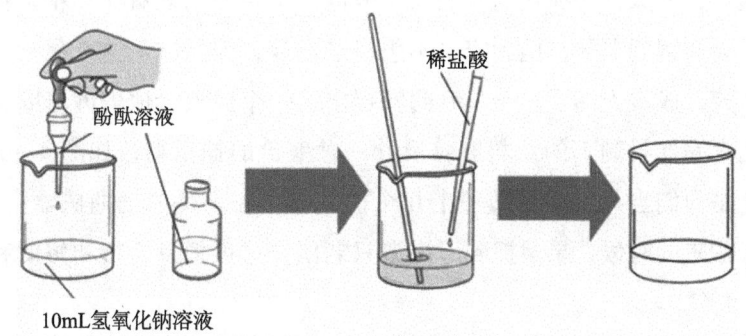

图4–117　酸碱中和

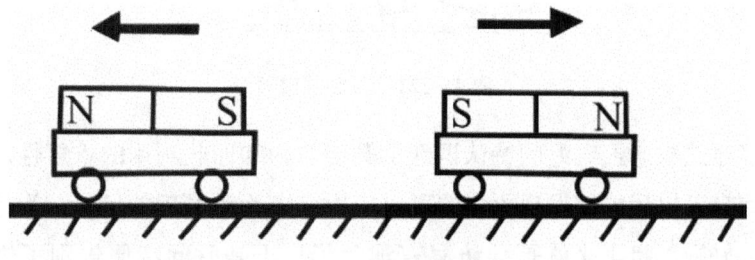

图4–118　同极排斥

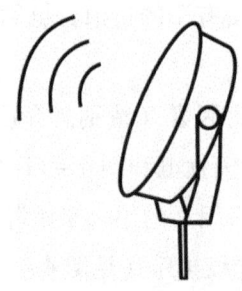 

图 4-119　噪声武器　　　图 4-120　闪光弹

尹问特从修旧利废的言行举止看出他是一个生活上勤俭节约、懂得充分利用资源的人。修旧利废给尹问特提了一些关于变害为利原理的建议，即尝试把不能用的物品改造成能够使用的物品，或者将几种有害作用相互结合以消除其有害作用。

接着修旧利废提出一个问题，并同尹问特一起思考。城堡内经常有小老鼠横行，大家都想抓住这些老鼠，但他们不想使用老鼠夹和粘鼠板，因为这样会伤害到老鼠，但大家也不想买老鼠笼，因为城堡这么大，要是都用老鼠笼，成本太高了。于是尹问特提出了一个建议，他告诉修旧利废可以利用喝完饮料剩下的饮料瓶，设计一种廉价的捕鼠器，如图 4-121 所示。于是他们当天就动手做了十几个捕鼠器，在入睡前把捕鼠器安置好。第二天醒来的时候，果然抓到了许多只老鼠，这可把尹问特和修旧利废给乐坏了！

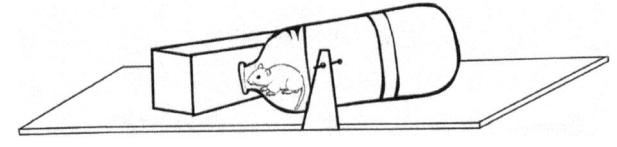

图 4-121　自制捕鼠器

经过这次学习，尹问特认识到了勤俭节约和回收利用的重要性。尹问特希望自己以后能够发现更多的可以应用变害为利原理的场合，为社会谋福利。好啦，接下来就是拜访察言观色了！于是尹问特便告别了修旧利废，去见察言观色。

23. 察言观色

察言观色先生的名字出自孔子的《论语·颜渊》，是指留意观察别人的话语和神情，多指揣摩别人的心意。察言观色小时候特别懂事，每次爸爸下班回家都给爸爸倒一杯水，有时也给爸爸揉揉肩膀、捶捶腿。爸爸很好奇为什么察言观色每次揉肩捶腿的时间把握得特别好，原来先生特别善于观察，有时看见爸爸低着头，走路步伐比较重，肯定是身体过于疲惫了，所以就赶紧给爸爸揉肩捶腿。原来这都是爸爸的行为动作给察言观色先生反馈出来的信息，先生也获得了这一名副其实的名号。

察言观色同其他高人一样热情地接待了尹问特，他们一起到家里的客厅喝茶、看电视。但是厨房里面的水龙头正在放水，察言观色一时分身乏术。于是，察言观色叫来了家中的服务机器人，他用编程的形式告诉机器人，让机器人去厨房里面守着，当水快要满的时候，就发出响声通知察言观色。就这样，察言观色和尹问特继续在客厅聊天。不一会儿，机器人果然发出警报了，只见察言观色非常从容地走入厨房内，将水龙头关掉。尹问特感到特别神奇！

在这之后，察言观色便开始向尹问特介绍起自己研究的反馈原理，并告诉尹问特其实自己刚刚就是在利用机器人的反馈信息。反馈原理是指将一种系统的输出作为输入返回系统中，以便增强对输出的控制，又称为反馈法。

接着察言观色还向尹问特介绍了反馈原理的具体措施，包括：①引入反馈信号，如图4-122所示的速度仪表盘、图4-123所示的电子产品的电量指示，以及图4-124所示的热水壶警报；②如果已有反馈，则改变它的大小或作用，如图4-125所示的具有自动避障功能的无人机，以及图4-126所示的公共卫生间的声控开关。

图4-122　速度仪表盘　　　　图4-123　电量指示

 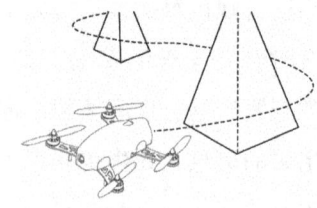

图4-124　热水壶警报　　　　图4-125　无人机自动避障

图4-126　声控开关

反馈原理在工业上的应用也十分普遍，特别是在机电系统控制领域。该技巧提示我们，要善于利用反馈信息，来修正系统的功能。

尹问特和察言观色来到城堡内的一处，看见一位小朋友坐在地上看电视，但是他离电视太近了，如果经常这样的话，很容易近视。于是察言观色先生和尹问特走上前去，告诉小朋友看电视靠太近容易伤害到眼睛。小朋友听了他们的话后就往后面坐了。但是过了一会儿，他又往前面坐了。尹问特又上前提醒他，并问他为什么又往前靠。小朋友告诉尹问特说是因为看电视一激动就忘记了。尹问特想了想，可不可以应用反馈法呢？如果小朋友靠近电视一定距离，就有什么东西会自动提醒小朋友。于是他按照这个思路设计了如图 4-127 所示的装置。当小朋友坐得离电视太近的时候，超声波距离传感器测量的数值小于一个定值，那么蜂鸣器会响，提醒小朋友要往后坐一坐防止近视。否则，蜂鸣器就不会响，表示小朋友可以放心看电视。

图 4-127 看电视防止近坐装置

察言观色对尹问特的表现感到十分满意，因为尹问特不仅学习能力出众，并且善于将所学知识用在合适的场合。察言观色希望尹问特继续保持这种态度，以后为社会多作一些贡献。他建议尹问特接着去拜访穿针引线，向他学习中介原理。

24. 穿针引线

穿针引线先生的名字出自明代周楫的《西湖二集·吹凤箫女诱东墙》，是指起中间联系作用。有一天，先生的爸爸和妈妈因为一点小事生气了，相互不理睬对方，先生的爸爸知道自己有些地方做得不对，可是有碍于面子不好当面认错，于是就写了一封道歉信交给先生，先生把这封信转交给妈妈，妈妈也挺体谅爸爸的辛苦，就告诉先生说已经原谅爸爸了，先生立马向爸爸报告这个消息，爸爸妈妈和好如初。先生就是起到了中介的作用，先生思考人与人需要中介，物与物之间是否也需要呢？于是就把自己名字改为了穿针引线。

尹问特过来拜访穿针引线家，他看见穿针引线正在给小朋友们做生物方面的小实验。原来，他是在向小朋友们展示植物嫁接的原理和操作过程。嫁接其实是人工繁殖的一个方法，即把一种植物的枝或芽嫁接到另一种植物的茎或根上，使接在一起的两个部分长成一个完整的植株。在这个过程中，穿针引线一直戴着手套，因为这样手部的细菌就不会污染植株，能够提高嫁接的成功率。

演示完成之后，穿针引线便开始向过来求学的尹问特介绍中介原理。中介原理是指利用某种可轻松去除的中间载体、阻挡物或过程，在不相容的部分、功能、事件或情况之间经调解或协调而建立的一种临时链接，也称为中介法。

根据穿针引线的讲解，该原理包括这些措施：①利用可以迁移或有传送作用的中间物体，如图 4-128 所示的弹古筝的拨子，以及图 4-129 和图 4-130 所示的吸管、托盘。另外还有轴与轴承座之间的轴承、镊子等；②把另一个（易分开的）物体暂时附加给某一物体，如图 4-131 所示的 PCB 覆铜板，在制作时临时涂漆，保护无须蚀刻的部分。

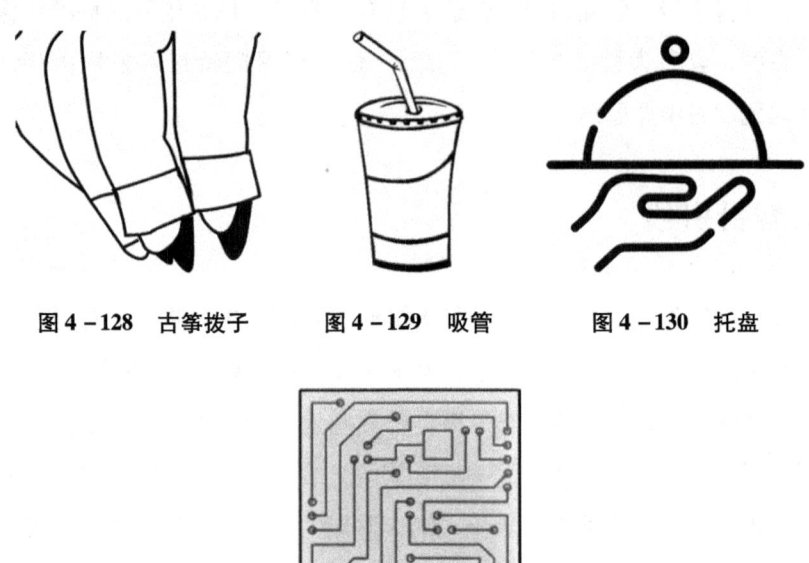

图 4-128　古筝拨子　　图 4-129　吸管　　图 4-130　托盘

图 4-131　PCB 覆铜板

该技巧提示我们,要善于利用工具,如在不匹配或有害结构(功能、动作)之间,利用一种临时中介物,阻隔这种有害的作用。

尹问特和穿针引线先生继续在房间内讨论中介原理。这时候,穿针引线的家人拿了一瓶冷藏的易拉罐装可口可乐给尹问特。尹问特很开心,他向穿针引线的家人道谢之后便开始喝起可乐来。过了一段时间后,尹问特发现可口可乐没一开始喝的时候口感好。他想了一下才意识到,原来可口可乐的最佳饮用温度是冷藏时的温度。尹问特一直将易拉罐拿在手上,手部的热量传递给了易拉罐里的可乐,这才导致可乐的温度很快升高。于是,尹问特将这个问题反映给穿针引线,希望一同探讨解决方法。

穿针引线建议往中介物原理方向思考。尹问特想到可乐温度升高得很快,是因为手部和罐子接触产生的热传递引起的。于是他决定设计一种把手,能将可乐罐牢牢地固定住,而且不会将手部的热量传递给罐子。尹问特设计的易拉罐把手如图4-132所示,他选择塑料作为制作把手的原材料,因为塑料的导热性差。

图4-132 易拉罐和把手

学习完中介原理,尹问特的思维又一次得到了扩展,原来好多问题都可以借助其他事物的帮助而间接地得到解决!现在,他将去拜访自动自发。

25. 自动自发

自动自发先生的名字是指无须强制约束和管理,自己就主动参与工作和学习,意味着一种积极向上的人生态度。一次先生洗澡时突然没有热水了,原来是太阳能加热生成的热水用完了,冷水无法自动供应和加热。先生特别生气,为什么不能有一种全自动的控制系统,在热水用完后自动补充冷水加热呢?先生立志要改变这种情况,改名为自动自发,希望自己以后制作出的产品可以自动地完成一些功能。

尹问特到自动自发家里的时候发现自动自发先生并不在家里，过了一会儿，才看见自动自发一家人回来。原来，他们一家人已经出去旅游很多天了，刚好回来。于是他们便邀请尹问特进入家里聊天。自动自发一推门，大家就看见一只机器猫从房屋里面跑了过来。原来，自动自发在旅游的时候，为了防止城堡里面的老鼠出来横行，让机器猫待在家里监视。令尹问特感到惊讶的是，自动自发还同尹问特说，这只机器猫能够在电量不足的时候自己跑去充电。

过了一会儿，自动自发开始向尹问特介绍起自服务原理，它是指在执行主要功能（或操作）的同时，以协助或并行的方式执行相关功能（或操作），也称为自助法。具体措施为：①物体能自我服务，完成辅助和修理工作，如图4-133所示的自动充气垫和图4-134所示的太阳能热水器；②利用废料（能源的和物质的），如图4-135所示的禽畜粪便、作物秸秆、食品加工废物和废水用作沼气发酵原料。

图4-133　自动充气垫　　　　图4-134　太阳能热水器

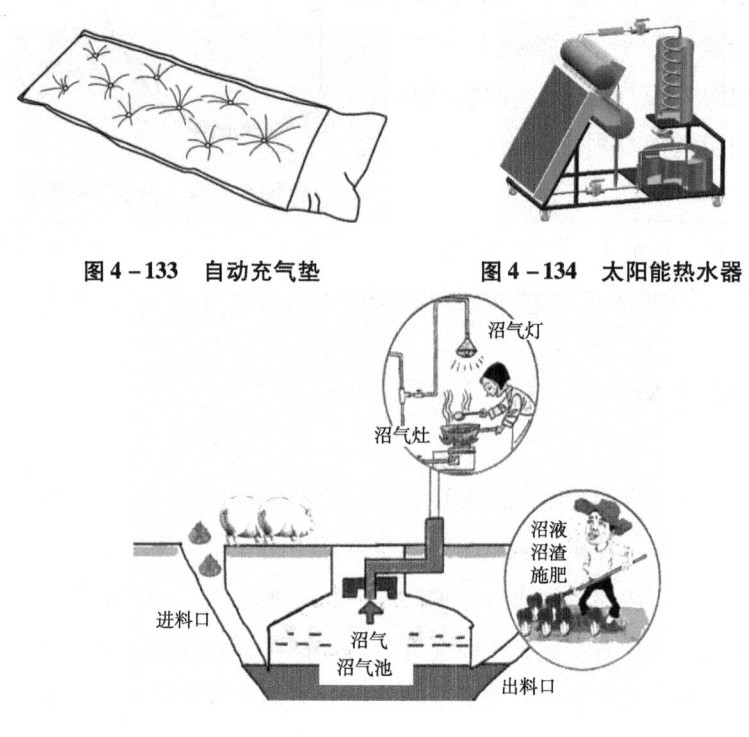

图4-135　沼气发酵

该技巧提示我们，要巧妙地利用"自然控制机构"，如利用重力、水力、毛细力等物理、化学或几何效应。

听完自动自发的描述，尹问特才发现周围其实有很多装置是与自服务原理相关的，如自动铅笔、红外感应的水龙头、不倒翁玩具等。他告诉自动自发，自己之前想过一个问题，那就是怎样对洗浴废水的热能加以利用。现在学习完自服务原理，尹问特的思路就十分清晰了。尹问特说，洗浴废水的热能是可以利用的，可以用来对冷水进行预加热，如图 4-136 所示。自动自发对尹问特的想法十分赞同。另外，自动自发还补充说，洗浴废水的热能还能用来驱动机组，为空调提供冷源。

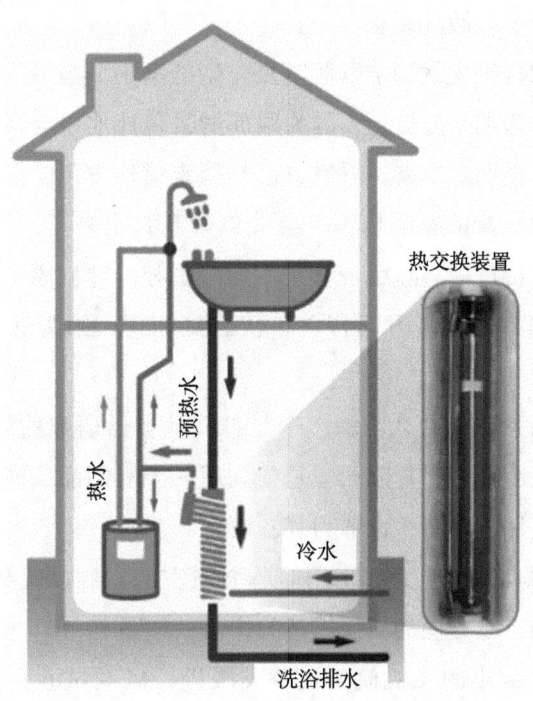

图 4-136　洗浴废水余热利用

看到尹问特对自服务原理有了较深刻的认识，自动自发便建议尹问特去拜访以假乱真，学习新的发明技巧——复制原理。

26. 以假乱真

以假乱真先生的名字出自清代李百川的《绿野仙踪》，是指用假的东西去冒充或混杂真的东西。先生小时候非常淘气，总是喜欢各种恶作剧。一天，先生躲在床底下，把枕头和衣服全部塞在被子里，假装自己还在床上睡觉。妈妈进来喊他起床，掀起被子时，他突然从床底爬出来，吓了妈妈一大跳。先生淘气地说：我复制了另外一个我，所以您被欺骗了。而妈妈批评他说：你这是以假乱真。先生一听对呀，就是以假乱真，之后就把自己的名字改为了以假乱真。

于是，尹问特很快就到了以假乱真先生的家中。当尹问特踏入以假乱真的家里时，他感到十分惊讶，因为眼前的景色让他以为自己是在城堡外面。尹问特又从里面走出来，看看自己是否走错地方了，但门牌上面确实显示这里是以假乱真的家呀！不一会儿以假乱真出来了，他看见尹问特，就招手示意尹问特过去。随后告诉了尹问特真相。哇！原来这一切都是以假乱真搭建的虚拟环境。尹问特再一次感到惊讶，因为这个环境是如此逼真。

以假乱真见尹问特这么吃惊，于是打算从自己研究的复制原理开始，为尹问特解开这个谜底。复制原理是指利用一个复制品或模型来代替因成本过高而不能使用的事物，也称为复制法。

复制原理的具体措施为：①用简单而便宜的复制品代替难以得到的、复杂的、昂贵的、不方便的或易损坏的物体，如图 4－137 所示的用同样结构和材料但尺寸缩小的飞机模型代替飞机进行风洞试验；②用光学拷贝（图像）代替物体或物体系统。此时可改变比例（放大或缩小复制品），如图 4－138 所示的虚拟驾驶系统模拟操作飞机飞行，以及图 4－139 所示的虚拟现实游戏，另外，实景地图、网上视频教学也是基于此措施；③利用可见光的复制品，则转为红外线的或紫外线的复制，如图 4－140 所示的战斗机的红外搜索与跟踪系统。

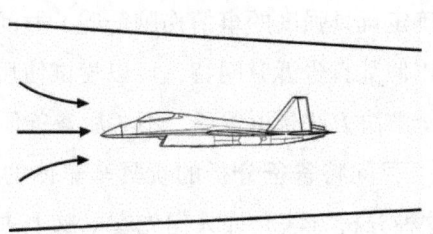

图4–137　飞机模型进行风洞试验

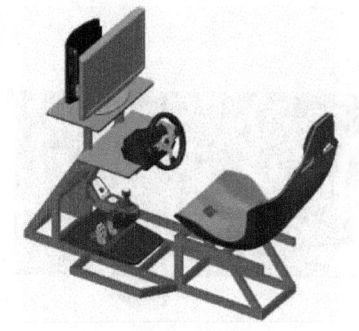 

图4–138　虚拟驾驶系统　　　图4–139　虚拟现实游戏

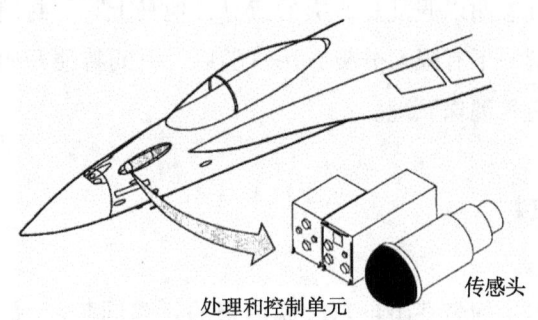

图4–140　战斗机红外搜索与跟踪系统

该技巧提示我们，复制其实就是一种映射，可以用多种手段实现复制，如实物缩比模型、计算机模型、数学模型等，注意考虑复制物的比例。

学完这个原理后，尹问特想起了正在设计玩具车的爸爸。在孩子玩耍与物流运输中跌落碰撞引起的损坏是玩具车遭受的最主要的失效形式。尹问特的爸爸正在为确定玩具强度的事情伤脑筋呢，尹问特问以假乱真有什么办法可以解决。以假乱真告诉尹问特，可以尝试使用有限元数值模拟分析。尹问特想把这个解决方法告诉爸爸，不久后爸爸便可学会使用数值模拟对模型进行分析。尹问特爸爸分析的玩具车车体的有限元网格模型如图4-141所示。这种分析方法允许人们先在电脑上进行模拟仿真，计算出玩具车的强度，再决定是否对模型进行修改。

图4-141　玩具车车体有限元网格模型

尹问特十分感谢以假乱真所提的意见，他马上写了封信寄回家，让自己的爸爸去了解一下有限元分析方法。随后，尹问特便开始去拜访鱼目混珠先生，学习鱼目混珠原理。

27. 鱼目混珠

鱼目混珠先生的名字出自东汉魏伯阳的《参同契》，是指用鱼目充当珍珠，这里是指用低品质的东西代替高品质的东西。鱼目混珠先生小时候喜欢吹泡泡，可是一瓶泡泡水一会就用完了，先生也没有钱去买新的，于是思考怎样才能花更少的钱吹出大量的泡泡。先生做了大量的实验后得出结论，原来往水里添加肥皂和洗洁精就可以制造出吹泡泡的水。这种制造方法成本很低，比商店的泡泡水便宜很多。先生把名字取为鱼目混珠，就是想能用低性能的东西替代高性能的东西，但不采用欺骗手段，所售价格也大幅降低。

第四章 发明技巧40计

　　尹问特来到鱼目混珠的家里，他们坐在客厅里面聊天。这一天城堡外面阳光四射，天气十分炎热。但是尹问特在城堡里面却感受不到炎热。于是他就将这个疑问告诉了鱼目混珠。鱼目混珠微微一笑，随后便把真相告诉了尹问特。原来啊，这座城堡看似密封得严严实实，可城堡里面通风口的设计可是很讲究的，这些通风口可以让风自由地在城堡里面流动。尹问特之所以不会感到炎热，全因为这些自然风带来了凉爽。有了这些设计科学的通风口，空调就自然而然地被不用成本的自然风替代啦！

　　讲完通风口的事情，鱼目混珠便开始向尹问特介绍自己研究的鱼目混珠原理。该原理是指运用廉价的、较简单的或较易处理的对象，以降低成本、增强便利性、延长使用寿命等，也称为替代法。

　　接着鱼目混珠给尹问特介绍该技巧的具体措施：用廉价的不持久性代替昂贵的持久性原则，用一组廉价物体代替一个昂贵物体，放弃某些品质（如持久性），如图4-142所示的一次性拖鞋、图4-143所示的一次性纸餐巾代替布餐巾和图4-144所示的一次性注射器。

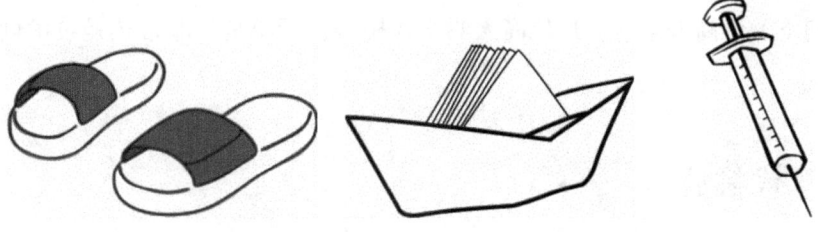

图4-142　一次性拖鞋　　　图4-143　一次性纸餐巾　　图4-144　一次性注射器

　　该技巧提示我们，用简单替代复杂，廉价替代昂贵，"短命"替代"长寿"。替代的对象不仅是机器、设备和工具，也可以是信息、能量、人及过程。

　　学完这个原理后，鱼目混珠先生给尹问特布置了一个小任务。他把尹问特带到城堡旁边园林的一个洞口处，如图4-145所示。鱼目混珠先生希望尹问特测量园中洞口的深度。尹问特之前曾经解决过类似的问题。记得在之前，他也找不到足够长的尺子，更没有专业的探测仪器。他转而思考应用鱼目混珠原理。最后终于想到了，可以用一根绳子系在荧光棒上并伸入洞里面，最后只需要测量伸入的绳子的长度就能够间接得知洞的深度了。借助之前的经验，尹问特很快解决了这个问题。

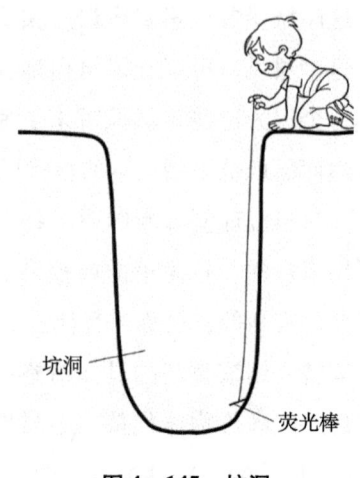

图 4-145　坑洞

鱼目混珠认为尹问特已经熟练掌握了鱼目混珠原理，于是便建议尹问特去向下一位高人学习。这位高人叫李代桃僵，听说是位非常热爱技术创新的人。

28. 李代桃僵

李代桃僵先生的名字出自北宋郭茂倩的《乐府诗集·鸡鸣》，比喻以自身去顶替别人。以前先生路过一个池塘时，突然听见有人呼救，原来一个小朋友掉进了池塘里，生命危在旦夕。先生不会游泳，周围也没有救生圈，突然他发现池塘边有许多竹竿，连忙扔了好几个竹竿给小朋友，让小朋友抱着几个竹竿，不至于沉入水里。然后先生大声呼救，最终在他人的帮助下成功救下了小朋友。先生就是选用了竹竿代替了救生圈。先生思考着世界上是不是所有的东西都可以替代呢？于是先生就取名为李代桃僵，勉励自己进一步去思考。

尹问特随即去拜访了李代桃僵先生。他遇见李代桃僵的时候，对方正在厨房里搞大清洁呢。尹问特为了不影响他劳动，便在一旁先坐着。尹问特发现李代桃僵在清洁时经常先在一处捣鼓一阵，然后才去擦拭物品。尹问特十分好奇，他按捺不住好奇心走近看，没想到被李代桃僵看见了，尹问特便向他请教这个问题。李代桃僵说，这是神奇清洁药水。他接着说，针对不同的待清洁的物品，通过不同的配比，就能调配出清洁效果很棒的药水，只要滴一滴在脏物上就能很好地去除污渍，而不需要人很卖力地搓洗。其实啊，这是使用化学反应清洁的方式。

李代桃僵接着便为尹问特介绍机械系统替代原理。它是指利用物理场或其他的形式、作用和状态来代替机械的相互作用、装置、机构及系统，也称为系统替代法。

具体应用时，可利用以下措施：①用光学、声学、味学等系统代替机械系统，如图4-146所示的光感应开关；②用电场、磁场和电磁场同物体相互作用，如图4-147和图4-148所示的电磁炮、磁力锁；③由恒定场转向不定场，由时间固定的场转向时间变化的场，由无结构的场转向有一定结构的场，如图4-149所示的高频电磁炉。

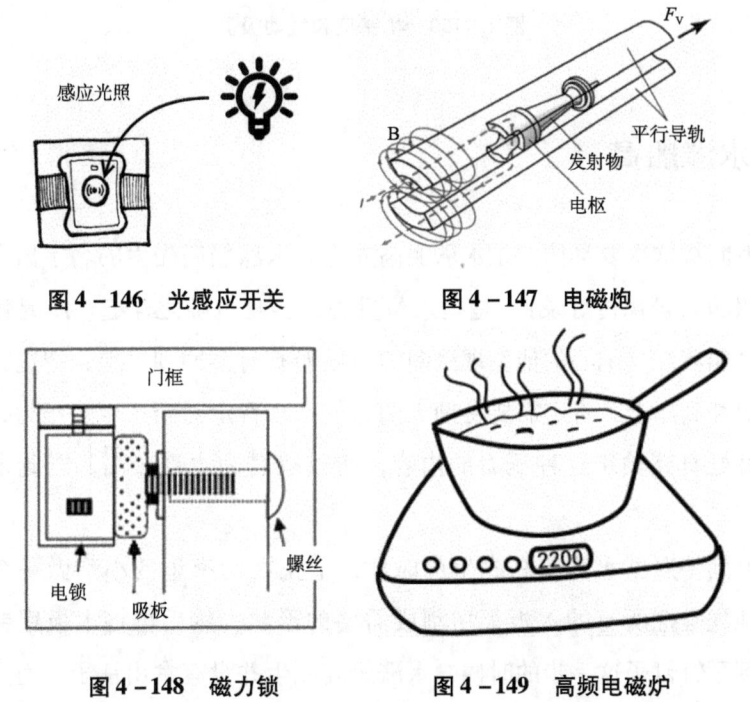

图4-146　光感应开关　　　　图4-147　电磁炮

图4-148　磁力锁　　　　图4-149　高频电磁炉

该技巧提示我们，考虑用物理场代替机械场，或由可变场代替恒定场，由结构化场代替非结构化场，由生物场代替机械作用。在非物理系统中，概念、价值或属性都可以是被替代的对象。

学完机械系统替代原理后，李代桃僵给尹问特出了一个小问题。他把尹问特带到一个工作室内，里面有许多机械装置。李代桃僵指着桌上的一个小型机械对尹问特说，这个机械手的末端有一个机械爪，能够将桌面上的小铁块夹起，并放置到一个盒子当中。高人希望尹问特可以用其他方式实现同样的功能。这可把尹问特难住了，他思考了很久，终于想到了一个可行的方案。尹问特认为可以用气动吸盘的方法实现，控制更加简易，如图4-150所示。

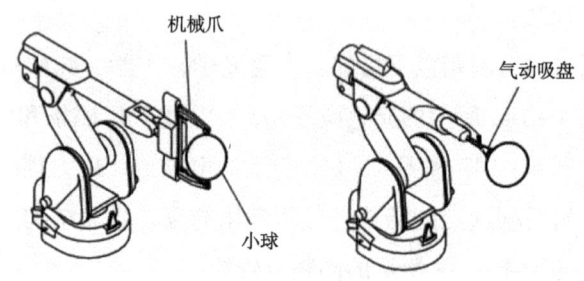

图4-150 机械爪和气动吸盘

29. 水涨船高

尹问特这次要拜访的是水涨船高先生。水涨船高先生的名字出自宋代释道原的《景德传灯录》，是指水位升高，船身也随之浮起。小时候先生需要划船渡江，细心的他发现涨潮的时候船有时会冲到岸上，把这么大的一艘船冲到岸上，肯定需要特别大的力气，水肯定对船产生了压力，先生想要好好研究关于这种压力的内容，所以取名为水涨船高，以此来激励自己。

尹问特遇见水涨船高先生的时候，他正在给家里的小狗做一个新房子。他先是把所有的木板都切割成需要的形状，然后再将木板用钉子固定。到了钉钉子这一步的时候，水涨船高先生并没有拿出锤子，而是拿出了一把长得像枪一样的工具。"噗呲噗呲",尹问特看着钉子很容易地被钉了进去,不一会儿一个精致的狗屋就完成了!尹问特最后才知道,原来这个工具叫射钉枪,它采用气压泵作为动力源,力量十分强劲!

水涨船高做完狗屋后,便向尹问特介绍自己擅长的气压和液压结构原理。该原理是指运用空间或液压技术来替代普通系统元件或功能,也称为压力法。

气压和液压结构原理的具体措施为:用气体结构和液体结构代替物体的固体部分,如充气和充液的结构、气枕、静液的和液体反冲的结构。该技巧提示我们,产品系统中包含具有可压缩性、流动、湍流、弹性及能量吸收等属性的元件时,可以用气动或液压元件代替这些元件。如图4-151和图4-152所示的充气轮胎、液压扳手,便是利用了气压和液压结构。

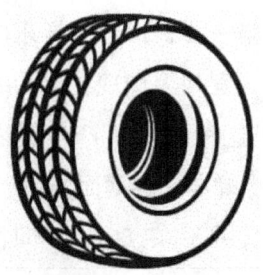
图4-151 充气轮胎

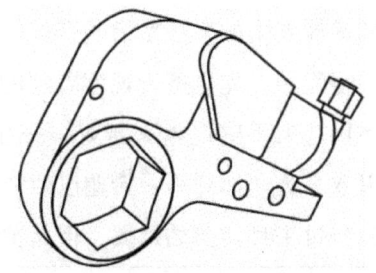
图4-152 液压扳手

学完这个原理后,水涨船高便带着尹问特出来外面散步,并把尹问特带到了一个书店里面,因为这里有许多关于TRIZ理论的书籍。他们来的时候,发现书店的老板正在发愁,原来书店的老板想把店面设计成透明的,这样,在店外的行人不用进门就可以看到店里的漂亮装饰,从而吸引他们进来买书。但是,这样一来门也必须设计成透明的才美观,而透明的门在关合时容易震碎。于是尹问特提出了一个建议,在门的上面安装空气阻尼器,以延缓玻璃门的开关速度,避免了门开关速度太快而撞伤进出人员,也避免了玻璃被震碎,如图4-153所示。水涨船高夸他懂得活学活用。

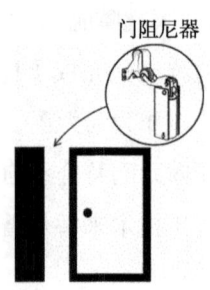

图 4-153 安装阻尼器的门

尹问特和水涨船高回到城堡后，两人便道了别。水涨船高为尹问特指了指薄如蝉翼的家，因为他是尹问特下一个要拜访的高人。

30. 薄如蝉翼

薄如蝉翼先生的名字是指薄得像蝉的翅膀一样，形容一样东西或事物很单薄、很脆弱。先生擅于观察周围的事物，发现人们现在用的手机越来越薄，使用起来手感也越来越好，先生对于这种"薄"产生了浓厚的兴趣，所以取名为薄如蝉翼，希望以后能做出像蝉翼一样薄而美的产品。

尹问特过来拜访薄如蝉翼，但是薄如蝉翼并不在家中，尹问特询问了他的家人才知道，薄如蝉翼去城堡外面研究动物的生活习性了。尹问特见到薄如蝉翼的时候，老先生正拿着放大镜在观察蝉和蜻蜓的翅膀呢！尹问特也凑过去看，他惊奇地发现，这些小昆虫的翅膀都十分轻薄，但却能承受身体的重量。这可激发了尹问特的好奇心。观察完之后，薄如蝉翼又将抓到的这些小昆虫放飞。

随后，薄如蝉翼开始向尹问特介绍柔性壳体或薄膜原理。薄膜原理是指将传统构造替代为薄膜或柔性、柔韧壳体构造，或利用薄膜或柔韧壳体使物体与其环境隔离，也称为柔化法。具体措施为：①利用软壳和薄膜代替一般的结构，如图 4-154 和图 4-155 所示的贴片电阻与薄膜电池；②用软壳和薄膜使物体同外部介质隔离，如图 4-156 所示的键盘膜，另外还有手机钢化膜、保鲜膜等。

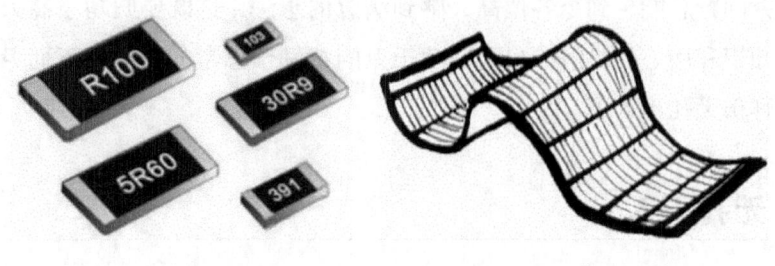

图4-154　贴片电阻　　　图4-155　薄膜电池

图4-156　键盘膜

按照薄如蝉翼的讲解，如果想把物品与周围的环境隔离，或者想用薄的物品替代厚的物品，均可以尝试使用薄膜原理。

学习完新的发明技巧后，薄如蝉翼带着尹问特来到番茄园采摘番茄，尹问特看到这里的番茄都是种植在温室里面，十分惊讶。尹问特在自家的园子里也种了一些番茄，但到了冬天，由于温度太低，番茄容易被冻伤而导致不能结果。他也想过利用温室来为番茄保暖，可是引入温室成本太高了。学完柔性壳体或薄膜原理后，尹问特灵机一动，想到利用塑料大棚代替温室，他设想的情况如图4-157所示。他的想法受到了薄如蝉翼的肯定。薄如蝉翼鼓励尹问特回家之后去制作这样的塑料大棚。

图4-157　塑料大棚代替温室

尹问特总能想到令各位高人感到满意的想法，这既要归功于高人们扎实的知识和用心的讲解，也要归功于尹问特勤于思考的精神。下面尹问特该去拜访无孔不入了。

31. 无孔不入

无孔不入先生的名字出自清代李宝嘉的《官场现形记》，是指遇空隙就钻进去，比喻善于四处钻营，善于利用一切机会。这位先生以前只要见到洞就喜欢爬进去看看，有的洞很凉快、很舒服，慢慢地先生就联想到是不是所有的东西都有洞呢，有洞的东西有什么优势呢？一系列的好奇心促使他把自己的名字都改成无孔不入。

尹问特过来拜访无孔不入。他们先是在客厅里聊了聊尹问特游历时遇到的趣事，两人聊得不亦乐乎。无孔不入很开心，他邀请尹问特在自己家里吃饭。尹问特答应了。接着，便是决定吃什么东西了。无孔不入提议，一起做包子吧！尹问特十分开心，他们便开始动手。在和面的时候，尹问特看见无孔不入从一个小袋子里拿出一些不同于面粉的粉末撒在面粉上面。尹问特感到很好奇。无孔不入告诉尹问特自己放入的是小苏打，也就是碳酸氢钠，在加热过程中它会分解出二氧化碳，这样做出来的包子面皮才会多孔疏松，吃起来口感很好！

待他们吃完包子后，无孔不入便开始向尹问特介绍多孔材料原理。该原理是指通过在材料或物体中打孔、开空腔或通道来增强其多孔性，从而改变某种气体、液体或固体的形态，达到特别的效果，也称为孔化法。

具体措施为：①把物体做成多孔的或利用附加多孔元件（镶嵌，覆盖）等，如图4-158～图4-160所示为透气网格鞋、纱窗、刨丝刀；②如果物体是多孔的，事先用某种物质填充空孔，如图4-161所示为热管内吸液芯中充填工质。棉花加酒精制成酒精药棉，还有用海绵存储液态氮等也是应用了该原理。

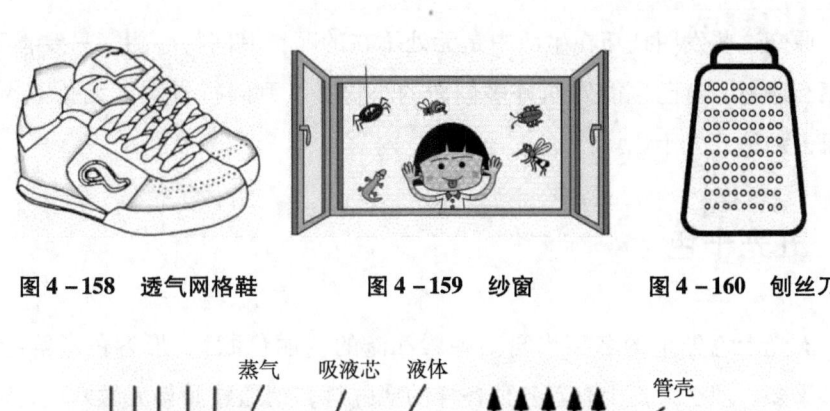

图4-158 透气网格鞋　　图4-159 纱窗　　图4-160 刨丝刀

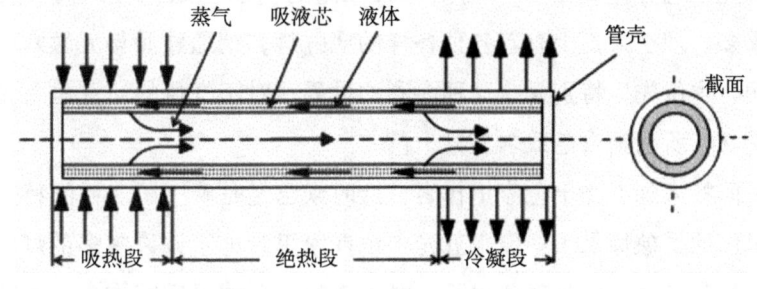

图4-161 热管内吸液芯中充填工质

该技巧提示我们,可以考虑使用多孔结构代替普通结构;同时,使用孔穴、气泡、毛细管等孔隙结构时,其中可以真空,也可以充满某种有用的气体、液体或固体。

尹问特在无孔不入家坐了一会儿,发现椅子上有一个比较特别的坐垫。无孔不入把这个坐垫递给尹问特,尹问特发现坐垫上有很多个小孔,他问高人这些孔有什么作用。高人告诉他这些孔是为了透气,有了这些透气小孔,即使在坐垫上面坐了很久都不会出汗,如图4-162所示。

图4-162 透气坐垫

原来这些发明技巧在生活中是无处不在的啊！尹问特心想，只要善于观察和思考，自己也能发明许多创新的小物品。尹问特告别了无孔不入，准备去拜访五光十色。

32. 五光十色

五光十色先生的名字出自南朝梁江淹的《丽色赋》，形容色彩鲜艳，花样繁多。现在大街上有着各种各样的霓虹灯，把道路照得五颜六色，非常艳丽，这位先生特别喜欢这种多彩的世界，对于颜色的研究也是先生的最大爱好，所以给自己取名五光十色。

尹问特来到五光十色家里作客，这时候已经是晚上了。尹问特一进门就被里面的景象惊呆了：原来五光十色在家里装饰了许许多多的灯。这些灯不仅形状各异，而且颜色也不一样。五光十色请尹问特进来，尹问特进来后，只见五光十色用手按了一个按钮，这些灯的颜色又发生变化了。刚刚这些灯表现出安静的氛围；而现在，这些灯表现的却是热烈活泼的气氛。这让尹问特深刻地感受到来自五光十色的欢迎之情。

之后，五光十色便开始向尹问特介绍自己擅长的改变颜色原理。它是指通过改变对象或系统的颜色，来提升系统的价值或解决检测问题，也称为色彩法。

接着他向尹问特介绍该技巧的具体措施：①改变物体或外部介质的颜色，如图 4-163 和图 4-164 所示的荧光棒、颜色随温度变化的示温材料；②改变物体或外部介质的透明度，如图 4-165 所示的透明雨伞，还有各种透明电子产品等也是应用该原理；③为了观察难以看到的物体或过程，利用染色添加剂，如图 4-166 所示的细胞染色示踪方法，可以看到右侧三个细胞的亮度明显高于其他细胞的亮度；④如果已采用了这种添加剂，则采用荧光粉，如图 4-167、图 4-168 所示的荧光警示牌、荧光贴纸。

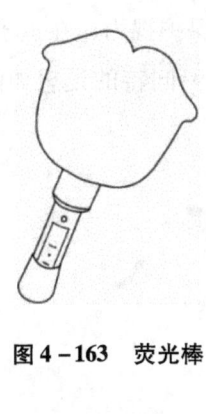
图4-163 荧光棒

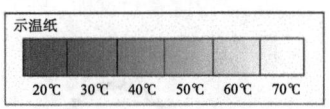
图4-164 示温材料

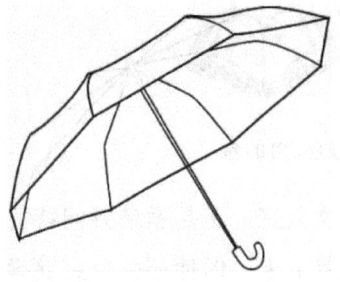
图4-165 透明雨伞

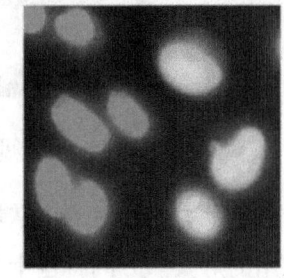
图4-166 细胞染色示踪方法

图4-167 荧光警示牌

图4-168 荧光贴纸

该技巧提示我们，为了区别多种系统的特征（如易于检测、改善测量或标识位置、指示状态改变、目视控制等）时，可以考虑使用此技巧。

学完这个技巧，尹问特马上和五光十色讨论起来。尹问特喜欢在床边放一盏床头灯，因为有了灯光，尹问特就可以在睡觉前看会书，并且灯光的氛围更容易让他入睡，夜晚醒来时也方便行动。但白色灯光经常引来一些小虫子。在学习了改变颜色原理之后，他希望设计一盏可以调节颜色的床头灯。在看书的时候将灯调成淡黄色灯光保护视力,在虫子多的时候或者睡觉的时候调成橘红色灯光以驱赶蚊虫。尹问特的设想如图 4-169 所示。他的想法得到了五光十色的表扬。

图 4-169　可以驱赶蚊虫的台灯

五光十色看到尹问特对原理掌握得这么好,于是邀请尹问特留下来一起设计更实用的灯具。尹问特也十分想留下来,但他还是决定继续学习新发明技巧。于是,他告别了五光十色,去拜访物以类聚。

33. 物以类聚

物以类聚先生名字出自《周易·系辞上》,是指同类的东西聚在一起,相似的性质容易融合。大家经常听的一句话就是"近朱者赤,近墨者黑",所以我们一定要学会分清好坏。先生取这个名字除了警示自己,还有一层深层含义,同样的东西应该放在一起,不能受到别的东西干扰,也启示我们应保持自己原本的习性,初心不变。

尹问特到了物以类聚家里。他看见物以类聚正在洗衣机前面整理服装。尹问特感到好奇,用洗衣机洗衣服不是直接把衣服放进洗衣机就好了吗?原来,物以类聚是在将衣服进行分类。他把衣服按是否会褪色分开。因为褪色的衣服在洗的时候可能会将其他颜色的衣服染色,所以必须将它们拿出来另外清洗;而不会褪色的衣服就可以放在一起洗,无论怎么洗,都不会相互染色。

做完劳动后，物以类聚便开始向尹问特聊起了自己擅长的同质性原理。同质性原理是指若两个或多个物体或两种或多种物质彼此相互作用，则其应包含相同的材料、能量或信息，也称为均质化法。

该技巧的具体措施为：两个相互作用的物体，应当用相同材料或特性相近的材料制成。该技巧提示我们，寻找材料间的等同性，即几种材料的属性相同或者接近，这样可以在一起使用而不会产生有害的结果，如图 4-170、图 4-171 所示的使用金刚石刀具加工钻石、补胎用同一种橡胶，还有食用纸来包装糖果、焊接时用与被焊物品材料一致的焊条、手术中使用与人体材料相近的羊肠线来缝合伤口。

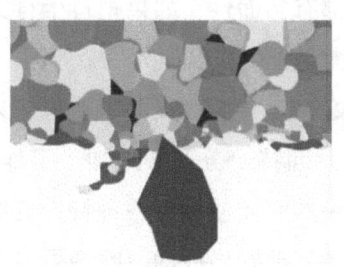
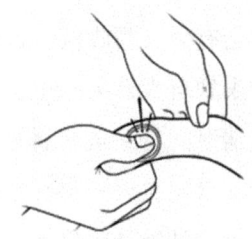

图 4-170　金刚石刀具　　　图 4-171　补胎

出来旅游很久了，尹问特特别想吃家乡的饺子，但是城堡周围并没有卖饺子的店铺，于是他想自己动手丰衣足食。他拜托物以类聚找来一些面粉开始包饺子。和面、拌馅、剁菜、揪面团、擀皮等，尹问特都进行得十分顺利。终于到最后一步——包饺子。尹问特很兴奋，但他马上就发现问题了。包饺子的时候湿面粉很黏手，包出来的饺子很难看，而且饺子皮容易破。这时候尹问特想到同质性原理，从袋子里多取了一些干面粉，并在手掌上搓了一会再去包饺子，如图 4-172 所示，这次果然顺利多了。

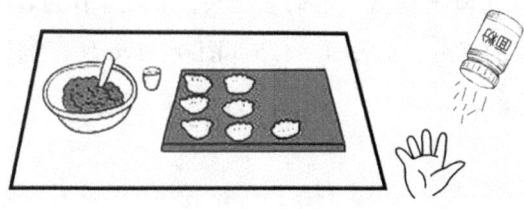

图 4-172　包饺子

包完饺子后，他们俩很快地就将饺子吃完了。尹问特休息了一阵，准备前往下一位高人家学习新的发明技巧。这次要拜访的高人是自生自灭。

34. 自生自灭

自生自灭先生的名字出自唐代白居易的《山中五绝句·岭上云》，是指自然地发生、生长，又自然地消灭，形容不加过问、不加干预，任其自由发展。作为青少年的我们，如果没有崇高的理想和远大的追求，每天都放任自己，那么我们的人生方向也就是自生自灭。先生取这个名字就是警示自己要努力奋斗；但是任何事物都有两面性，如果把自生自灭进行合理利用，也许会有另一番收获，这可能是先生取名的另一个原因。

尹问特来到自生自灭家里。正好碰上自生自灭一家在包糖果。于是自生自灭便邀请尹问特一同来体验。尹问特十分开心地加入了他们的队伍。尹问特发现，自生自灭一家在包糖果的时候使用了一种特殊的纸。自生自灭告诉尹问特这种纸是糖果纸，它是用淀粉做成的，吃糖果的时候可以将它和糖果一同放入嘴里。这种糖果纸对人体无害，而且遇到唾液就会溶解。

随后，自生自灭开始向尹问特介绍自己擅长的抛弃与修复原理。该原理是抛弃原理和修复原理的结合。抛弃是指从系统中去除某物，修复是将某事物恢复到系统中以进行再利用，在 TRIZ 理论中称为抛弃与修复原理，也称为自生自弃法。

具体使用时，可以用以下的措施：①采用溶解、蒸发等手段，抛弃已完成功能的零部件，或是在系统运行过程中直接修改它们，如图 4-173 和图 4-174 所示的可降解餐盒、电动牙刷头；②在工作过程中，迅速补充系统或物体中消耗的部分，如图 4-175、图 4-176 所示的轨道自动送料小车、太阳能电池车。

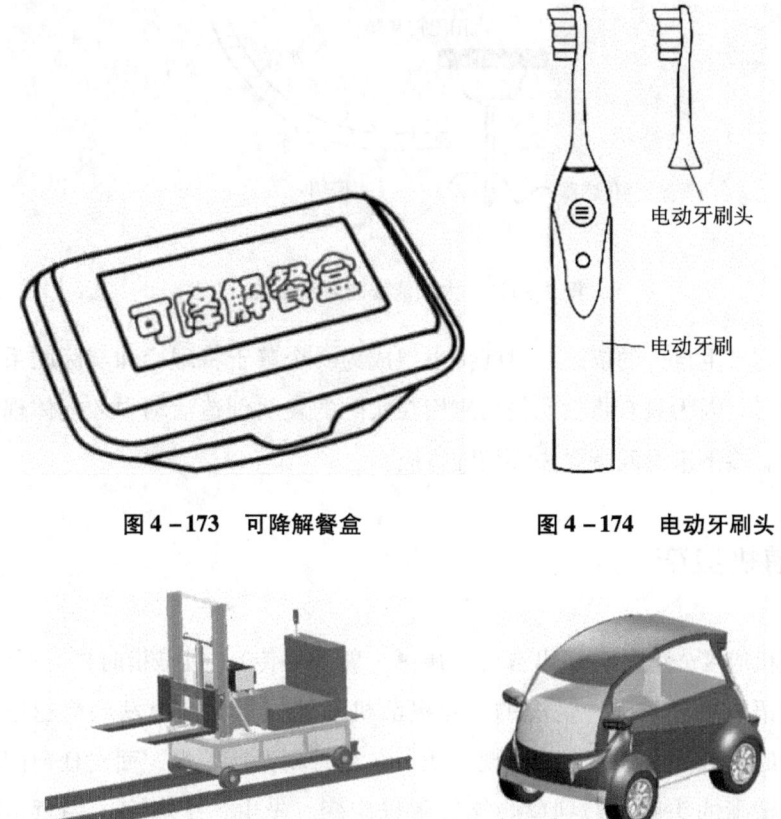

图 4 – 173　可降解餐盒　　　图 4 – 174　电动牙刷头

图 4 – 175　轨道自动送料小车　　　图 4 – 176　太阳能电池车

　　该技巧提示我们，当系统中某个零部件的功能已经完成，可从系统中去除，或者对其进行恢复以求能够再利用。

　　自生自灭还向尹问特介绍了自己曾经使用抛弃与修复原理的案例，他告诉尹问特，国王命令仆人们在离城堡较远的地方种上了很多种瓜果。但是每天都需要有人早早地开车去田里灌溉，这当然会花费很多物力和很长一段时间。于是自生自灭便应用抛弃与修复原理，设计了一种利用太阳能提供能源的智能灌溉系统（见图 4 – 177）。该系统在工作过程中会消耗电能，但能及时通过太阳能来补充消耗的电能。这样，就不需要每天都去田地浇水了。

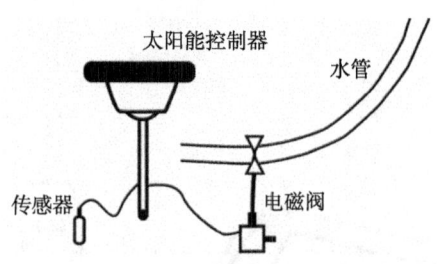

图 4-177　太阳能智能灌溉系统

听完自生自灭的描述，尹问特也想成为一个善于将理论和实际联系起来的学者，因为只有将发明技巧应用在实际的发明创造活动中才能体现它的价值。接下来尹问特要去拜访随机应变。

35. 随机应变

随机应变先生的名字出自《旧唐书·郭孝恪传》，机是指时机、形势，这个成语的意思是随着情况的变化灵活机动地应付。社会发展得越来越快，每时每刻都有新的事物出现，我们必须时刻保持警惕，面对任何问题都要有清晰的头脑，遇到危险能够随机应变。先生这个名字的用意很明显，就是要注意变化的过程，沉着地应对。引申为：改变都有一个过程，注意在这个变化的过程中一些性质的变化。

尹问特遇见随机应变的时候，他正在厨房里面。原来，他是在自己炸猪油。随机应变先是将猪皮放在鼎里面，然后打开煤气炉来烧这个鼎。不一会儿鼎里面就装满了金黄色的猪油。随机应变将这些炸好的猪油装在一个大锅里面。让尹问特惊讶的是，这些猪油开始慢慢地发生凝固。过了一段时间后，猪油就完全从液体变成了固体。尹问特以前只见过动物油，却没有见到过动物油发生凝固。

随机应变炸完猪油后，便开始向尹问特介绍起参数变化原理。该原理是指通过改变一个物体或系统的属性（物理或化学参数），来提供一种有用的益处，也称为性能转换法。

该技巧的具体措施为：①改变聚集态（物态），如图 4-178 所示的液态酸奶变成固态酸奶棒，图 4-179 所示的液态导热硅油变成固态导热硅脂；②改变浓度或密度，如图 4-180 所示的高密度纤维板；③改变柔度，如采用图 4-181（b）所示的软天线，能够任意调节天线折弯角度和朝向，相对于拉杆天线更加灵活；④改变温度或体积，如图 4-182 所示的温室，在不适宜植物生长的季节，能提供生育期和增加产量，多用于低温季节喜温蔬菜、花卉、林木等植物栽培或育苗等。

该技巧提示我们，可以考虑改变系统或物品的各种属性（物理或化学状态、密度、导电性、机械柔性、温度、几何结构等），以实现系统的新功能。

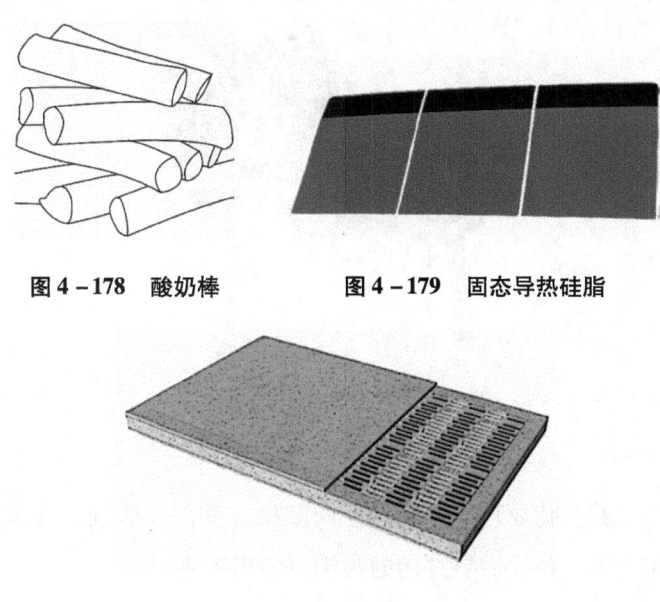

图 4-178　酸奶棒　　　　图 4-179　固态导热硅脂

图 4-180　高密度纤维板

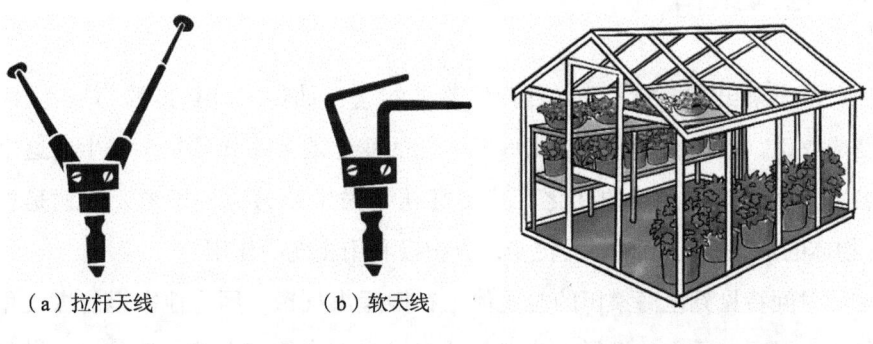

（a）拉杆天线　　（b）软天线

图 4-181　天线　　　　图 4-182　温室栽培

学完这个技巧，随机应变带着尹问特去吃饭。他忽然发现尹问特吃饭的时候很不方便。因为尹问特还小，餐桌对他来说比较高。随机应变马上叫仆人在椅子下面垫一个木块并放上坐垫。他们吃饭的时候，开始探讨怎么解决这个问题。尹问特根据参数变化原理，向随机应变提议设计一种可以调节高度的椅子。当就餐者是小孩子时，餐桌相对来讲比较高，这时可以将椅子的高度调高。而城堡里面的办公桌比较矮，应该把椅子的高度调低，保证看书时候的舒适性。尹问特和随机应变设计的椅子如图 4-183 所示，通过改变垫子的层数可以改变椅子的高度。

图 4-183　高度可调的椅子

学习完参数变化原理，尹问特便向随机应变先生告别，继续向下一个发明高手家走去，他这次要拜访的是沧海桑田先生。

36. 沧海桑田

沧海桑田先生的名字出自晋代葛洪的《神仙传·麻姑传》，是指大海变成农田，农田变成大海，比喻根本性的变化或者变化较快。先生取这个名字表面看似指简单的变化，其实寄托了先生的另一种思考，那就是相（物体的形态）与相之间的转变，应积极利用相变的作用。

尹问特见到沧海桑田的时候他正在搬运煤气罐，因为他家里的煤气用尽了。尹问特看见他搬得十分辛苦就走过去希望能帮上忙。但是，这煤气罐实在太重了,最后还是得靠另一位大人来帮忙才顺利地将煤气罐搬回房间里。尹问特心想,这罐里面装的不是煤气吗?为什么会这么重呢?难道是因为罐子本身的重量很重吗?最后他看到罐子上的标志"液化石油气"才知道,里面装的是加压后的煤气,煤气已经变成液体了!

搬完煤气罐后,沧海桑田热情地接待了尹问特,并开始向尹问特介绍自己研究的相变原理。该原理表示变化巨大,是指利用一种材料或情况的相变,来实现某种效应或产生某种系统的改变,也称为形态改变法。

沧海桑田继续介绍该技巧的具体措施:利用物体相变转换时发生的某种效应或现象(体积变化、吸热或放热),如图4-184、图4-185、图4-186所示的吸湿器、相变材料宇航服、恒温一体机;另外还有空调、冰箱制冷就是液气相变循环。

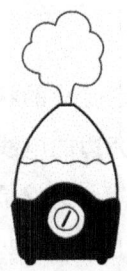

图4-184 吸湿器　　图4-185 相变材料宇航服　　图4-186 恒温一体机

该技巧提示我们,可以利用相变过程(如气体、液体、固体之间的转换过程或反过程),产生气溶胶、吸收或释放热量、改变体积,以及产生一种有用的力。

说着说着,他们开始谈论自己的家人。沧海桑田告诉尹问特自己儿子很喜欢尝试各种事情。今天他的儿子本来想尝试去街上卖冰激凌赚钱,但是带冰箱过去实在太不方便了。于是沧海桑田便想到利用相变原理产生的吸热现象来冷藏外卖冰激凌,他买了一些干冰,放在盛放冰激凌的箱子里面,使冰激凌不易融化,如图4-187所示。这样沧海桑田的儿子就能顺利地到街上体验"做生意"了。

图4-187 干冰冷藏冰激凌

相变太有价值了，以后可多用相变原理来创新，尹问特想着想着，觉得时间差不多了，便向沧海桑田道别，前往热胀冷缩家。

37. 热胀冷缩

热胀冷缩先生的名字是指物体在受热以后会膨胀，在受冷的状态下会缩小，大多数物体都具有这种性质。冬天我们看见马路旁边的电线都绷得紧紧的，到了夏天电线就显得比较松，会有点自然的垂落，这就是热胀冷缩现象，先生用这个名字就是希望自己可以在冷热问题上取得一些突破和成就。

尹问特刚进热胀冷缩家门，正看见热胀冷缩先生在做爆米花，不一会儿，爆米花就顺利地爆出来了。尹问特喜欢刨根问底，于是便向热胀冷缩请教爆米花的原理。热胀冷缩告诉尹问特，爆米花需要将玉米、酥油、糖一起放进爆米锅，并将爆米锅放在火炉上不停转动。在加热的过程中，锅内温度不断升高，玉米内的大部分水分变成水蒸气。由于温度高，水蒸气便膨胀，同时玉米粒也膨胀。当突然打开爆米锅的锅盖时玉米粒就会瞬时爆开，成为爆米花。

热胀冷缩还向尹问特介绍了热膨胀原理。该原理是指利用受热膨胀原理将对象的热能转换为机械能或机械作用，也称为热膨胀法。

该技巧的具体措施为：①利用材料的热膨胀（或热收缩），如图4-188、

图4–189和图4–190所示的热缩套管、热力膨胀阀和温度计，还有日光灯启辉器等也是利用热膨胀工作的；②利用一些热膨胀系数不同的材料，如图4–191所示的双金属片开关。

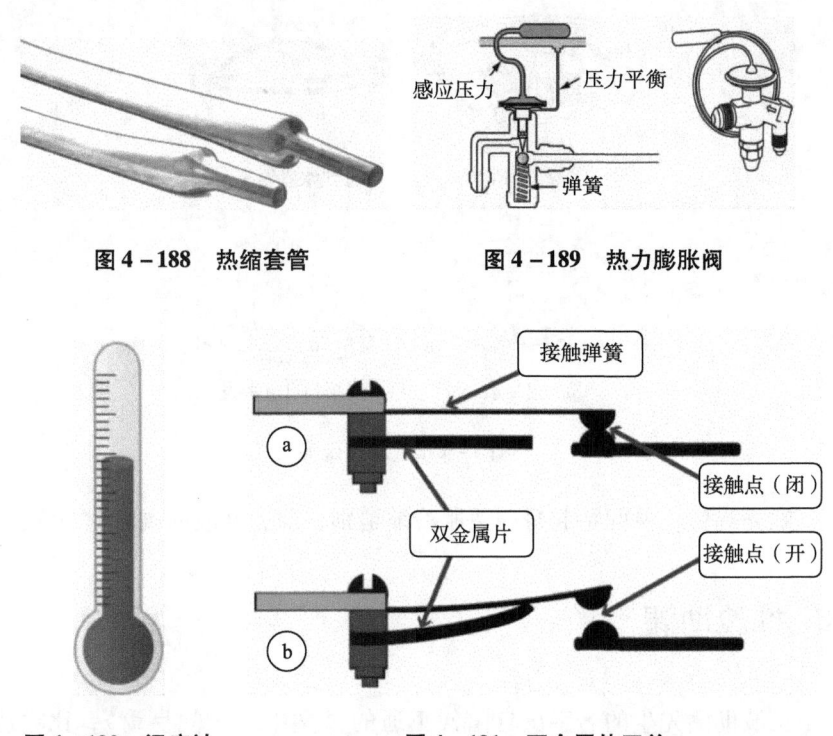

图4–188　热缩套管　　　　图4–189　热力膨胀阀

图4–190　温度计　　　　图4–191　双金属片开关

该技巧提示我们，可以充分考虑利用正向或负向的热膨胀，同时，热膨胀不只限于热场，可以考虑重力、气压、海拔变化或者光线变化等引起的热膨胀（收缩）。

到了吃点心的时候了，仆人们带来了几个刚煮熟的鸡蛋。尹问特很开心地开始剥鸡蛋，但他发现刚煮熟的鸡蛋很不容易剥开。于是热胀冷缩告诉他，可以先把煮熟的鸡蛋放在冷水中浸一浸，蛋就很容易剥开，这是因为蛋壳和蛋白的收缩程度不一样（见图4–192）。尹问特尝试了一下，发现果真如此。不一会儿，他才恍然大悟，原来这是利用了热膨胀法原理。科学真的很神奇呀！

明白了这个道理后，尹问特举一反三，把之前拧不开罐子的问题也解决了。他把拧不下的金属瓶盖用热水淋了一下,这时瓶盖温度升高,发生热膨胀,而玻璃瓶还是原来的温度,于是瓶子和盖子的结合就不再那么紧密了,自然就变得容易拧开。

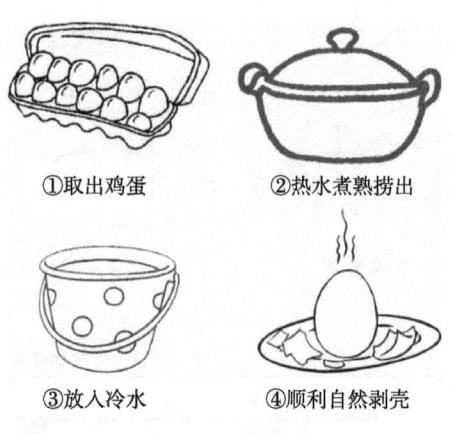

图 4-192　剥鸡蛋壳

吃完鸡蛋,尹问特起身向热胀冷缩道别,前去推波助澜家里看看。

38. 推波助澜

推波助澜先生的名字出自隋代王通的《文中子·问易篇》,比喻从旁鼓动、助长事物(多指坏的事物)的声势和发展,扩大影响。

听说推波助澜一家人正在城堡外面烤番薯,尹问特很想看看他们是怎么烤的,于是怀着好奇的心情来到城堡外面找推波助澜一家。推波助澜看见尹问特过来,十分开心,说要烤几个番薯给尹问特吃。尹问特也很高兴,他发现,他们是用好多石头搭建的炉子。由于石头的形状是不规则的,所以搭建完成的炉子有很多孔。推波助澜告诉尹问特,不要小看这些孔,它们是有很大作用的。因为火只有在氧气充足的地方才能高效地燃烧,而这些小孔便充当了通气道的角色,只要拿着扇子在这些孔处扇风,就能够点火或者使火燃烧得更加旺。哦,原来这就是"煽风点火"呀!

吃完番薯后,推波助澜开始向尹问特介绍起自己的加速氧化原理,它是指通过加速氧化过程或增加氧化作用强度,来改善系统的作用或功能,也称为逐级氧化法。

该技巧的具体措施为：①用富氧空气代替普通空气，如图4-193所示的高压氧舱，用于治疗各种缺氧症；②将电离辐射作用于空气或氧气，如图4-194所示的负氧离子空气清新机；③用臭氧化了的氧气，如图4-195所示的臭氧-氧气一体化机。

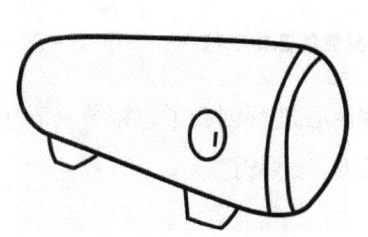 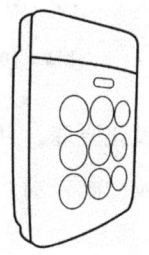

图4-193　高压氧舱　　图4-194　负氧离子空气清新机

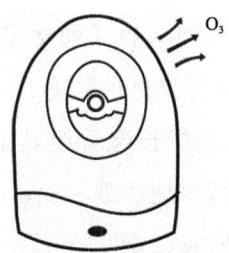

图4-195　臭氧-氧气一体化机

该技巧提示我们，提高氧化水平的顺序可以考虑从空气—富含氧气的空气—纯氧—电离化氧气—臭氧。"氧化剂"可以是能够导致过程加速或失稳的任何外部元素。

学习了这个技巧，尹问特终于明白了氧气和臭氧的重要作用了。他发现城堡内小狗睡的毛毯容易滋生细菌，于是想到了采用臭氧来杀死毛毯上的细菌。他的设计思路是：在毛毯内设置一个塑料盒，盒内安装压电陶瓷器件，盒子底部设置一根销轴，在销轴上装有传动杆，传动杆与传动板连接，当狗狗在毛毯上走动时，其压力通过传动杆与传动板压迫压电陶瓷，产生压电效应，利用火花电极产生臭氧，如图4-196所示。推波助澜先生对尹问特竖起大拇指表示赞赏。

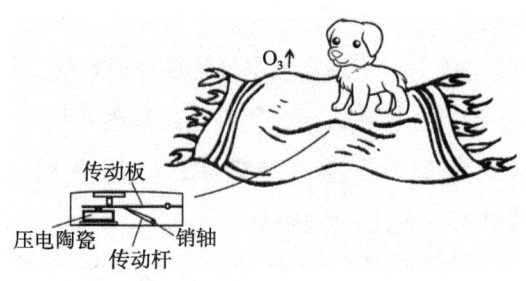

图 4-196　能产生臭氧的宠物毛毯

理解了加速氧化原理，尹问特更有信心进行创新了，接着又看了一些实例后，便向推波助澜告别，他该去孟母三迁家了。

39. 孟母三迁

孟母三迁的名字出自西汉刘向的《列女传·卷一·母仪》。当时孟轲（孟子）的母亲为了孩子能接受良好的教育，不受周围环境的影响，多次举家搬迁。环境对于一个人的成长起着极其重要的作用，从幼儿园、小学、中学再到大学，大家都努力地想进名校，就是因为名校有一个良好的环境，在良好的氛围中能激励自己奋发图强。

尹问特到孟母三迁家的时候，孟母三迁正在给小朋友们做实验。尹问特也急忙凑过去。他看见孟母三迁拿着划着的火柴伸进一个瓶子里面，没想到火柴一下子就熄灭了。原来，这个瓶子里面装的是二氧化碳气体。而火的燃烧需要氧气，在无氧或氧气不充分的情况下火就熄灭了。

接着，孟母三迁开始向大家介绍起惰性环境原理。该原理说明了环境的重要性，这里是指制造一种中性（惰性）环境，以便支持所需功能，也称为惰性环境法。

还是看看具体如何应用吧。其措施为：①用惰性介质代替普通介质，如惰性气体在中空玻璃中的应用，因其导热系数小故有助于改善中空玻璃的保温性能，以及如图 4-197、图 4-198 所示的充氮气的汽车轮胎、充氖气的指示灯，还有液氮制冷剂等；②在真空中进行某过程，如图 4-199～

图 4-201 所示的真空吸盘、真空绝热板和真空干燥机。

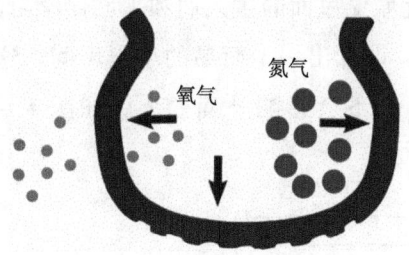
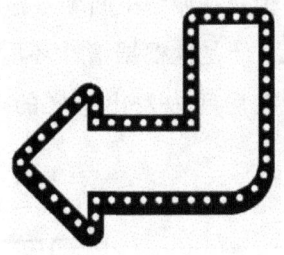

图 4-197 充氮气的轮胎　　图 4-198 充氖气的指示灯

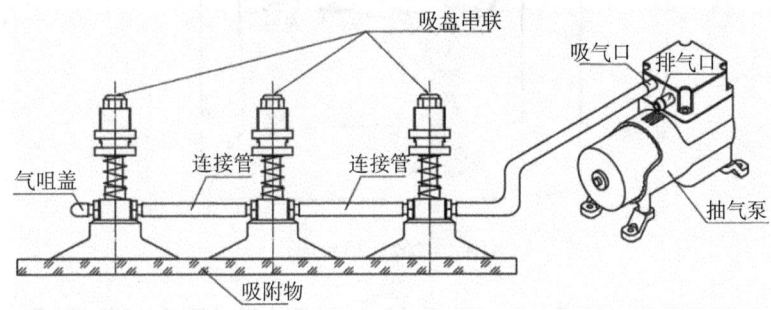

图 4-199 真空吸盘

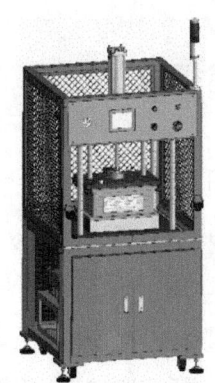

图 4-200 真空绝热板　　图 4-201 真空干燥机

该技巧提示我们，当营造惰性环境时，可以考虑真空、惰性气体（液体或固体）。固体惰性环境包括中性涂层、微粒或元素，同时要考虑"不产生有害作用的环境"。

尹问特喜欢拉小提琴，即使出来旅游，他也不会忘记随身带着一把小提琴。但是在城堡里面练习容易打扰城堡里面的主人们和来城堡学习的其他客人。于是他根据惰性环境原理，设计出一个简易的小隔声间。这样，不管他在房间内发出怎样的声音，都不会影响外面的人。如图4-202所示。

图4-202　隔声间

看来环境还是很重要，尹问特理解了这个技巧，便向孟母三迁道别，前去相辅相成家里学习新技巧。

40. 相辅相成

相辅相成先生的名字出自明代张岱的《历书眼序》，是指两件事物互相配合，互相补充，缺一不可。这个世界上必须相互配合才能使用的是什么东西呢？大家的第一反应多半是筷子，筷子必须成对使用。但是深究后发现，筷子虽是配合才能使用，但这个配合不能提高性能，更没有展现其他新功能，而先生之所以取相辅相成这名字，就是希望两者配合后性能有所提升。

尹问特见到相辅相成的时候，相辅相成正在实验室里面制作新东西呢。尹问特看见相辅相成正将一些毛绒绒的东西放进水里面。原来呀，他正在试验一种复合材料，希望研究出一种既防水又保暖的复合材料。见到尹问特过来拜访，他很快便放下了手头上的工作。相辅相成十分欣赏尹问特，表扬他能够一路坚持,来学习最后一个发明技巧。接着,相辅相成便开始向尹问特介绍起最后一个原理——复合材料原理。它是指通过将两种或多种不同的材料(或服务)紧密结合在一体而形成复合材料,也称为复合材料法。

相辅相成继续介绍该原理应用的具体措施:由同种材料转为复合材料。该技巧提示我们,可以考虑改变材料成分,没有分层时可以考虑分层,没有增强纤维时可以考虑增强纤维(或各种材料)等。例如图4-203所示的复合材料在飞机上的应用,图4-204所示加工的涂层刀具,还有建筑用的钢筋混泥土结构、纤维增强水泥等也是应用该原理。

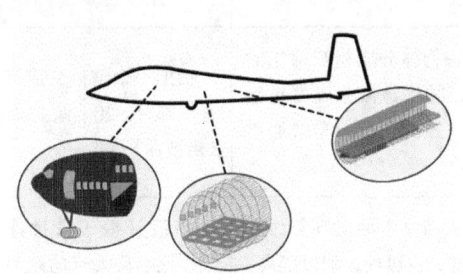
图4-203 复合材料在飞机上的应用

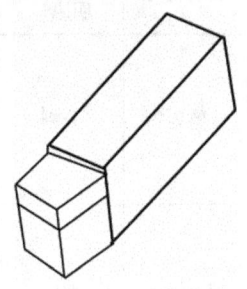
图4-204 涂层刀具

终于学完最后一个原理啦!相辅相成和尹问特约好明天中午一起去滑雪。尹问特喜欢滑雪,但是他还小,背着重重的滑雪板前往滑雪地点太困难了。相辅相成似乎看出了他的困惑。于是马上告诉他,自己已经设计了一种用碳纤维增强复合材料制造的滑雪板(见图4-205),不仅重量轻,而且刚性大、耐摩擦,城堡里面的小孩子们都很喜欢。听完相辅相成的话,尹问特十分开心。

图4-205 碳纤维滑雪板

尹问特终于向城堡内的高人学习了所有的40个发明技巧，而且在不断学习新技巧的过程中，尹问特还将这些技巧应用在实际的生活问题中。尹问特认为在城堡内学习的内容实在太丰富了，还能将成语故事与发明技巧建立联系，很有必要再将知识点自行梳理一番。于是，他拿出笔记本，很仔细地将学到的发明技巧归纳成一个表格，方便以后要用到的时候快速查阅，如表4-1所示。

表4-1 发明技巧汇总

序号	发明技巧	对应的发明原理	具体措施	成语含义
1	化整为零	分割	①将物体分成相互独立的部分；②将物体分成容易组装和拆卸的部分；③增加物体的可分性	指把一个整体分成许多零散部分。出自郭沫若的《洪波曲》
2	披沙拣金	抽取	①从物体中抽出有负面影响的部分或属性，加以隔离；②从物体中抽取必要的部分，做成新产品	指拨开沙子来挑选金子，比喻从大量的东西中选取精华。出自唐代刘知几的《史通·直书》
3	天圆地方	局部质量	①将物体、外部环境或作用的均匀结构改变为不均匀结构；②使物体的不同部分具有不同的功能；③使物体的各部分处于完成其功能的最佳状态	古人对天地的认识，即认为天是圆的、地是方的。出自《尚书·虞书·尧典》
4	错落不齐	不对称	①把原来对称的物体结构修改为不对称的；②增加不对称物体的不对称程度	不整齐、不规整。出自叶圣陶的《皮包》
5	珠联璧合	组合	①把空间相邻的物体或相邻的操作联合起来；②把时间上同步的事物或相邻的操作联合起来	比喻杰出的人才或美好的事物结合在一起。出自东汉班固的《汉书·律历志上》
6	一应俱全	多用性	①使物体具备多个功能；②如果某个物体的功能被取代，则该物体可以被裁剪	指一切齐全，应有尽有。出自清代文康的《儿女英雄传》

续表

序号	发明技巧	对应的发明原理	具体措施	成语含义
7	层出不穷	嵌套	①一个物体位于另一个物体之内,而后者又位于第三个物体之内,以此类推;②一个物体通过另一个物体的空腔	表示连续不断地出现。出自清代纪昀的《阅微草堂笔记·槐西杂志二》
8	分庭抗礼	重量补偿	①将物体与具有上升力的另一物体结合以抵消其重量;②将物体与介质(最好是气动力和液动力)相互作用以抵消其重量	原指宾主相见,分站在庭的两边,相对行礼。现比喻平起平坐,彼此对等的关系。出自庄周的《庄子·渔父》
9	先发制人	预加反作用	①事先施加机械应力,以抵消工作状态下反向的过大应力;②如果需要某种相互作用,则事先施加反作用	表示争取主动,先动手来制服对方。出自东汉班固的《汉书·项籍传》
10	未雨绸缪	预操作	①预先完成要求的作用(整个的或部分的),如加工成半成品;②预先将物体安放妥当,使它能在所需地点立即完成所需要的作用	指趁着天没下雨,先修缮房屋门窗。比喻事先做好准备工作。出自《诗经·豳风·鸱鸮》
11	防患未然	预先防范	以事先准备好的应急手段来补偿系统的可靠性,即采用各种手段防止系统发生危险	指防止事故或祸害于尚未发生之前。出自《汉书·外戚列传下》
12	平起平坐	等势性	①使一个系统或加工过程的所有点或方面处于同一水平,以减少重力做功;②在系统内部建立关联,使系统可以支持等势状态;③建立连续或完全互联的组合及关系	比喻彼此地位或权力平等。出自清代吴敬梓的《儒林外史》

131

续表

序号	发明技巧	对应的发明原理	具体措施	成语含义
13	倒行逆施	反向	①用相反的作用代替技术条件规定的作用;②使物体或外部介质的活动部分成为不动的,而使不动的成为可动的;③将物体颠倒	原指做事违反常理,不择手段,现多指所作所为违背时代潮流或人民意愿。出自西汉司马迁的《史记·伍子胥列传》
14	毁方投圆	曲面化	①从直线部分过渡到曲线部分,从平面过渡到球面,从正六面体或平行六面体过渡到球形结构;②利用杆、球体、螺旋;③从直线运动过渡到旋转运动,利用离心力	比喻抛弃立身行事准则,曲意投合别人。出自东晋葛洪的《抱朴子·汉过》
15	一静不如一动	动态化	①改变物体的性质或外部环境,使其工作的每一阶段都达到最佳效果;②将物体分成彼此相对移动的几个部分;③使静止的物体成为动态的	原成语是一动不如一静,比喻多一事不如少一事,静观其变,出自宋代张端义的《贵耳集》上卷。这里改为一静不如一动
16	多退少补	不足或过度作用	如果所期望的效果难以100%实现,稍微超过或稍微小于期望效果,会使问题大大简化	指在无法知道商品具体价格的情况下先给对方大概数目的费用,当确定商品价格后,再退回或补给其实际价格与大概数目的差额。出处不详
17	山不转水转	维数变化	①一维过渡到二维,或者二维过渡到三维空间;②利用多层结构替代单层结构;③将物体倾斜或侧置;④利用指定面的反面或者相邻面;⑤利用投向相邻面或反面的光线	比喻世界渺小,这里不遇那里遇。也指适时变通,这里不得志(不顺),其他地方会得志(顺利)。出自路遥的《平凡的世界》

续表

序号	发明技巧	对应的发明原理	具体措施	成语含义
18	撼天动地	振动	①使物体振动；②改变已振动物体的振动频率（达到超声波频率）；③利用共振频率；④用压电振动替代机械振动	即震动了天地。形容声音或声势极大。出自《水经注·河水》
19	周而复始	周期性作用	①用周期（脉冲）动作替代连续性动作；②如果已经是周期性动作，则改变周期性；③利用脉冲的间歇完成其他动作	指转了一圈又一圈，一次又一次地循环。出自《文子·自然》
20	马不停蹄	有效作用的连续性	①连续工作（物体的所有部分均满负荷工作）；②消除空转和间歇运转	比喻不停顿地向前走。出自元代王实甫的《丽春堂》
21	快刀斩乱麻	减少有害作用时间	高速跃过有害的或危险的动作	比喻办事果断，爽快地解决纷繁复杂的问题。出自《北齐书·文宣帝纪》
22	修旧利废	变害为利	①利用有害因素（特别是介质的有害作用）获得有益的效果；②通过有害因素与另外几个有害因素的组合来消除有害因素；③将有害因素加强，使其不再有害	指把破旧的修补好，把废物利用起来。出自《汉书·司马迁传》
23	察言观色	反馈	①引入反馈信号；②如果已有反馈，则改变它的大小或作用	指观察别人的说话或脸色。多指揣测别人的心意。出自孔子的《论语·颜渊》
24	穿针引线	中介物	①利用可以迁移或有传送作用的中间物体；②把另一个（易分开的）物体暂时附加给某一物体	指使线的一头通过针眼。比喻从中联系、拉拢。出自明代周楫的《西湖二集·吹凤箫女诱东墙》

续表

序号	发明技巧	对应的发明原理	具体措施	成语含义
25	自动自发	自服务	①物体能为自我服务，完成辅助和修理工作；②利用废料（能源的和物质的）	指不需要强制约束和管理，自己能够自觉出色完成自己的本职工作，是一种积极向上的人生态度。出自何山的《自动自发》
26	以假乱真	复制	①用简单而便宜的复制品代替难以得到的、复杂的、昂贵的、不方便的或易损坏的物体；②用光学拷贝（图像）代替物体或物体系统，此时可改变比例（放大或缩小复制品）；③如果利用可见光的复制品，则转为红外线的或紫外线的复制品	指用假的东西去冒充或混杂真的东西。出自清代李百川的《绿野仙踪》
27	鱼目混珠	廉价替代	用一组廉价物体代替一个昂贵物体，放弃某些品质（如持久性）	指用拿鱼眼睛冒充珍珠，比喻以次充好。出自东汉魏伯阳的《参同契》
28	李代桃僵	机械系统替代	①用光学、声学、味学等系统代替机械系统；②用电场、磁场和电磁场同物体相互作用；③由恒定场变为不定场，由时间固定的场变为时间变化的场，由无结构的场变为有一定结构的场	李树代替桃树而死，比喻互相顶替或代人受过。出自北宋郭茂倩的《乐府诗集·鸡鸣》
29	水涨船高	气压和液压结构	用气体结构和液体结构代替物体的固体部分，如充气和充液的结构、气枕、静液的和液体反冲的结构	指水位升高，船身也随之浮起。出自宋代释道原的《景德传灯录》
30	薄如蝉翼	柔性壳体或薄膜	①利用软壳和薄膜代替一般的结构；②用软壳和薄膜使物体同外部介质隔离	形容一样东西或事物很单薄、很脆弱。出自娜语的《薄如蝉翼》

续表

序号	发明技巧	对应的发明原理	具体措施	成语含义
31	无孔不入	多孔材料	①把物体做成多孔的或利用附加多孔元件（镶嵌，覆盖）等；②如果物体是多孔的，事先用某种物质填充空孔	比喻有空子就钻。出自清代李宝嘉的《官场现形记》
32	五光十色	改变颜色	①改变物体或外部介质的颜色；②改变物体或外部介质的透明度；③为了观察难以看到的物体或过程，利用染色添加剂；④如果已采用了这种添加剂，则采用荧光粉	形容色彩鲜艳，花样繁多。出自南朝梁江淹的《丽色赋》
33	物以类聚	同质性	相互作用的物体，应当用相同材料或特性相近的材料制成	指同类的东西聚在一起，相似的性质容易融合。出自《周易·系辞上》
34	自生自灭	抛弃与修复	①采用溶解、蒸发等手段，抛弃已完成功能的零部件，或在系统运行过程中，直接修改它们；②在工作过程中，迅速补充系统或物体中消耗的部分	指自然地发生、生长，又自然地消灭，形容不加过问、不加干预，任其自由发展。出自唐白居易《山中五绝句·岭上云》
35	随机应变	参数变化	①改变聚集态（物态）；②改变浓度或密度；③改变柔度；④改变温度或体积	指随着情况的变化灵活机动地应付。出自《旧唐书·郭孝恪传》
36	沧海桑田	相变	利用物体相变转换时发生的某种效应或现象（体积变化、吸热或放热）	指大海变成农田，农田变成大海，比喻根本性的变化，或者变化较快。出自晋代葛洪的《神仙传·麻姑传》

135

续表

序号	发明技巧	对应的发明原理	具体措施	成语含义
37	热胀冷缩	热膨胀	①利用材料的热膨胀（或热收缩）；②利用一些热膨胀系数不同的材料	指物体受热时会膨胀，遇冷时会收缩，是物质的一种基本性质
38	推波助澜	加速氧化	①用富氧空气代替普通空气；②将电离辐射作用于空气或氧气；③采用臭氧化的氧气	比喻从旁鼓动、助长事物（多指坏的事物）的声势和发展，扩大影响。出自隋代王通的《文中子·问易篇》
39	孟母三迁	惰性环境	①用惰性介质代替普通介质；②在真空中进行某过程	指孟轲（孟子）的母亲为选择良好的环境教育孩子，三次迁居。出自西汉刘向的《列女传·卷一·母仪》
40	相辅相成	复合材料	由同种材料改为复合材料	指两件事物互相配合，互相辅助，缺一不可。出自明代张岱的《历书眼序》

尹问特总结了这些发明技巧，顿时为自己坚持学完40个发明原理而感到自豪，很有成就感。挥手与前来送行的40位发明高人告别，尹问特快乐地向下一个城堡走去。

第五章 矛盾消解之美

尹问特离开了发明技巧城堡,边往前走边思考:40个发明技巧该如何选择呢?不知不觉间他来到了矛盾城堡。尹问特从城门边上的石刻的介绍中看到,这个城堡的人们善于解决矛盾(或冲突)问题。这里主要有两大家族:技术矛盾家族和物理矛盾家族,如图5-1所示。

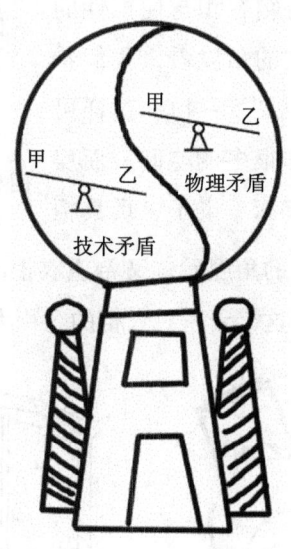

图5-1 矛盾城堡

矛盾一词对尹问特来说并不陌生,例如他们班上有同学吵架,就是因为相互之间存在矛盾。那么矛盾城堡中的矛盾与我们经常说的矛盾又有什么区别呢?尹问特的问题又多了一个,带着这些问题,他慢慢走入矛盾城堡。

1. 什么是矛盾

刚进矛盾城堡，迎面走来一位老先生，自称冲突佬。冲突佬给尹问特介绍了有关矛盾城堡的矛盾概念。

这里所说的矛盾是指物体内在要素对立的、互不相容的情况。其实矛盾就如图5-2所示的天平，矛盾双方就如天平的两端，不是左边高就是右边高。当物体内部要素出现矛盾后，若改善了物体的A要素，就会导致B要素变差。

冲突佬给尹问特举了几个例子：我们希望旅行箱的容积大一点（见图5-3），这样可以装更多的行李，但会导致携带不方便，这就是一个矛盾，是旅行箱容积与便携性的矛盾。另外，从多放衣物的角度看，我们希望家里的衣柜大一点（见图5-4），这样可以放很多衣物，但会占据很多的空间，而房间的空间是有限的，还有床、桌子、玩具柜

图5-2 矛盾双方如天平两端

等需要摆放，从房间布置的角度看，又希望衣柜的容积小一点，这样房间可以摆放下较多的家具，这个矛盾对衣柜的容积大小提出相反的要求。

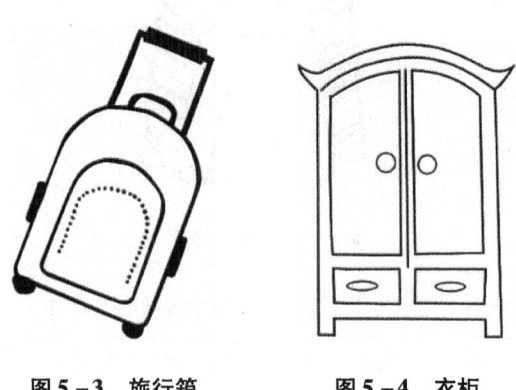

图5-3 旅行箱　　　　图5-4 衣柜

听了冲突佬的讲解，尹问特基本明白了这里的矛盾和我们日常生活中

提到的矛盾的异同了。

接着冲突佬给尹问特介绍了矛盾的种类，矛盾主要分为3类：技术矛盾、物理矛盾和管理矛盾。其中，技术矛盾和物理矛盾是技术（或工程）中最常见的两类矛盾，采用 TRIZ 矛盾求解工具可以求解。管理矛盾可以转化为技术矛盾或物理矛盾，再利用 TRIZ 矛盾求解工具进行求解，或是利用 TRIZ 理论以外的工具进行求解。所以矛盾城堡的主人主要是技术矛盾、物理矛盾两大家族。

给尹问特讲解了矛盾的概念和种类后，冲突佬告诉他，要具体了解技术矛盾与物理矛盾，还得去他们各自的家族去看看，接着给尹问特指示了技术矛盾家族的方向。

2. 技术矛盾消解之道

尹问特踏进了技术矛盾家族的庭院，发现他们家的人都是成对地行走或讨论，觉得比较奇怪，正在疑惑间，技术矛盾先生与夫人出来迎接他，三人一起来到一个带长方形的墙的长廊下坐下喝茶。

技术矛盾先生告诉尹问特，技术矛盾家族主要解决3个问题：什么是技术矛盾；如何找到技术矛盾的双方；如何解决技术矛盾。

（1）什么是技术矛盾

在改善系统的某个参数（A）时，导致另外一个参数（B）恶化，此时称参数 A 和参数 B 构成了一对技术矛盾。技术矛盾的特点是：由两个关联的参数构成。听到这里，尹问特大概明白了为什么一进庭院发现这里的人们是成对出现的，原来他们是一对对矛盾的参数。

例如，当改善座椅的性能［见图 5-5（a）］时，若想增加一些功能，如可移动和行驶，做法是增加轮子和电机，为行动不便的人提供便利出行的方式。但这样会导致座椅的体积和重量增大，这里出现的性能改善与体积和重量增大的矛盾就是技术矛盾。生活中会碰到许多技术矛盾，如图 5-5（b）所示，当需要增加书桌的强度时，会导致其重量的增加，这是强度与重量的矛盾。

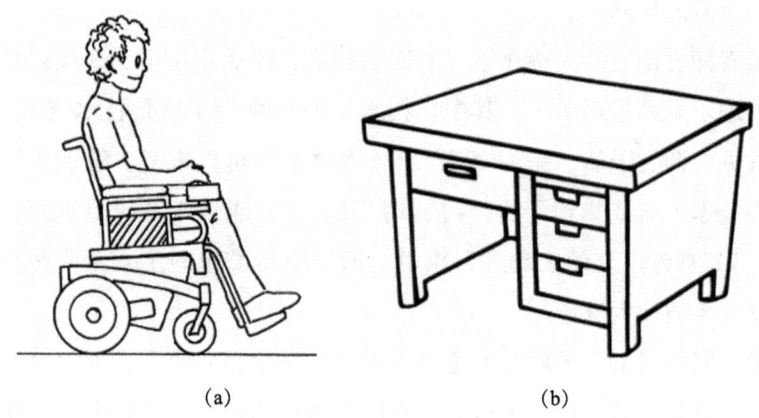

(a)   (b)

图 5-5 技术矛盾

技术矛盾出现的几种情况：①在技术系统（或产品）的一个子系统中引入一个有用功能，导致另一个子系统产生一个有害功能；②消除一个有害功能，引起另一个子系统有用功能劣化；③有用功能的加强或有害功能的减少，使另一个子系统或系统变得太复杂。

（2）如何找到技术矛盾的双方

听了到这里，尹问特对技术矛盾有了清晰的认识，但如何找到矛盾的双方呢？技术矛盾先生接着给尹问特讲解怎么寻找技术矛盾中对立的双方，只有事先找到对立的双方，才能应用后续的方法来解决遇到的问题。

TRIZ 理论中有很多寻找矛盾的方法，技术矛盾先生先给尹问特介绍了一个简单的分析方法。

针对一个技术系统，如果提出了一个解决方案，那么带来了什么好的结果（这个就是改善的参数），而又带来什么不好的效果（这个就是恶化的参数）。通过这样的描述，人们就能找到矛盾中的改善参数和恶化参数。同时也要明白，技术矛盾的描述是可以反过来的，即对"所提的解决方案的反方向"进行分析。我们可以采用填表（见表 5-1）的方式寻找技术矛盾的双方。

表5-1 技术矛盾建立

	技术矛盾1	技术矛盾2
如果	提出的解决方案（F）	提出的反向解决方案（$-F$）
那么	改善的参数（A）	改善的参数（B）
但是	恶化的参数（B）	恶化的参数（A）

为了让尹问特真正学会分析问题中的矛盾，技术矛盾先生指着庭院里面放置的野外露营帐篷，如图5-6所示。这个帐篷看上去好像快垮了。技术矛盾先生向尹问特提问，如果对这个帐篷进行改进，可以建立什么样的技术矛盾？尹问特思考了一会后，开始应用前面技术矛盾先生讲的表格方法对问题进行分析。

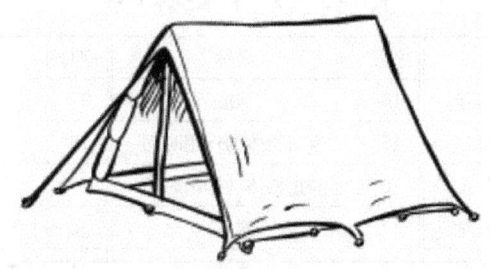

图5-6 帐篷

尹问特想对如图5-6所示的帐篷进行改进。他设想的方案是：增加帐篷金属架的截面面积，按表5-1的样式填写，帐篷改进中的技术矛盾如表5-2所示，这样就建立了这个问题的技术矛盾为：提高帐篷强度与增加帐篷重量的矛盾，或者减小帐篷重量与降低帐篷强度的矛盾。

表5-2 帐篷改进中的技术矛盾

	技术矛盾1	技术矛盾2
如果	增加金属架截面面积	减小金属架截面面积
那么	提高帐篷强度	减小帐篷重量
但是	增加帐篷重量	降低帐篷强度

从上面看到，技术矛盾的实质是改善了系统中的某个参数而导致恶化了另一个参数的矛盾，一般将这两个参数抽象化为改善参数和恶化参数。

(3) 如何解决技术矛盾

找到矛盾双方后，就需要解决矛盾。但是刚才描述矛盾时用的是日常用语，需要转换成 TRIZ 王国的标准描述。

TRIZ 王国用标准技术参数来规范地描述矛盾的双方，于是技术矛盾先生开始向尹问特介绍标准技术参数。

TRIZ 国王阿奇舒勒经过对大量的专利进行分析，发现绝大多数的技术问题可以使用一系列有限的标准技术参数来描述，总结为 39 个标准技术参数。

表 5-3 列出了 39 个标准技术参数，每个标准技术参数的含义详见附录 A。

表 5-3　39 个标准技术参数

序号	名称	序号	名称	序号	名称
1	运动物体的重量	14	强度	27	可靠性
2	静止物体的重量	15	运动物体的作用时间	28	测量精度
3	运动物体的长度	16	静止物体的作用时间	29	制造精度
4	静止物体的长度	17	温度	30	作用于物体的有害因素
5	运动物体的面积	18	照度	31	物体产生的有害因素
6	静止物体的面积	19	运动物体的能量消耗	32	可制造性
7	运动物体的体积	20	静止物体的能量消耗	33	操作流程的方便性
8	静止物体的体积	21	功率	34	可维修性
9	速度	22	能量损失	35	适应性及通用性
10	力	23	物质损失	36	系统的复杂性
11	应力或压强	24	信息损失	37	控制和测量的复杂性
12	形状	25	时间损失	38	自动化程度
13	稳定性	26	物质的量	39	生产率

表 5-3 中出现两个常用的概念：运动物体和静止物体，运动物体是指空间位置较容易改变（无论是自身引起的还是外力引起的）的物体，如车辆、飞机等；静止物体是指空间位置不改变或不常改变的物体，如桌子、房子等。

这 39 个标准技术参数既可以是被改善的参数，也可能是被恶化的参数,需要根据具体设计的方案而引起的"改善什么、恶化什么"来确定。

技术矛盾先生讲解完标准技术参数,指了指长廊后面的矩形墙。尹问特看到墙上刻着一个大表格,第一行和第一列都是标准技术参数的名称,格子内是一些数字,不知是什么意思。

技术矛盾先生告诉尹问特,这个是矛盾矩阵,是由标准技术参数和发明技巧构成的40×40矩阵,如表5-4(完整的矛盾矩阵表见附录D)所示,在矛盾矩阵中,首列内容为39个改善参数,首行内容为39个恶化参数;矩阵内的数字为发明技巧的序号,序号的排列顺序表示发明技巧应用频率的高低;每一对矛盾最多含有4个发明技巧;对角线的表格为物理矛盾,通常用" + "表示;而用" - "表示的方格可视为技术参数所形成的矛盾没有适用的发明技巧。

表5-4 40×40矛盾矩阵(部分)

改善参数	恶化参数					
	1. 运动物体的重量	2. 静止物体的重量	3. 运动物体的长度	4. 静止物体的长度	…	39. 生产率
1. 运动物体的重量	+	-	15, 08, 29, 34	-		35, 03, 24, 37
2. 静止物体的重量	-	+		10, 01, 29, 35		01, 28, 15, 35
3. 运动物体的长度	15, 08, 29, 34	-	+		…	14, 04, 28, 29
4. 静止物体的长度	-	35, 28, 40, 29	—	+		30, 14, 27, 26
…			…			…
39. 生产率	35, 26, 24, 37	28, 27, 15, 03	18, 04, 28, 38	30, 07, 14, 26	…	+

听到这里,尹问特对来矛盾城堡路上思考的"40个发明技巧该如何选择"的问题有了清晰的答案。

有了矛盾矩阵,就能解决技术矛盾了,技术矛盾先生开始为尹问特讲解技术矛盾的求解方法。

针对一个问题，当找出技术矛盾后，用39个标准技术参数描述矛盾双方，而后根据矛盾的两个标准技术参数查询矛盾矩阵，找到推荐的发明技巧，最后分析发明技巧，并借助自身的理论知识和经验形成可行的解决方案，其流程如图5-7所示。其中"技术矛盾标准描述"包括：描述问题；技术矛盾建立；选择技术矛盾；技术矛盾的标准描述。

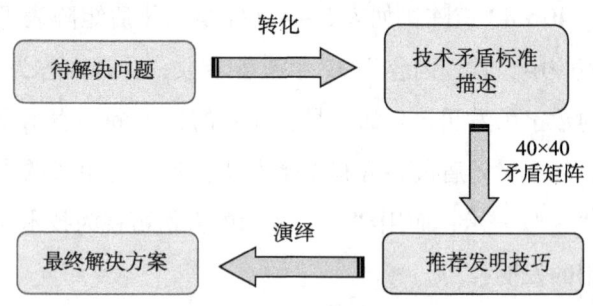

图5-7 解决技术矛盾的流程

给尹问特讲解了技术矛盾解决流程后，技术矛盾先生觉得有必要举例说明一下这个流程，以利于尹问特理解。

他指着院子里拖着购物车的一对老夫妻问尹问特，老年人拖着购物车（见图5-8）外出购物，有时走累了想休息下，但周围没有凳子，该如何解决这个问题呢？尹问特仔细思考了这个问题，但还是没有头绪。

技术矛盾先生让尹问特按照TRIZ矛盾分析流程来解决这个问题，也就是下面的"六步走"流程。

①描述问题。要解决的问题是：购物车没有老年人需要的休息功能。

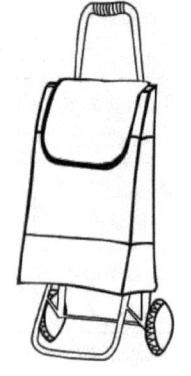

图5-8 购物车

②技术矛盾建立。填表寻找矛盾，如表5-5所示。

表5-5 购物车的技术矛盾

	技术矛盾1	技术矛盾2
如果	增加休息功能	不具备休息功能
那么	产品适用性增强	产品的体积减小
但是	产品的体积增大	产品适用性也下降

③选择技术矛盾。由于需要解决是否增加功能的问题,故这里选择技术矛盾1:产品适用性增强与装置体积增大的矛盾。这里改善的参数是产品的适用性,恶化的参数是装置的体积。

④技术矛盾的标准描述。根据上述确定的改善参数和恶化参数,对照表5-3,寻找相近的标准技术参数,这里建立的标准技术参数为:35—适应性及通用性;7—运动物体的体积。

⑤查询矛盾矩阵,确定推荐的发明技巧。确定了标准的改善参数和恶化参数后,查找矛盾矩阵,可获得4个发明技巧序号(见表5-6),分别为15(一静不如一动)、35(随机应变)、29(水涨船高)。结合对四种发明技巧的认识和理解,选取第15个发明技巧——一静不如一动。

表5-6 矛盾矩阵简表

	1~6	7	8~39
1~34		↓	
35	⟶	15,35,29	
36~39			

⑥实际问题求解。尹问特根据这个发明技巧的启示,在购物车的背面设计一个可折叠的椅子,方便老年人疲惫时打开坐一下,不用时这个椅子可以收起来,不占用购物车的空间,如图5-9(a)所示,设计时要考虑一点:结构简单,不能增加装置的复杂性。

通过这个"六步走"的技术矛盾分析流程,尹问特找到了合适的解决方案,设计出适合老年人使用的购物车,其实结合发明技巧15和35,还可以构思出很多适合老年人使用的购物车方案,如图5-9(b)和(c)所示。

解决完老人购物车的问题之后,尹问特十分开心。他和技术矛盾夫妇继续讨论日常生活中的矛盾问题。这时技术矛盾夫人提出一个问题:下雨天,打伞外出办事回来之后,伞的外表面会被淋湿,这样收伞后外表面湿漉漉的,还有水滴出,不便带进室内,如何能保证进入室内时,伞的外表面是干的?这确实是个难题,烘干或套塑料袋均比较麻烦。在技术矛盾夫妇的鼓励下,尹问特觉得还是用技术矛盾求解方法来试试。

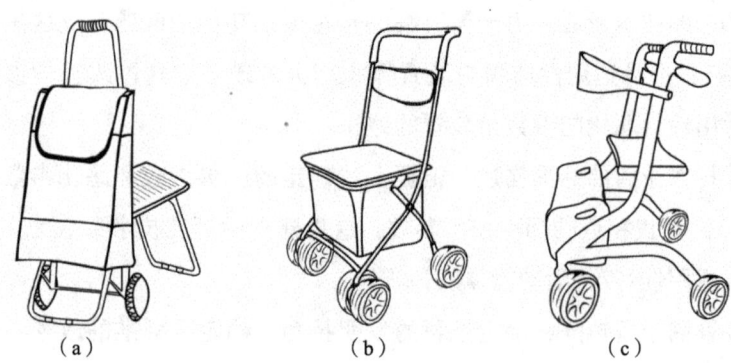

(a)　　　　　　　(b)　　　　　　　(c)

图 5-9　带折叠椅的购物车

①描述问题。要解决的问题是：淋湿的雨伞能够方便地带进室内，而不会有雨水滴出。

②技术矛盾建立。填表查找矛盾，如表 5-7 所示。

表 5-7　湿雨伞不滴水的技术矛盾

	技术矛盾1	技术矛盾2
如果	在伞外套塑料袋	不套塑料袋
那么	伞上雨水不会滴出	操作方便
但是	操作麻烦	伞上雨水会滴出

③选择技术矛盾。由于尹问特要解决的主要目标是使淋湿的雨伞收起来后不向外滴水，故这里选择技术矛盾1：伞上雨水不会滴出与操作麻烦的矛盾，这里改善的参数是向外滴水，恶化的参数是操作便利性。

④技术矛盾的标准描述。根据上述确定的改善参数和恶化参数，对照表 5-3，寻找相近的标准技术参数，这里建立的标准技术参数为：30——作用于物体的有害因素；33——操作流程的方便性。

⑤查询冲突矩阵，确定推荐的发明技巧。确定了改善参数和恶化参数后，查找矛盾矩阵，可获得 4 个发明技巧序号（见表 5-8），分别为 2（披沙拣金）、25（自动自发）、28（李代桃僵）、39（孟母三迁）。

表 5-8　矛盾矩阵简表

	1~32	33	34~39
1~29		↓	
30	→	2, 25, 28, 39	
31~39			

⑥实际问题求解。结合对 4 种发明技巧的认识和理解，尹问特决定选取第 25 个发明技巧——自动自发。根据自动自发这个思路，改变伞骨撑出方式，实现收伞过程中把淋湿的那一面移到内面（见图 5-10），这样其上的雨水就不会滴出了。

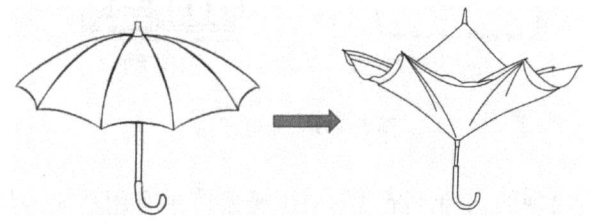

图 5-10　湿雨伞滴水问题的解决方案

尹问特根据技术矛盾求解流程，得到的方案确实不一般，技术矛盾夫妇都为尹问特能够这么快掌握技术矛盾求解方法感到由衷的高兴，于是要他到物理矛盾家族看看。

3. 物理矛盾消解之道

尹问特来到物理矛盾家里，发现这里的景象跟技术矛盾家族不一样，人们是单独出现的。物理矛盾先生接待了他，首先给尹问特介绍物理矛盾相关的概念。

为满足某一特定功能，对系统或子系统中的参数提出完全相反的要求，由此引起的矛盾称为物理矛盾。物理矛盾的特点是：由单一参数引起。

例如，对于电子阅读器，如图 5-11（a）所示，我们希望阅读器屏幕大一点，这样看书会舒服，但又希望阅读器整体小一点，这样便于携带。又如，我们希望书架的隔板或支撑板厚一些，如图5-11（b）所示，这样比较结实，书架上可以放更多、更重的物品，但又希望书架本身薄一点，这样可以节省材料。

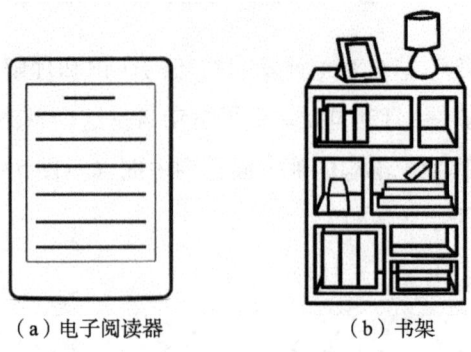

（a）电子阅读器　　　　（b）书架

图5-11　物理矛盾

物理矛盾出现的几种情况：①一个子系统中有用功能的加强，导致该子系统中有害功能的加强；②一个子系统中有害功能的降低，导致该子系统中有用功能的降低。

在生活与工程中存在很多物理矛盾。常见的物理矛盾如表5-9所示。

表5-9　常见的物理矛盾

类型	几何类	材料及能量类	功能类
举例	长与短	多与少	喷射与堵塞
	宽与窄	黏度高与低	推与拉
	厚与薄	功率大与小	冷与热
	圆与非圆	时间长与短	运动与静止
	锋利与钝	密度大与小	强与弱
	对称与非对称	导热率高与低	软与硬
	水平与垂直	温度高与低	成本高与低
	平行与交叉	摩擦系数大与小	快与慢

物理矛盾先生告诉尹问特，技术矛盾也可以转化为物理矛盾。例如，我们针对一个技术方案"减小刀刃角度"［见图5-12（a）］，会得到"提

高了刀的锋利程度"与"降低了刀刃的强度"这组技术矛盾。对于这组技术矛盾，我们也可以这样思考：为了提高刀的锋利程度，需要减小刀刃角度，但为了提高刀刃的强度，却要增加刀刃角度，这样就出现了既希望刀刃角度小，又希望刀刃角度大的物理矛盾。再如，我们希望居住环境宽敞舒适，房间［见图5-12（b）］应该尽量大，但是太大的面积打扫起来很辛苦，所以房间又应该尽量小。

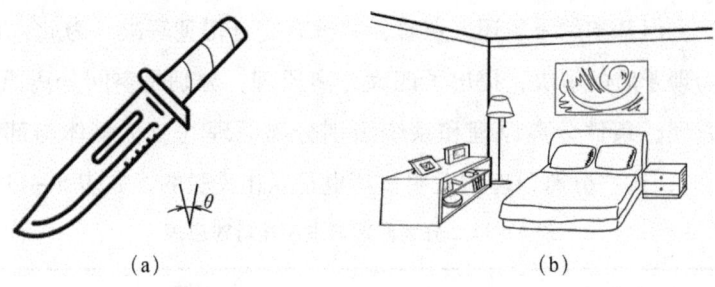

图5-12 刀与房间存在的物理矛盾

介绍完这些，物理矛盾先生指着旁边的工具箱，对尹问特说，你改变一下工具箱的尺寸，看看会出现什么矛盾？尹问特看着这个工具箱（见图5-13），觉得还是按前面技术矛盾先生提到的填表法来分析比较好。于是填写表5-10，总结出的物理矛盾为：既希望工具箱体积大，这样可以放很多工具，又希望工具箱体积小，因为携带方便。

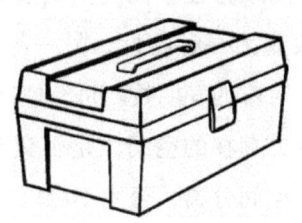

图5-13 工具箱

表5-10 工具箱体积变化导致的物理矛盾

		物理矛盾
如果参数		工具箱体积
需要	大	因为（放更多的工具）
但是	小	因为（方便携带）

看，通过填表分析，可以轻松找到物理矛盾。物理矛盾先生也告诉尹问特：物理矛盾的参数不一定是标准技术参数。

找到物理矛盾之后，如何解决它呢？物理矛盾先生向尹问特继续讲解物理矛盾的求解方法。

物理矛盾本质上是对系统中的同一个参数提出相互对立的要求，因此它是一种更尖锐、更彻底的矛盾。过去解决类似物理矛盾时，一般采用折中的方法，但基本的矛盾还保留着，并没有完全得到解决。为此，TRIZ理论针对物理矛盾的解决，提出了四大分离原理，分别是空间分离原理、时间分离原理、条件分离原理和系统级别分离原理（或称整体与部分的分离），同时，这些分离原理与发明技巧也是互相关联的，如表5-11所示。

表5-11 分离原理与发明技巧对应表

分离原理	发明技巧
空间分离原理	1、2、3、4、7、13、17、24、26、30
时间分离原理	9、10、11、15、16、18、19、20、21、29、34、37
条件分离原理	1、7、23、25、27、5、22、33、6、8、14、35、13
系统级别分离原理	12、28、31、32、35、36、38、39、40

接着，物理矛盾先生给尹问特详细地介绍了这些分离原理。

①空间分离原理。矛盾双方在不同的空间上分离，即在空间上分离物体，使得物体的一部分表现为一种特性，另一部分表现为另外一种特性。具体可以使用表5-11中对应的发明技巧进行空间分离。

使用条件：对矛盾双方存在的空间段是否交叉进行判断，即如果两个空间段不交叉，可以应用空间分离，否则不可以应用空间分离。

例如，对于一支铅笔，既要写出红色的字，又要写出蓝色的字，这是一个物理矛盾，可以通过空间分离原理解决，即笔一端用红色笔芯，另外一端用蓝色笔芯，如图5-14所示。

②时间分离原理。矛盾双方在不同的时间段上分离，即物体在某一时间段表现为一种特性，在另一时间段表现为另一种特性。具体可以使用表5-11中对应的发明技巧进行时间分离。

第五章 矛盾消解之美

图 5-14 双色笔

使用条件：对矛盾双方存在的时间段是否交叉进行判断，即如果两个时间段的矛盾不趋向同一个方向变化，即可以应用时间分离，否则不可以应用时间分离。

例如，雨伞就面临物理矛盾：既希望它大，这样可以更好地遮挡暴雨，又希望它小，便于随时携带。这个矛盾双方可以在时间上分离，遮雨时需要它大一些，平时随身携带时希望它小一点。根据表 5-11 中提供的发明技巧，选择第 15 个发明技巧———静不如一动，根据这个发明技巧的提示，将伞设计成折叠的（见图 5-15），用时撑开，携带时折叠收缩。

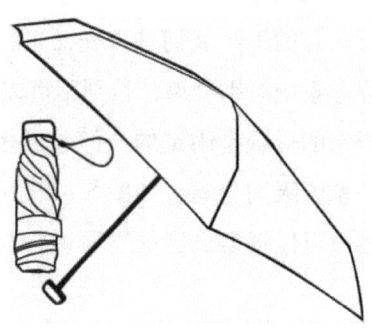

图 5-15 折叠伞

③条件分离原理。矛盾双方在不同的条件下分离，即物体在特定的条件下表现为某一特性，在另一种条件下表现为另一种特性。具体可以使用表 5-11 中对应的发明技巧进行条件分离。

使用条件：对矛盾双方的条件是否交叉进行判断，即当系统或关键子系统矛盾双方在某一条件下只出现一方时，则可以应用条件分离，否则不可以应用条件分离。

例如，武侠小说里侠客使用的软剑，不用时很柔软，可以当腰带使用。而当搏击时，施以很高的速度，就削铁如泥了。这个是通过条件分离解决了对剑提出的既要硬又要软的物理矛盾，当施以很高的速度时，软剑变硬，能够打败对手；而没有速度时，它又恢复原来的柔性。这里的条件就是速度。

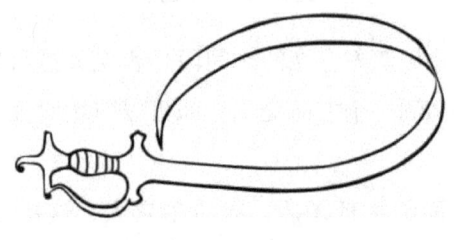

图 5-16 软剑

④系统级别分离原理。矛盾双方在不同的系统级别下分离，即物体在子级别表现某一特性，在高级别表现另一特性。具体可以使用表 5-11 中对应的发明技巧进行系统级别分离。

使用条件：对矛盾双方的不同级别是否交叉进行判断，即当两个系统级别不交叉时，可以应用系统级别分离，否则不可以应用系统级别分离。

例如，每一小块积木的形状是固定的，但通过多块搭接，可以拼成各种形状的整体，这就是系统级别分离，如图 5-17 所示。现在很多产品都被设计成模块化的，用户可以根据自己的需要进行组装，实现不同的形状或用途。

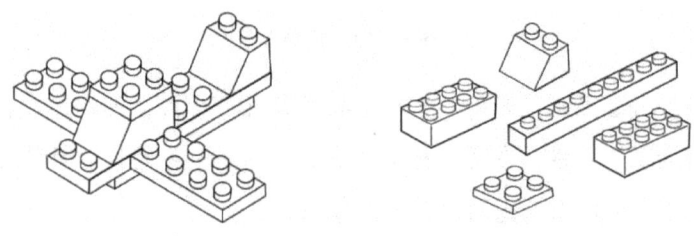

图 5-17 积木

物理矛盾先生给尹问特讲解完四大分离原理后,继续给他介绍物理矛盾的求解方法。

在面对物理矛盾时,需要确立问题的矛盾双方,选择适用于本问题的分离原理类型,即选择利用空间方面的角度去分割矛盾双方,还是利用不同时间段去分割矛盾双方,或者利用其他的原理分解矛盾。进而结合自身的知识和经验,利用分离原理与发明技巧的对应表,查找发明技巧,获取一个可行的解决方案。具体流程如图5-18所示。

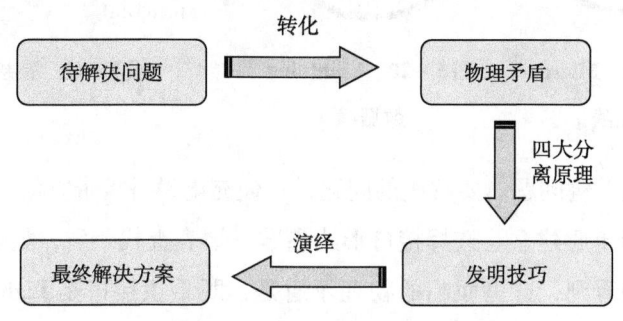

图5-18 解决物理矛盾的流程

注意:针对物理矛盾,选择分离原理时,可以根据导向词(……区域,……时,……条件,等等)来初步选择。

讲解完物理矛盾的求解方法后,物理矛盾先生便给尹问特举了一个实例。如果一个人平时习惯使用一部手机和一台平板电脑,但这两部设备的充电接口不一样:为手机充电时要用Micro接口的数据线,如图5-19所示,而为平板电脑充电时要用Lightning接口的数据线,如图5-20所示。这样导致外出时要同时带两根数据线,很不方便,现在的解决办法是带一个Micro接口转Lightning接口的转接头,如图5-21所示,这样可以只带一根数据线和转接头。但携带转接头也不是理想的解决方法,若是忘记带转接头就麻烦了,而且转接头容易弄丢。是否有更好的解决办法呢?物理矛盾先生结合这个问题,按照解决物理矛盾的方法来逐步分析。

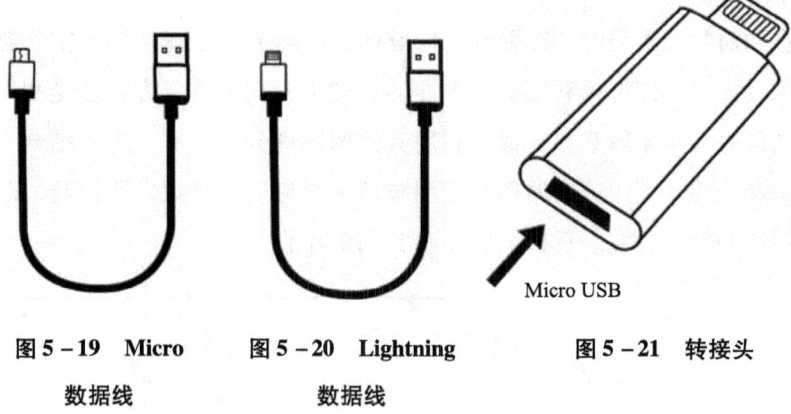

图 5-19 Micro 数据线　　图 5-20 Lightning 数据线　　图 5-21 转接头

①描述关键问题。要解决的问题是：使充电设备携带方便。

②物理矛盾建立。选择接口形式参数，填表查找矛盾，如表 5-12 所示，从表中看到，这里面临的物理矛盾是：既希望接口是 Lightning 接口，又希望接口是 Micro 接口。

表 5-12　充电接口的物理矛盾

	物理矛盾	
如果参数	接口形式	
需要	Lightning 接口	因为"可以为平板电脑充电"
但是	Micro 接口	因为"可以为手机充电"

③选择分离原理。这个矛盾是希望数据线上两个输出接口都有，可以想象这里的导向词是"……区域"，因而应用空间分离原理求解此物理矛盾比较合适。

④查询分离原理与发明技巧对应表，确定推荐的发明技巧。查询表 5-11，在应用空间分离原理分析时可以利用的 10 个发明技巧，分别为 1（化整为零）、2（披沙拣金）、3（天圆地方）、4（错落不齐）、7（层出不穷）、13（倒行逆施）、17（山不转水转）、24（穿针引线）、26（以假乱真）、30（薄如蝉翼）。

⑤实际问题求解。这里可以选择第 3 个发明技巧——天圆地方，受其

启迪,对传统的数据线接口(Micro 输出接口)进行创新设计,充分利用输出接口的侧面空间,在侧面加装另外一种接口(Lightning 接口),使同一条数据线能对接口不同的两种设备进行充电。具体方法如图 5-22 所示。

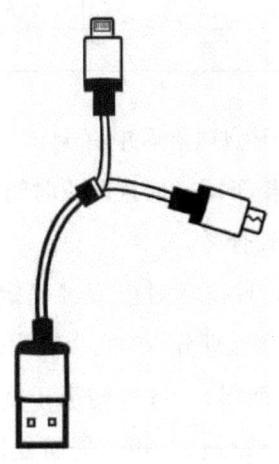

图 5-22 双接口数据线

结合这个实例的"五步走",尹问特明白了碰到物理矛盾该如何分析解决了。接着,物理矛盾先生带着尹问特在矛盾城堡四处转转,看看能否发现新的物理矛盾。走着走着,他们来到了一家药店,看到里面有一位老大哥踩着梯子,要从药架高处拿中草药。原来,这位老大哥的身材比较矮小,即使踩在旁边的椅子上,也够不着最高处的药架。于是他便想到在房间放置一把小型的梯子。可是药店本来就小,放着一把梯子实在太碍事,这给他带来不小的困惑。老大哥说,如果旁边的椅子能当梯子用就好了,这样就可以将梯子收起来了。这一番话似乎给了尹问特启发,便决定使用TRIZ 方法来帮助老大哥解决这个问题。

①描述关键问题。要解决的问题是:老大哥坐着的时候,椅子的高度应该比较低,这样坐着比较舒服。但是在取药的时候,椅子的高度应该高一些,这样便可以顺利地取到高处的中草药。

②物理矛盾建立。选择椅子高度参数,填表找矛盾,如表 5-13所示。从表中看到,这里面临的物理矛盾是:既希望椅子低,又希望椅子高。

表 5-13　椅子的物理矛盾

	物理矛盾
如果参数	椅子高度
需要	高	因为"方便取到药柜高处的药材"
但是	低	因为"坐着舒服"

③选择分离原理。这个物理矛盾中有个导向词"……时",即有时需要椅子高,其余时候需要椅子矮,而且两段时间并没有交叉,应用时间分离原理求解此物理矛盾比较合适。

④查询分离原理与发明技巧对应表,确定推荐的发明技巧。查询表 5-11,在应用时间分离原理分析时可以利用的 12 个发明技巧,分别为 9(先发制人)、10(未雨绸缪)、11(防患未然)、15(一静不如一动)、16(多退少补)、18(撼天动地)、19(周而复始)、20(马不停蹄)、21(快刀斩乱麻)、29(水涨船高)、34(自生自灭)、37(热胀冷缩)。

⑤实际问题求解。这里可以选择第 15 个发明技巧——一静不如一动,受其启迪,尹问特和物理矛盾先生对椅子进行改造。一般的椅子都是静止的,不能活动;即使是可以活动的椅子,其变形的幅度也不会很大,高度不会有太大的变化。尹问特设计的椅子具有折叠功能,如图 5-23 所示。在人需要坐着休息的时候,椅子只是普通的座椅。但是,当人需要取高处的物品时,椅子的前面部分可以翻转搭在后面部分上,成为梯子,人可以登上去,比普通的椅面高出不少。

图 5-23　可以变形为梯子的椅子

尹问特将这个设想告诉药店老大哥，老大哥十分感激他，表示尽快找木匠师傅做一张这样的椅子。

帮老大哥解决完问题后，尹问特和物理矛盾先生走到了江边，突然他们看到一位全身衣服湿透了的大婶。尹问特急忙跑过去询问大婶。原来，城堡附近的天气十分古怪，虽然尹问特所在的地方天气晴朗，但是江对岸却是暴风雨天气。这位大婶就是在过江之前淋的雨。尹问特问大婶，为什么不拿伞呢？大婶说自己带伞了，但是风太大，伞会被吹翻，拿着也派不上用场呀！尹问特心想，是哦，自己也没有见过一把真正能够在暴风雨天气中保护人的衣服不被淋湿的雨伞。针对这个问题，尹问特还是决定使用TRIZ方法来试试。

①描述关键问题。尹问特分析了一下，要解决的问题是：雨伞应该能够抵抗暴风与大雨，即雨伞不会被暴风吹翻，这要求雨伞的受力面积比较小。同时雨伞要具备良好的遮雨功能，这又要求雨伞的遮挡面积比较大。

②物理矛盾建立。选择伞面积参数，填表查找矛盾，如表5-14所示，从表中看到，这里面临的物理矛盾是：既希望雨伞的面积小，又希望雨伞的面积大。

表5-14 雨伞的物理矛盾

如果参数	物理矛盾	
	雨伞面积	
需要	大	因为"遮雨"
但是	小	因为"避免吹翻"

③选择分离原理。这个物理矛盾中隐含一个导向词"……条件"，即在大雨下，能够避免人被淋湿；而在暴风下，能够避免雨伞被风从下面吹翻。这两个条件作用方向不一样，没有交叉，可以应用条件分离原理求解此物理矛盾。

④查询分离原理与发明技巧对应表，确定推荐的发明技巧。查询表5-11，在应用基于条件分离原理分析时可以利用的12个发明技巧，分

别为1（化整为零）、7（层出不穷）、25（自动自发）、27（鱼目混珠）、5（珠联璧合）、22（修旧利废）、33（物以类聚）、6（一应俱全）、8（分庭抗礼）、14（毁方投圆）、35（随机应变）、13（倒行逆施）。

⑤实际问题求解。这里可以选择第1个发明技巧——化整为零，受其启发，尹问特将雨伞设计成双层的，每一层有各自的支撑结构，下面一层中心没有完全封闭，两层之间有间隙，可以通风，这样，雨伞的面积可以做得大一些，如果碰到暴风，下面的气流可以从两层之间的间隙逸出，而不会吹翻雨伞，如图5-24所示。

图5-24　防暴风雨伞

设计完雨伞后，尹问特和物理矛盾先生继续前行。这次，他们来到了附近的一个建筑工地上，一群工人正在打桩，而旁边一位工程师有些愁眉苦脸。尹问特跑过去一问，才知道他们打桩时面临一个矛盾，就是希望桩的前端尖点，便于打入地下，但桩打下去之后要承载，又希望其前端是钝的，以便在重载下，桩不再下沉。尹问特知情后，决定利用TRIZ矛盾求解工具化解问题，随即按分析流程试试看。

①描述关键问题。尹问特分析了一下，要解决的问题是：打桩要便捷，但承载后不下沉。

②物理矛盾建立。选择体积参数，填表查找矛盾，如表5-15所示，从表中看到，这里面临的物理矛盾是：既希望桩的前端要尖，又希望桩的前端要钝。

表 5-15　桩的物理矛盾

	物理矛盾	
如果参数	桩的前端	
需要	尖	因为（可以快速打入土地）
但是	钝	因为（可以承载后不下沉）

③选择分离原理。这个物理矛盾隐含系统级别，可以将桩的一部分分割成几个小柱，小柱的前端磨尖，而整体承受荷载，而且两个级别并没有交叉，应用系统级别分离原理求解此物理矛盾比较合适。

④查询分离原理与发明技巧对应表，确定推荐的发明技巧。查询表 5-11，在应用系统级别分离原理分析时可以利用的 9 个发明技巧，分别为 12（平起平坐）、28（李代桃僵）、31（无孔不入）、32（五光十色）、35（随机应变）、36（沧海桑田）、38（推波助澜）、39（孟母三迁）、40（相辅相成）。

⑤实际问题求解。这里可以选择第 35 个发明技巧——随机应变，受其启发，尹问特将整体桩设计成为部分分割，而整体又是连在一起的，如图 5-25 所示。打桩时，下半部分是被分割开的小柱，前端很尖，容易被打入土地，而上半部分是一个整体，与下面也是刚性连接。这样当上面承载后，由于桩的上半部分是整体，下半部分相对较平，不易沉入地下，可以承受很大的荷载。

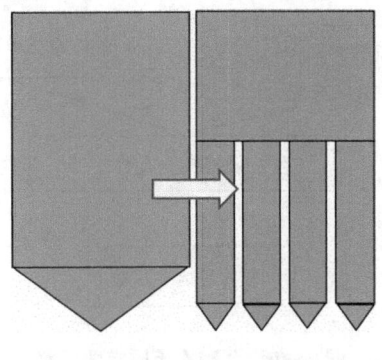

图 5-25　桩

4. 矛盾迷宫

物理矛盾先生带着尹问特在矛盾城堡转了一圈，解决了四个问题，把四大分离原理都用了一遍。通过这些实际应用，尹问特对矛盾求解非常熟悉了。不知不觉，他们来到一个迷宫——矛盾迷宫。物理矛盾先生鼓励尹问特进去闯一闯。尹问特也觉得有意思，就告别物理矛盾先生，走了进去。迷宫里面每个关口是一些关于技术矛盾与物理矛盾的概念和求解流程的题目，回答正确就可以通过，这些问题汇总起来就是如图 5-26 所示的矛盾问题求解思路。

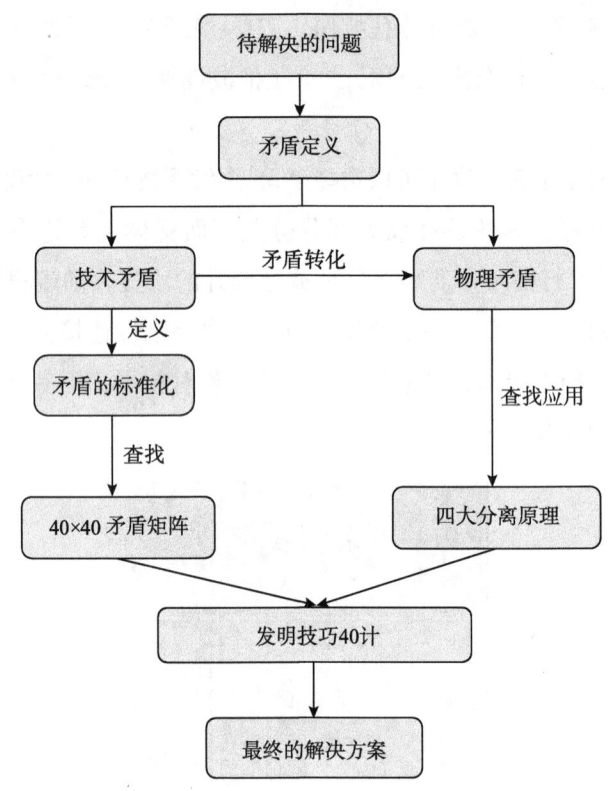

图 5-26　TRIZ 矛盾求解思路

迷宫的最后关口是一道测试题：如何创新设计一个坑井安全防护系

统。坑井的盖板是起安全作用的,防止人们从路面掉下坑井。作业时,需要移开盖板,以便进入坑井进行作业;但为了防止坠落事件的发生,坑井盖板要覆盖在坑井上,不能移开。尹问特想,这是个"盖板应该覆盖坑井,又不应该覆盖坑井"的物理矛盾,先按照物理矛盾求解流程走走看。

①描述关键问题。尹问特分析了一下,要解决的问题是:盖板是打开还是盖上。

②物理矛盾建立。选择状态参数,填表查找矛盾,如表5-16所示,从表中看到,这里面临的物理矛盾是:既希望盖板打开,又希望盖板盖上。

表5-16 盖板的物理矛盾

如果参数	物理矛盾	
	盖板的状态	
需要	打开	因为"工人与设备可以进入坑井"
但是	盖上	因为"可以防止行人跌落"

③选择分离原理。这个物理矛盾隐含不同时间段,可以在维护时将盖板打开,而平时盖上,而且两个时间段并没有交叉,因而应用系统级别分离原理求解此物理矛盾比较合适。

④查询分离原理与发明技巧对应表,确定推荐的发明技巧。查询表5-11,在应用时间分离原理分析时可以利用的12个发明技巧,分别为9(先发制人)、10(未雨绸缪)、11(防患未然)、15(一静不如一动)、16(多退少补)、18(撼天动地)、19(周而复始)、20(马不停蹄)、21(快刀斩乱麻)、29(水涨船高)、34(自生自灭)、37(热胀冷缩)。

⑤实际问题求解。这里可以选择第15个发明技巧———静不如一动,受其启发,尹问特考虑了一种新的坑井安全防护系统。盖板的结构创新设计,背面嵌入一个栏杆,如图5-27所示。在进行坑井作业时,盖板打开,抬起嵌入的栏杆,并通过栏杆支起盖板,这样盖板与栏杆组成封闭的围栏,作业时路上的行人就不会跌落了。而当维修完成后,栏杆可以收入盖板背面,再盖上盖板,不会影响行人行走。

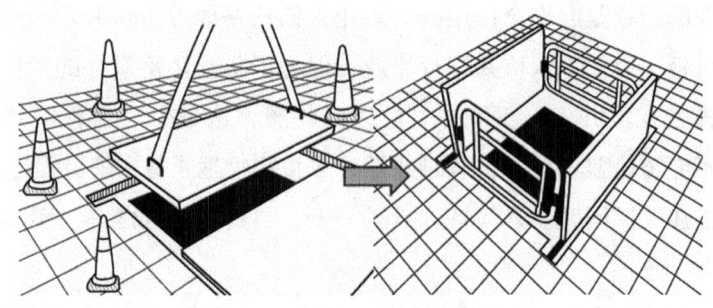

图 5-27　坑井盖板的改进

解决完这个矛盾问题,尹问特就发现自己已经到了迷宫的出口了。出了矛盾迷宫,他又碰到了冲突佬。尹问特给他介绍了自己这段时间学习矛盾求解方法的情况,冲突佬称赞他的学习能力确实很强,以后要加强实践,通过不断的实践,提高解决矛盾问题的能力。

两人聊着,不知不觉来到了城堡门口了,尹问特依依不舍地向冲突佬告别,继续向下一个城堡走去。

第六章 物场之韵

尹问特从矛盾城堡出来后,继续向前走,隐隐看到前面的城堡像三个柱子。走近一看,还真是三个圆楼群,中间用城墙连接,其中一边城墙还像一个箭头,如图6-1所示。走到城堡门口,他才知道自己到了物场城堡。

图6-1 物场城堡

刚走进城门,一位十分精神的青年人接待了尹问特,他就是物场之贤,负责管理这个城堡。物场之贤带着尹问特向城内走去,边走边给尹问特介绍:这个城堡主要解决功能问题,将复杂问题拆成简单的物-场问题,再进行分析求解。走了不远,就到了一个教室,里面有一位老先生正在给游客讲解物-场模型,物场之贤建议尹问特先进去学习一下。尹问特马上与物场之贤告别并走进了教室,找了一个座位听老先生讲课,老先生正在介绍物-场模型那些事。

1. 物-场模型那些事

老先生缓缓地介绍：物-场模型那些事包括物质、场的概念，物-场模型的概念，物-场模型的建立、物-场模型的种类。

（1）什么是物质、场

"物质"与"场"这两个词对大家来说并不陌生。在 TRIZ 王国中，物质，常用 S 表示，是具有净质量的物体，如常见的书本、课桌、汽车、自行车、教室、楼梯、墙壁等。

场，常用 F 表示，是指一种"力""能量"，物质与物质的相互作用、联系和影响，包括电场、磁场、力（机械）场、热场、声场、化学场。例如，用铲子铲沙子是机械场。

（2）什么是物-场模型

TRIZ 王国中，可以将一个复杂的系统分拆为多个简单的系统，而最简单的系统要正常工作（完成一个功能），必须具备三个元素，即两个物质 S_1、S_2 和一个场 F。创新中的大多数问题和解决方案都可以通过特定的模型来描述，这个模型即为物-场模型。

如图 6-2（a）与（b）所示，物-场模型通常用三角形模型描述，在三角形的物-场模型中，下面的两个角是两种物质，标注为 S_1 与 S_2，上面一个角是场，标注为 F。如图 6-2（c）所示，对于复杂系统，经过分解后，可以运用多个组合三角形模型表示。听到这里，尹问特明白了，从城外看到物场城堡的外形就是一个物-场模型。

图 6-2 中的 S_1、S_2 和 F 的关系如下。

物质 S_1，是指一种需要改变、加工、移动、发现、控制、实现等的"目标"。

物质 S_2，是指实现必要作用所需的"工具"。S_1 与 S_2 在模型中的左右位置没有严格规定。

场 F，是上述两个物质间的相互作用、联系和影响，如前面提到的机械场、电场、化学场、磁场、热场、声场等。

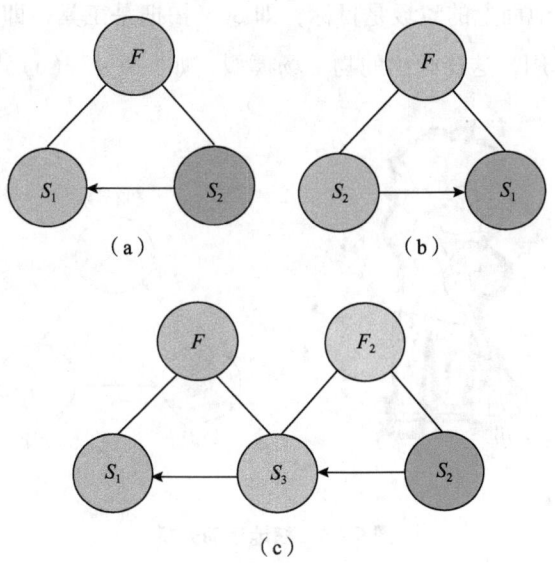

图 6-2 物-场模型

三个元素各加一个圆圈，元素之间的联系用直线或箭头表示，常见的相互作用（效应）表示符号如表 6-1 所示。TRIZ 理论中常见的相互作用有四种，应特别关注后面三种作用。

表 6-1 常见的物质相互作用表示符号

符号	意义	符号	意义
➝	期望的作用	∿➤	有害的作用
⇢	不足的作用	+++➤	过度的作用

（3）如何建立物-场模型

了解了物-场模型的概念，那该如何建立物-场模型呢？不用担心，可以按照如下步骤建立：

①先在系统中找到两个物质，确定谁是目标，谁是工具。

②分析这两个物质之间的作用，给出场的名称。

③画出三角形的物-场模型。

例如，如图 6-3（a）所示的扫地动作，找到的两个物质是扫把与地面上的垃圾,地面上的垃圾是目标,即 S_1,扫把是工具,即 S_2,它们之间靠机械场 F 作用,这样画出的物-场模型,如图 6-3(b)所示。

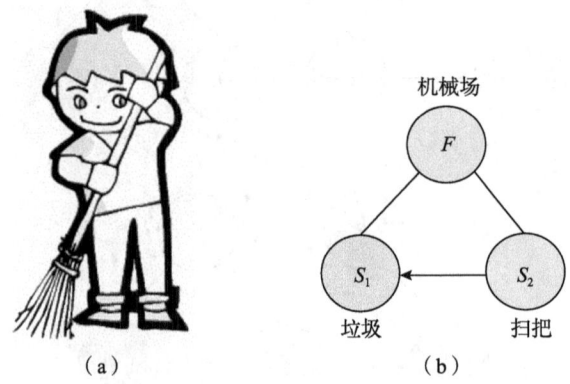

图 6-3 扫地运动分析

又如,图 6-4 中的用手搬箱子这一动作,该如何用物-场模型描述呢?

找到的两个物质是手与箱子,箱子是目标,即 S_1,手是工具,即 S_2,它们之间的作用是支撑力,为机械场 F,这样画出的物-场模型,如图 6-4(b)所示。

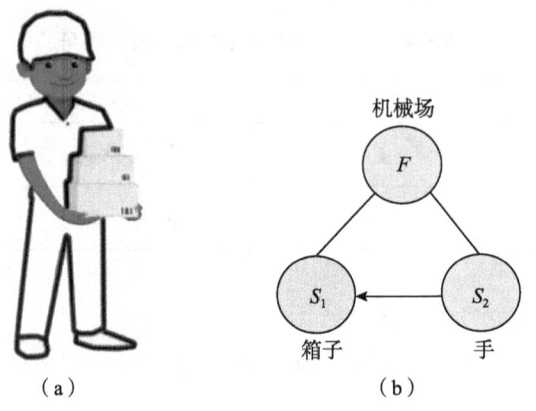

图 6-4 用手搬箱子动作分析

从上述两个例子中可以看到,不管研究的内容如何变化,物-场模型的形式是一样的,只是 S_1、S_2、F 所代表的内容有所区别。这样就能找到"以不变应万变"的感觉了吧?

(4) 物–场模型的种类

通过前面的学习,我们了解了物–场模型的建立步骤。那工程实践中,物–场模型有几类呢?

物–场模型一般分为5种,分别为有效完整模型、不完整模型、效应不足的完整模型、效应有害的完整模型、效应过度的完整模型。我们先来了解这5种物–场模型的表示方式。

①有效完整模型:实现功能的3个元素齐全,且有效实现功能,如图6–5(a)所示。

②不完整模型:实现功能的3个元素不全,可能缺少场,也可能缺少目标(工具),如图6–5(b)所示。

③效应不足的完整模型(以下简称"效应不足模型"):实现功能的3个元素齐全,但功能未有效实现或实现得不足,如图6–5(c)所示。

④效应有害的完整模型(以下简称"效应有害模型"):实现功能的3个元素齐全,但产生了有害的效应,需要消除这些有害效应,如图6–5(d)所示。

⑤效应过度的完整模型(以下简称"效应过度模型"):实现功能的3个元素齐全,但功能未有效实现或实现得过度,如图6–5(e)所示。

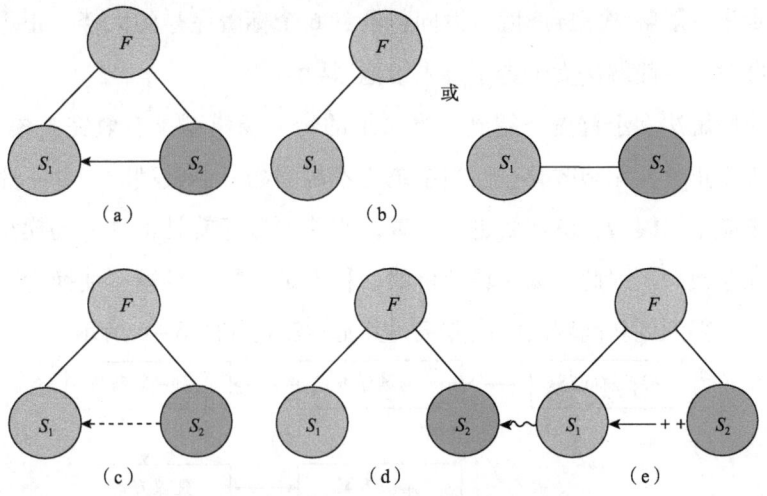

图6–5 物–场模型的类型

下面还是举例说明这些类型。以人在地面上行走的行为为例，当鞋子与普通地面接触，它们之间的摩擦力能够使人正常行走，这个系统对应的模型就是有效完整模型［见图6-5（a）］。当人行走在冰面上，鞋子与冰面的摩擦力不够，不能支撑人正常行走，这个系统对应的模型就是效应不足模型［见图6-5（c）］。当人行走在粗糙地面上，鞋子与粗糙地面的摩擦力过大，虽然可以支撑人正常行走，但阻力也加大了，这个系统对应的模型是效应过度模型［见图6-5（e）］。当人行走在乱石地面上时，乱石地面对鞋子产生有害作用，这个系统对应的模型就是效应有害模型［见图6-5（d）］。

一般情况下，可以将效应过度模型和效应有害模型归为一类，这样不足的物-场模型就有3种：不完整模型、效应不足模型、效应有害模型。

在了解了物-场模型的基本概念及类型之后，接下来，老先生提到，对于不足的物-场模型该如何求解呢？物场城堡有两大解法家族——一般解法家族和标准解法家族，请大家去这两大家族里探究下。众人与老先生告别后，就开始自由活动，尹问特决定先去一般解法家族看看。

2. 物-场模型的一般解法

走进一般解法家族庭院，尹问特看到6个标着序号的大楼，正思考该如何办时，一般解法女士走了过来给他当导游。

一般解法女士首先介绍到，当系统的物-场模型是有效完整模型时，系统工作正常，无须改善；而当系统为不足的物-场模型时，如不完整模型、效应不足模型，就需要进行改善，改善的目标就是将物-场模型变为有效完整模型。因此，物-场分析就是将不足的物-场模型变换为有效完整模型，得到创新问题的解决方案，其基本流程如图6-6所示。

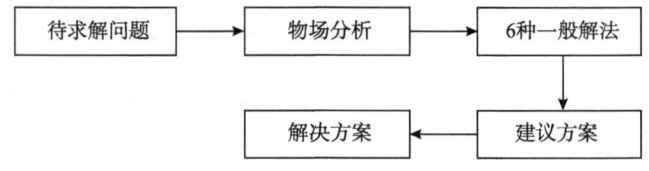

图6-6　物-场模型的一般解法流程

从图 6-6 中看到，物-场分析求解问题也是走流程，先根据问题建立物-场模型，再根据模型类型，找到相应的一般解法，而后得到建议的方案，再与实践结合，形成实际的解决方案。这里的一般解法，是指 TRIZ 理论总结的 6 种一般解法，如表 6-2 所示。

表 6-2　物-场分析的一般解法

一般解法编号	存在的问题	具体解决措施
1	不完整模型	增加所需的元素（场、物质），使模型完整
2	效应有害模型	加入第三种物质，阻止有害作用
3		引入另外一个场，抵消有害作用
4	效应不足模型	用另外一个场代替原来的场
5		增加另外一个场来强化有用的作用
6		引入第三个物质和第二个场，来强化有用的作用

尹问特暗想，这里的 6 栋大楼可能对应这 6 种一般解法，果然，一般解法女士也是这样说的，并提出带他到各个楼去走走。

（1）一般解法 1

来到第一栋楼前，一般解法女士告诉他，这里主要针对不完整模型，解决办法是：增加需要的元素，建立完整的物-场三角形模型。

当碰到不完整模型时，先确定缺少什么元素，根据所缺失的元素，增加场 F 或工具 S_2 或作用目标 S_1，使之形成有效完整模型。模型转换过程如图 6-7 所示。

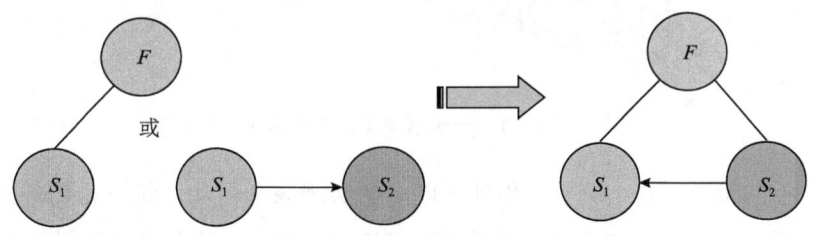

图 6-7　针对不完整模型的一般解法 1

这个还是容易理解的，缺什么补什么。一般解法女士举了一个例子：这个大楼旁边堆着很多空的小箱子，都是昨天大家拿完快递留下的小箱子。由于扔掉可惜，暂时留了下来。一般解法女士问尹问特如何能让这些小箱子派上用场呢？尹问特想到发明技巧中有个变废为宝的技巧可以试试，这里要看看物–场分析怎么解决这个问题。

首先建立物–场模型［见图6–8（a）］。在该问题中，剩下的箱子可以看作物质 S_1，现在是一个不完整模型，那么需要增加缺失的元素。因此，在该问题中，需要增加场 F 和物质 S_2。一般解法女士指着旁边放着的用来拆开箱子用的美工刀，提出可以将美工刀作为物质 S_2，使用美工刀来裁切快递箱子，即引入了一个机械场 F，形成了一个有效完整物–场模型［见图6–8（b）］，这样剩下的箱子就能摇身一变成为精美的饰物了，如图6–8（c）所示。

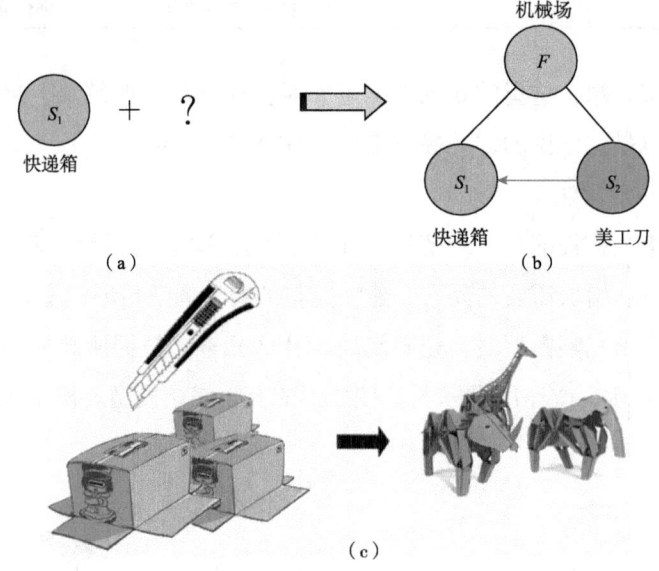

图6–8 一般解法1的应用实例

尹问特听了这个例子，想到了以后要实现某个功能，就一定要备齐两个物质和一个场，如要射击就得准备好枪和子弹，枪中的枪栓弹性要足够好。尹问特的思绪被一般解法女士的说话声打断，于是跟着她去第二栋楼看看。

(2) 一般解法2

第二栋楼提供的一般解法2,主要针对效应有害模型,解决办法是:引进第三种物质 S_3 来抵消有害作用。

一般解法女士继续讲解,如果我们碰到的是效应有害模型,就加入第三种物质 S_3,S_3 用来阻止有害作用。S_3 可以不同于 S_1 或 S_2,也可以是由 S_1 或 S_2 改变得到的。模型转换过程如图6-9所示。

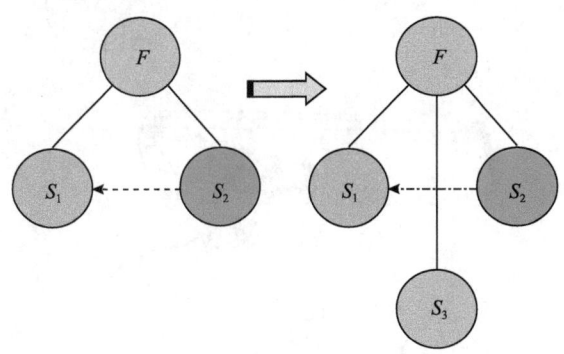

图6-9 针对效应有害模型的一般解法2

讲完思路,再举例证实,这也是TRIZ王国讲解方法的惯例。一般解法女士也讲了一个一般解法2的实例,她举起一件木制的口琴,说这是她父亲花了很多时间才制作完成的,十分喜欢,所以走到哪儿都带在身上。当对着口琴的洞口吹气时,能发出美妙的声音。但是,吹木口琴时会不时有口水出来,木头长时间接触口水容易受到破坏,而且外观也会发生变化。

针对这个问题,用物-场分析方法试着解决。先分析木口琴与口水组成的系统,建立物-场模型,如图6-10(a)所示,在该问题中,作用于木口琴的外力是水涨力 F,口水是物质 S_2,木口琴是 S_1,这是一个效应有害模型。查表6-2,可以采用一般解法2来求解,故需要增加一个物体 S_3 来阻止有害作用,这样就可以解决木口琴受到口水破坏的问题。这里的第三种物质可以是无害的漆或薄膜,将漆刷在木口琴的表面,这样嘴里的口水就不会直接跟木口琴接触。刷漆还可以防止刮伤和变旧,使表面光滑发亮,看起来十分精致。

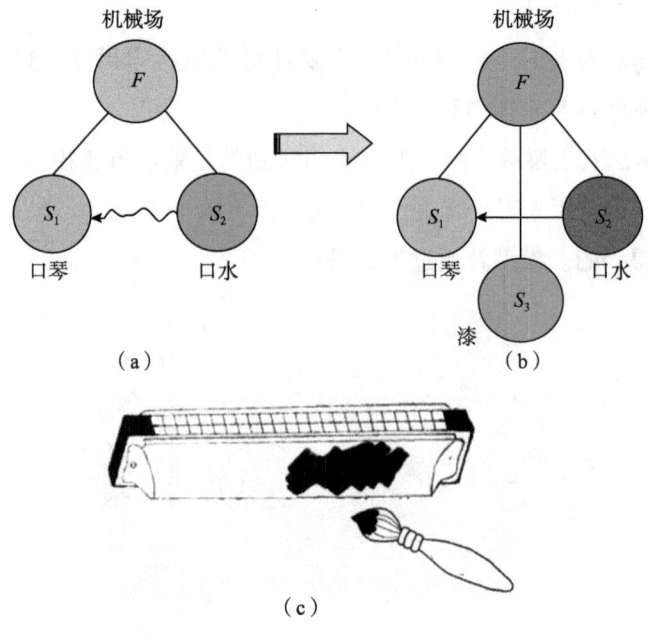

图 6-10 一般解法 2 的应用实例

听到这里，尹问特想到这个解决方案与发明技巧中的"穿针引线"技巧一样，看来有时会殊途同归。

接着，尹问特跟着一般解法女士走向下一栋楼。

(3) 一般解法 3

第三栋楼提供的当然是一般解法 3 了，主要针对效应有害模型，解决办法是：增加另一个场 F_2 来平衡原来的场中的有害效果。

在实际应用中，碰到效应有害模型，就引入第二个场 F_2，用于平衡产生有害效果的场，如常见的机械能、热能、电能等。这里的关键是要准确评估所需的能量场。模型转换过程如图 6-11 所示。

还是看看实例吧，一般解法女士继续说道，汽车内装饰材料会散发有害气体，如甲醛等，如果没有被及时清理或排出，会对乘客产生有害的影响。尹问特也体验过这种情况，坐新车时尤其明显。该如何解决这个问题呢？

一般解法女士先根据物-场分析方法来构建物-场模型［见图 6-12

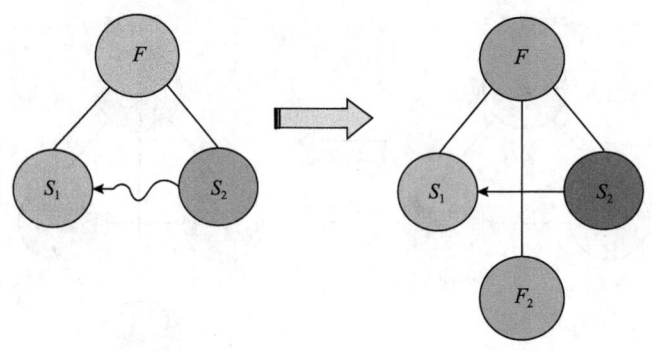

图6-11 针对效应有害模型的一般解法3

(a)],在该系统中,人作为物质S_1,有害气体作为物质S_2,汽车里的气流场为F,这是一个效应有害模型,查表6-2,用一般解法3的思路去解决。对于效应有害模型,只需要增加一个额外的场就能阻碍这个有害效果。这时尹问特想到家里的空气净化装置,于是他问一般解法女士是否可以采用化学场来阻碍有害气体的有害作用,一般解法女士点了点头。

是的,引入一个新的化学场[见图6-12(b)],将这些有害气体或异味通过化学反应的方式及时消除,即利用二氧化钛光催化技术与传统的空气过滤方式相结合,并变更装置传统的安装方位,将装置安装在车顶上,这样就可以提供大面积的净化空间,使净化更充分、更彻底。

听了一般解法女士的讲解,尹问特觉得一般解法3与前面一般解法2的区别是一个用物质隔离有害作用,一个用场来隔离有害作用。接下来,一般解法女士继续带着尹问特向第四栋楼走去。

(4)一般解法4

尹问特发现第四栋楼跟前面的颜色有所区别了,而跟后面的楼颜色相近。这栋楼的铭牌上写着:一般解法4,主要针对效应不足模型,是改用新的场F_2来增强效应,实现所需效果。

一般解法女士指着这个铭牌给尹问特讲解,当碰到效应不足模型时,这里引入新的场F_2来代替原有的场F来达到所需的效果,模型转换过程如图6-13所示。

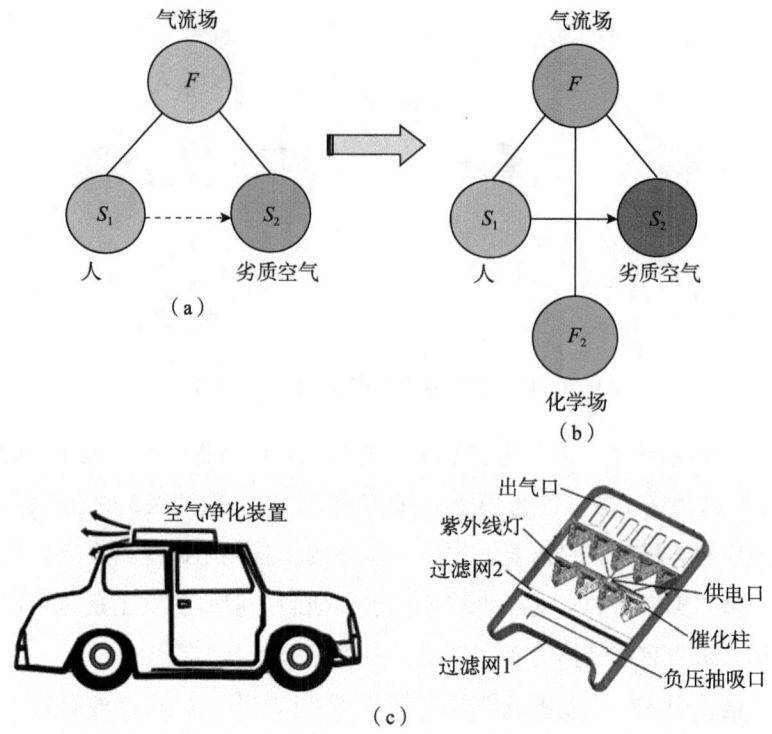

图 6-12 一般解法 3 的应用实例

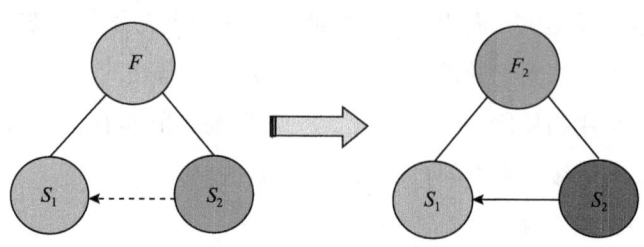

图 6-13 针对效应不足模型的一般解法 4

刚讲完一般解法 4,他们看到大楼旁边有一个乒乓球台,一对父子正在那里打乒乓球,于是他们便走过去观战。正当两人打得很开心的时候,孩子的爸爸不小心把乒乓球踩瘪了。这下伤脑筋了,因为他们没有带备用的乒乓球,而附近也没有文具店可以买新球。尹问特先是尝试靠手部的挤压来使乒乓球恢复原样,但他发现这样很难成功,而且操作不当可能会使乒乓球进一步破损。

一般解法女士教尹问特如何使用物-场模型来分析。她先是建立了如图6-14（a）所示的物-场模型。在该系统中，人手是物质S_2，乒乓球是物质S_1，人手的力是F，这是一个效应不足模型。查表6-2，用一般解法4求解，可知只需改变原来的场F，这里引入温度场F_2代替机械场F，物-场模型修改为如图6-14（b）所示的样子。尹问特从第四栋楼内端出一盆热水，然后将乒乓球放在热水上面，过了一小会儿，乒乓球果然恢复原样了！打球的小孩非常开心，尹问特和一般解法女士也很开心。

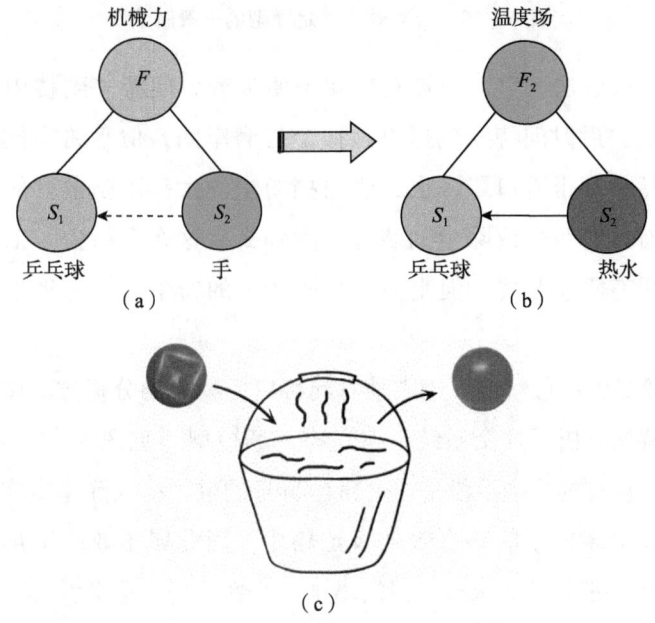

图6-14 一般解法4的应用实例

于是，一般解法女士带着尹问特继续向第五栋楼走去。

（5）一般解法5

第五栋楼对应一般解法5，一般解法女士给尹问特讲解了针对效应不足模型的一般解法5：增加一个新的场F_2来增强所需的效果。

当碰到效应不足模型时，可以增加另外一个场来强化有用的效应，模型转换过程如图6-15所示。

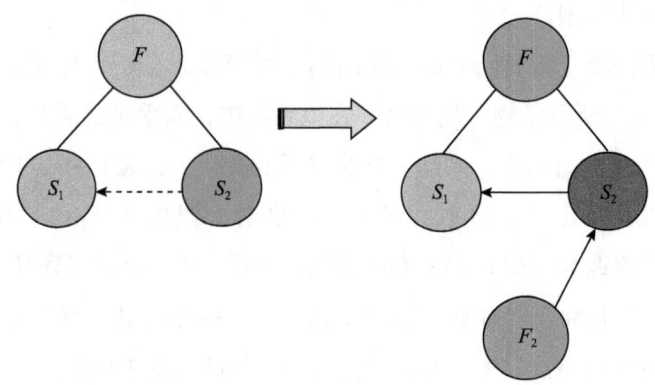

图 6-15　针对效应不足模型的一般解法 5

讲完一般解法 5 后,一般解法女士便带着尹问特来到楼内的一个车间参观。进去后尹问特发现这里是一个打磨车间,似乎粉尘比较多,尽管工人师傅们都带着口罩,也无法阻挡粉尘的大范围飘散。他问工人师傅这里面有没有吸尘或除尘的装置,为什么有这么多粉尘。工人师傅告诉他,这里有吸尘装置,但是因为打磨产生的粉尘太多,吸尘的效用明显不足。

效用不足?一般解法女士鼓励尹问特应用物-场分析方法试着解决问题。尹问特先分析了这个系统,建立物-场模型[见图 6-16 (a)],在该系统中,现有的除尘手段是通过粉尘自身的重力掉入除尘室实现的。由于现有的吸尘装置不能够有效地吸走粉尘,因此属于效应不足模型。查表 6-2,用一般解法 5 求解,只需增加一个新的场,这里引入风场 F_2,如图 6-16 (b) 所示,在原有的重力场和新增加的风场的共同作用下,能够有效地增强除尘效果。这时工人师傅也提了一个意见,他认为新增加的场也可以是磁场,因为这里产生的大部分是磁性粉尘,尹问特连连称好!接着他们将捕尘室的内部及外围设备进行了改造升级,安装了一系列能够提供风力和磁力的装置,大大地提高了除尘效率。

一般解法女士也连连称赞尹问特干得不错,对一般解法一点就通。之后他们向最后一栋楼走去。

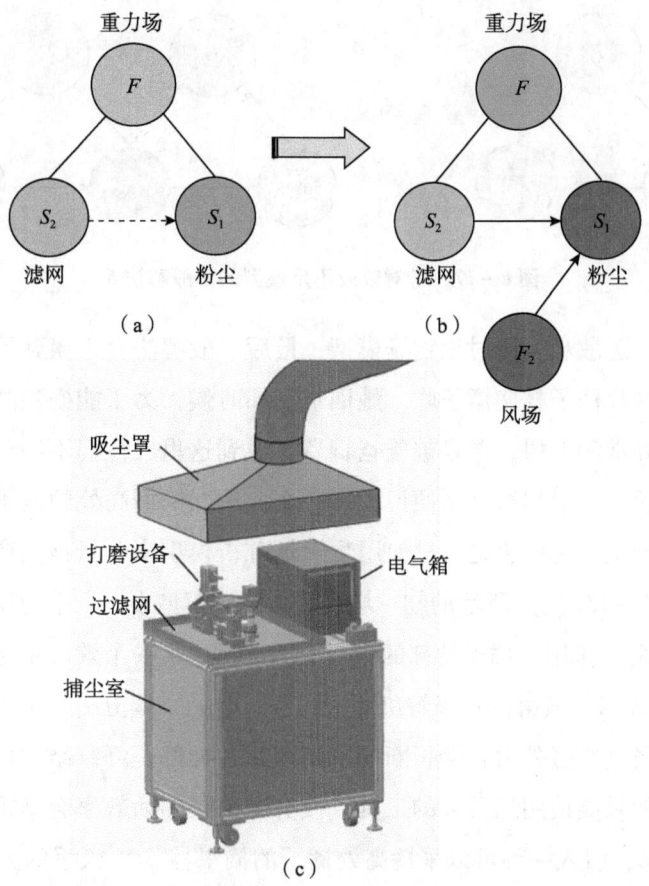

图6-16 一般解法5的应用实例

(6) 一般解法6

第六栋楼对应的一般解法6是针对效应不足模型的,通过增加新的场 F_2 和物质 S_3 来加强原有的效果。

也就是说,一般解法女士讲解道,当碰到效应不足模型时,还可以引入新的场 F_2 和物质 S_3,将原物-场模型中的一个物质(S_1 或 S_2)用一个完整的、可独立控制的物-场模型来替代,形成串联式(链式)物场模型,从而提高有用效应。模型转换过程如图6-17所示。

讲完一般解法6的用法后,一般解法女士带着尹问特来到第六栋楼旁边的一片橘子林,一起感受大自然的独特魅力。

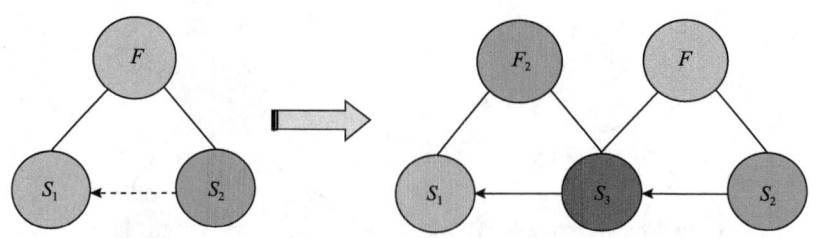

图 6-17　针对效应不足模型的一般解法 6

  他们一边散步一边讨论物场模型，最后一般解法女士谈到了自己以前也经常来这片橘子林摘橘子吃。她回忆，那时候，为了能摘到高处硕大的果实，她经常爬上树，老是被爸爸责骂。说到这里，他们不约而同地笑了起来。然后，一般解法女士便说，有什么办法能摘到高处的橘子而不用爬上树呢？于是，他们决定尝试使用物-场分析模型来分析该问题，首先建立起如图 6-18（a）所示的物-场模型，在该模型中，人手为物质 S_1，橘子为物质 S_2，作用于橘子梗部的作用力为 F，这是一个效应不足模型。查表 6-2，选用一般解法 6 来解决这个问题。他们继续分析，由于人手采摘果实的时候是通过外力直接折断的，而植物的梗部是纤维结构的，因此效应不足。如果能使用压强大的工具直接剪断树枝的话效率会高很多。根据一般解法 6，引入一种可以采摘高处橘子的摘果器 S_3，人手的力 F 通过拉绳作用在摘果器的外圈收割刀上，而外圈收割刀转动对夹在外圈收割刀片间的果实梗部进行挤压，产生高压强，将果实梗部剪断从而收获果实，这构成一个新的物-场模型［见图 6-18（b）］。设计出的橘子采摘器如图 6-18（c）所示。

  经历了这段学习一般解法的时间后，尹问特深深地了解到物-场分析方法的特别之处。物-场分析方法能有效地帮助我们分析问题，给我们指出了一个明确的思考方向，得到一个好的解题思路。所以，尹问特心想，当我们遇到问题时，不如试着采用一般解法，它可能会给你意想不到的惊喜。

  时间过得很快，尹问特与一般解法女士告别，去看看物场城堡的另外一个家族。

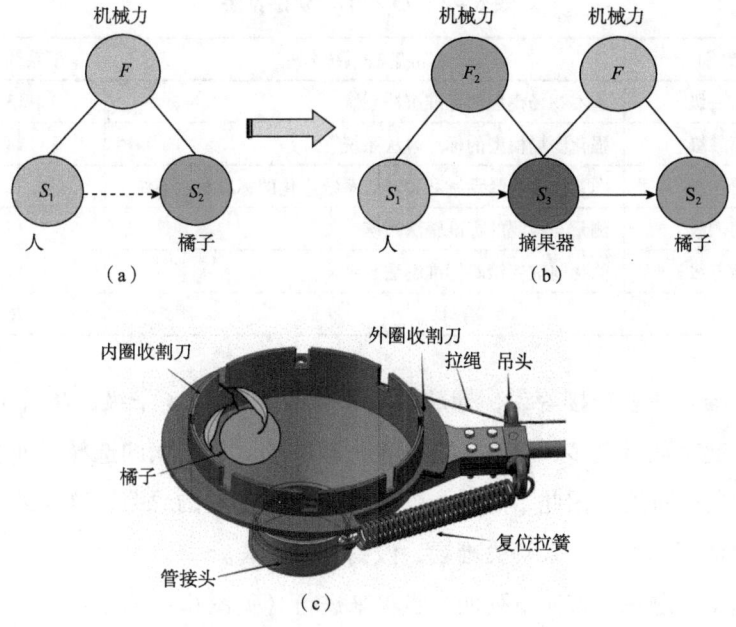

图 6-18 一般解法 6 的应用实例

3. 物-场模型的标准解法

城堡中的另外一个家族是标准解法家族。尹问特进入标准解法家族的院子，眼前就是一个长廊，墙上刻着很多物-场模型，尹问特看了介绍，原来是 76 种标准解法。

这时标准解法老爷出来迎接尹问特，看到尹问特在看墙上的标准解法系统，就给他讲解起这个内容。对于物-场模型，除了一般解法，还有一个求解方法，就是墙上列出的标准解法。标准解法是指对那些相当复杂的问题可以用简单的解决办法，不必通过筛选各种方案就能够有针对性地解决问题。标准解法通过物-场模型指导人们能查找标准解法系统，找到解决方案。

标准解法系统总共给出了 76 个标准问题的物-场模型及对应的解法的模型，且解法的模型接近最终的解决方案。如表 6-3 所示，76 种标准解法系统根据问题的类型分为五级，具体的标准解法内容见附录 B。

表6-3 76种标准解法系统

级别	标准解法系统名称	子系统数量
第一级	基本物场模型的标准解法系统	13
第二级	强化物场模型的标准解法系统	23
第三级	向双、多、超系统和微观级系统进化的标准解法系统	6
第四级	测量与检测的标准解法系统	17
第五级	简化与改善策略标准解法系统	17
合计		76

标准解法老爷接着说，标准解法系统有5级、18子级、76个标准解法，看起来数量繁多，会给人摸不着头脑的感觉，错误的选择反而会增加解决问题的难度。因此，需要一个明确的选择解题的思路，这样才能快速有效地使用标准解法来解决难题，做到有的放矢。

这个解题思路按照下列四个步骤来进行（见图6-19）。

（1）确定所面临的问题类型。首先要确定所面临的问题属于哪类问题，是要求对系统进行改进，或是向超系统、微观系统进化，还是要求对某件物体进行测量或检测。问题描述与分析是一个复杂的过程，既可以根据自身的经验进行确定，也可以参考以下顺序进行确定：

①问题工作状况描述，最好有图片或简单的示意图配合问题状况进行表述；

②将产品或系统的工作过程进行分析，尤其是系统流程需要表述清楚；

③零件模型分析包括系统、子系统、超系统3个层面的零件，以确定可用资源；

④功能模型分析是将各个元素间的相互作用表述清楚，用物-场模型的作用符号进行标记；

⑤确定问题所在的区域和零件，划分出相关的元素。

（2）如果面临的问题是要求对系统进行改进，则：

①建立现有系统或情况的物-场模型；

②如果是不完整模型，应用第一级标准解法中编号1~8的8个标准解法；

③如果是效应有害模型，应用第一级标准解法中编号 9~13 的 5 个标准解法；

④如果是效应不足模型，应用第二级标准解法中的 23 个标准解法和第三级标准解法中的 6 个标准解法。

(3) 如果问题是对某件物品有测量或检测的需求，应用第四级标准解法中的 17 个标准解法。

(4) 当获得了对应的标准解法和解决方案，检查模型是否可以应用第五级标准解法中的 17 个标准解法来进行简化。第五级标准解法也可以被理解为：是否有强大的约束限制着新物质的引入和交互作用？

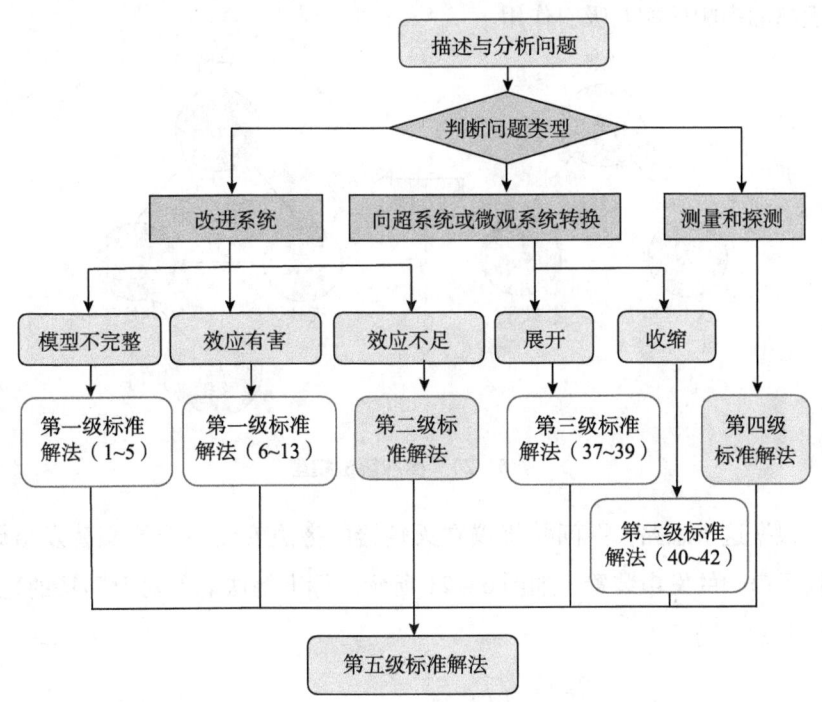

图 6-19　标准解法流程

其实标准解法系统的内容还是很多的，标准解法老爷只能给尹问特初步讲讲，以后还是要靠尹问特自己多揣摩。还是看看实例吧。

问题是这样的：有个孩子年龄很小，充满好奇心。有天他突然发现远处有个闪闪发光的东西，非常好奇地跑过去看，他妈妈告诉他这是灭蚊器。原来,蚊子喜欢紫色的光,灭蚊器用紫色的光吸引这些蚊子,然后用产生的电来消灭蚊子。

但是在白天,紫光对蚊子的吸引作用会被削弱很多,这时候电网就不能有效地进行灭蚊工作。对于这个问题,可以利用标准解法试着解决:先分析系统,建立如图 6-20 所示的物-场模型,在该系统中,灭蚊器是物质 S_1,蚊子是物质 S_2,吸引蚊子的紫光是光场 F,因为白天紫光的吸引作用很弱,因此这是一个效应不足模型。按照上述步骤,从图 6-19 中看到,选择第二级标准解法(查附录 C,选择标准解法 16):增加一个易控场 F_2 来强化这种对蚊子 S_2 的吸引作用。这个易控场可以是声场,即利用异性蚊子发出的声响的相互吸引作用。

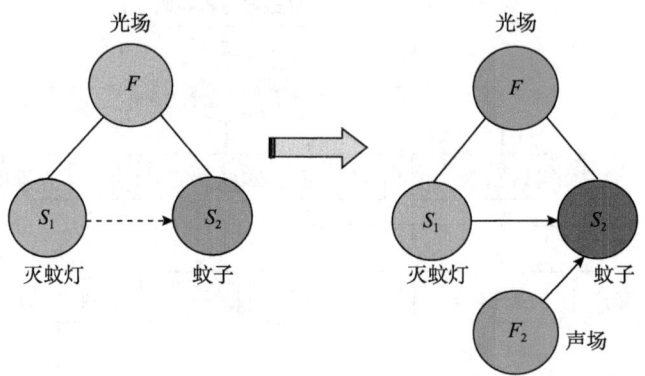

图 6-20 标准解法模型

根据这个思路,尹问特提议在灭蚊器的旁边安装一个能交替发出雌、雄蚊子声响的发声装置,如图 6-21 所示。标准解法老爷对尹问特的这个想法非常赞同。

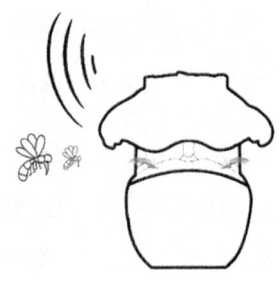

图 6-21 带发声装置的灭蚊灯

第六章 物场之韵

一转眼,又到了告别的时候了,尹问特恋恋不舍地挥手告别前来送行的物场之贤、一般解法女士、标准解法老爷,出了城门,继续向下一个城堡走去。

第七章 按图索骥

离开物场城堡后,尹问特开始思考,学到的理论和知识虽然能帮助自己解决新出现的问题,但是如果类似的问题以前出现过,再重新去分析的话就太浪费时间和精力了。我们生活中经常会碰到"……怎么做?"的问题,如果有个"图"就能"按图索骥"了。带着这个疑问,尹问特继续向前走。走着走着,他看见了一个城堡,外面树立了一个大大的科学标志,走近才看到这是科学效应城堡。进了城堡,科学效应库长接待了他。他首先为尹问特介绍了科学效应库方法。

图7-1 科学效应城堡

1. 依照哪些"图"可以找到良马

所谓的"图"就是TRIZ理论中的科学效应,是各领域的定律,是一种日常生活现象的描述或者说是自然规律的描述,如磁力、放电、浮力、压电效应等。它所涵盖的范围比较广,主要有几何、物理、化学、生物等领域。狭义来说,科学效应是一种能使物体或系统实现某种功能的"能量"和"作用力"。目前已知的科学效应有数千种,常用的约有100种。

为了让尹问特充分地了解什么是科学效应和现象,科学效应库长特地找出十几个比较常用的科学效应来给尹问特讲解。

(1) 爆炸

爆炸是某一物质系统在发生迅速的物理变化或化学反应时,系统本身的能量借助于气体的急剧膨胀而转化为对周围介质做的机械功,同时伴随有强烈放热、发光和声响的效应。由于急剧的化学反应在被限制在一定的环境内导致气体剧烈膨胀,剧烈膨胀的气体使密闭环境的外壁瞬间破坏,造成爆炸。

实际应用:开发矿洞,拆除建筑,掘进地道,修整和开挖隧道,在山体中或混凝土构件中拉开裂缝等,如图7-2和图7-3所示。

图7-2 开挖隧道

图7-3 爆炸焊接

(2) 磁性材料

磁性材料主要是指由过渡元素铁、钴、镍及其合金等组成的能够直接或间接产生磁性的物质。

实际应用:用在电声、电信、电表、电机中;还可用于制作记忆元件、微波元件等,如记录语言、音乐、图像信息的磁带;计算机的磁性存储设备;乘客乘车的凭证和票价结算的磁性卡;等等。实例如图7-4和图7-5所示。

图 7-4 磁性卡　　　　图 7-5 磁悬浮列车

(3) 共振

系统受外界激励,做强迫振动时,若外界激励的频率接近系统频率,强迫振动的振幅可能达到非常大的值,这种现象叫共振。

实际应用:制造超声工具、机械仪器和装置;利用原子、分子共振可以制造各种光源(如日光灯、激光)、电子表、原子钟、核磁共振(见图 7-6);等等。20 世纪中叶,法国里昂市附近一座长 102m 的桥,因一队士兵在桥上齐步走的步伐频率与桥的固有频率相近,引起桥梁共振,振幅超过桥身的安全限度,从而造成桥塌人亡事故,如图 7-7 所示。

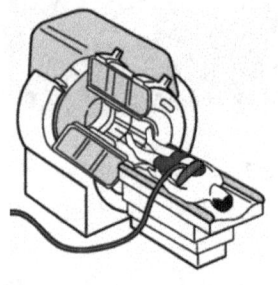 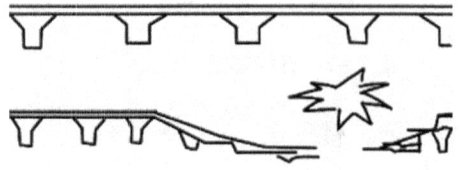

图 7-6 核磁共振　　　　图 7-7 桥梁共振倒塌

(4) 压电效应

压电效应是指某些电介质在沿一定方向上受到外力的作用而发生变形时,其内部会产生极化现象,同时在它的两个相对表面上出现正负相反的电荷,而当外力去掉后,它又会恢复到不带电的状态,如图 7-8 所示。

实际应用:压电聚合物换能器、传感器和驱动器应用;超声电机、压电打火机及燃气灶点火器；炮弹触发信号。

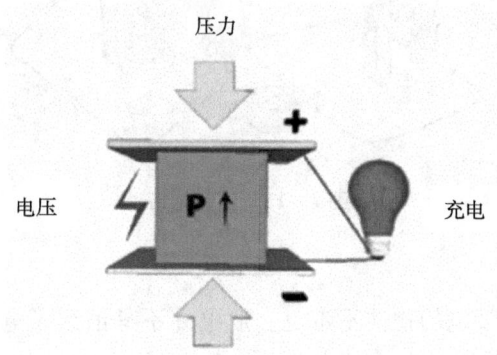

图 7-8　压电效应

（5）折射

波在传播过程中，由一种媒质进入另一种媒质时，传播方向发生偏折的现象称为波的折射。

实际应用：池水看起来变浅；吸管在水中折断；三棱镜折射（见图 7-9）；捕鱼时瞄准鱼的下方才能叉到鱼（见图 7-10）；海市蜃楼；等等。

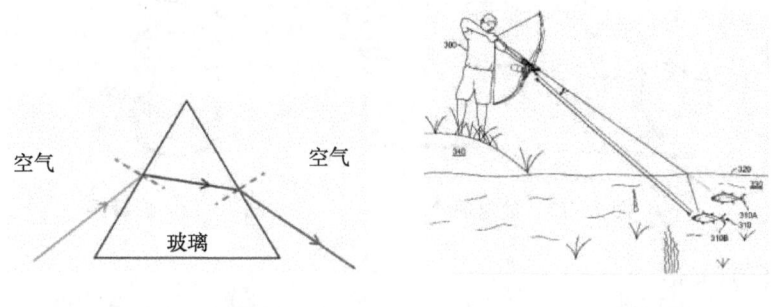

图 7-9　三棱镜折射　　　　图 7-10　鱼影像的折射

（6）电磁感应

电磁感应是指闭合电路的一部分导体在磁场中做切割磁感线的运动时，导体中就会产生电流，如图 7-11 所示。

实际应用：发电机、感应马达、电磁炉、动圈式话筒、变压器等电工、电子技术、电气化、自动化方面。

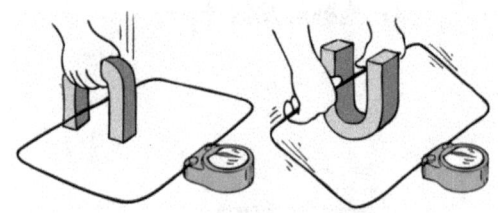

图7-11 电磁感应

(7) 放电

放电就是使带电的物体不带电。放电并不是消灭了电荷，而是引起了电荷的转移，正负电荷抵消，使物体不显电性。放电的方法主要有接地放电、尖端放电、火花放电、中和放电等。大自然中出现的闪电也属于放电现象（见图7-12）。

实际应用：日光灯的启辉器（见图7-13）；金属加工、等离子体表面处理；静电复印、静电喷涂、电气集尘；闪电的产生；等等。

图7-12 放电现象　　　　图7-13 启辉器

(8) 光谱

光谱是复色光经过色散系统（如棱镜、光栅）分光后，被色散开的单色光按波长（或频率）大小而依次排列的图案，全称为光学频谱。例如，太阳光经过三棱镜后形成按红、橙、黄、绿、蓝、青蓝、紫顺序连续分布的彩色光谱（见图7-14）。

实际应用：环境污染物的检测；材料成分的检测；生物组织机能和结构的定量分析；燃烧诊断；等等。

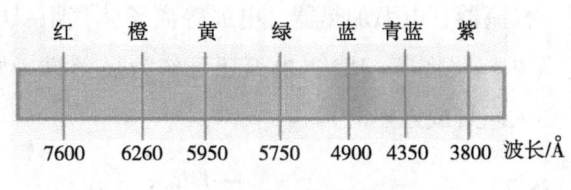

图 7-14 光谱

(9) 伯努利效应

伯努利效应表征了流体的压强与流速的关系：流体的流速越大，压强越小；流体的流速越小，压强越大。

实际应用：飞机机翼，如图 7-15 所示；喷雾器、汽油发动机的汽化器；足球场上的"香蕉球"（弧线球），如图 7-16 所示。

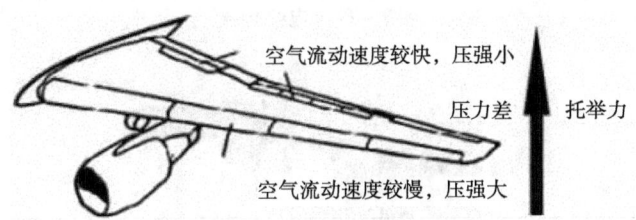

图 7-15 飞机机翼

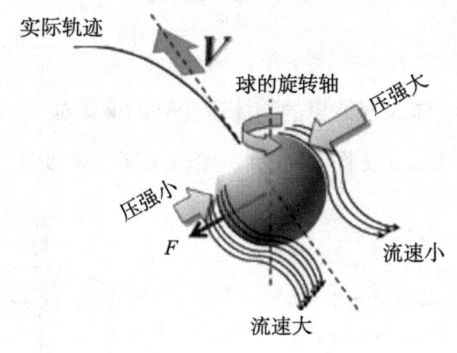

图 7-16 香蕉球

(10) 电弧

电弧是一种气体放电现象，指电流通过某些绝缘介质（如空气）所产生的瞬间火花，如图 7-17 所示。

实际应用：整流器、电弧加热器、电弧等离子体气炬、电弧焊接（见图7-17）、电弧炉（见图7-18）；电弧还可作为强光源（如弧光灯）和紫外线光源（如太阳灯或强热源）。

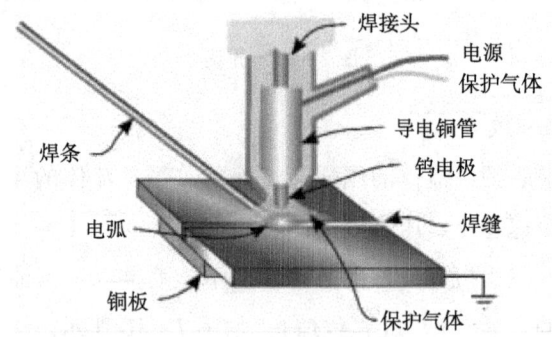

图7-17　电弧焊接

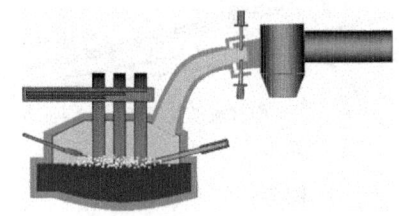

图7-18　电弧炉

（11）浮力

浮力是指浸在液体或气体里的物体所受到的液体或气体竖直向上托的力。

实际应用：热气球（见图7-19）、船、飞艇、密度计（见图7-20）等。

图7-19　热气球

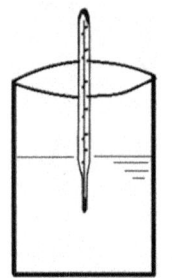

图7-20　密度计

(12) 吸附

吸附是指当流体与吸附剂固体接触时，流体中某一组分或多个组分在固体表面处产生积聚的现象，分为物理吸附、化学吸附、交换吸附三种类型。

实际应用：活性炭（见图 7 – 21）、水膜（见图 7 – 22）、硅胶、活性氧化铝、分子筛等。

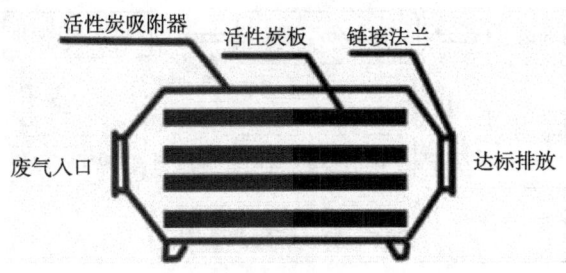

图 7 – 21　活性炭吸附

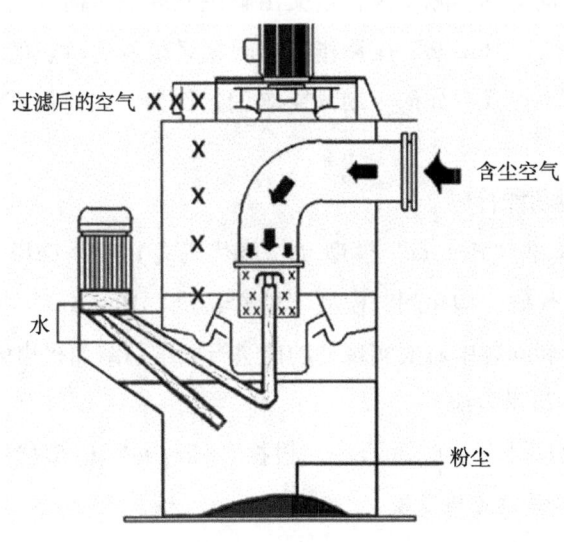

图 7 – 22　水膜吸尘

由于科学效应较多，已经形成了科学效应库。科学效应库长只能给尹问特讲解了这些常用的科学效应，告诉他以后有需要的话，可以查询科学效应库（见附录 C）。

2. 如何按图索骥

讲解完一些常用的科学效应后，库长继续给尹问特讲解如何用科学效应方法来解决创新问题。

如图 7-23 所示，通过如下 5 个步骤，应用科学效应来解决问题。

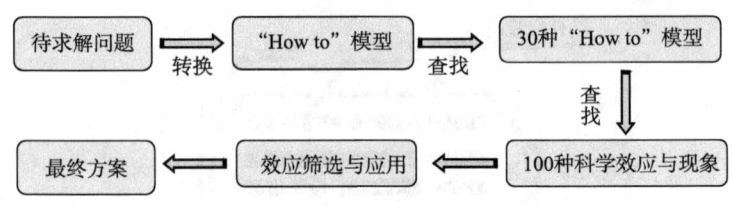

图 7-23 标准解法流程

（1）问题分析

首先根据问题的实际情况，定义出解决此问题所需要的功能，并建立"How to"模型。"How to"模型指描述问题系统所需功能的一种定义问题的方法。其基本形式：如何 + 动词 + 名词。例如，如何提高温度，如何测量压强等。

（2）查找功能代码

从 30 个标准"How to"模型（功能代码表）中，选择与问题所需功能相关的模型代码，构建问题模型。30 个标准"How to"模型是阿奇舒勒国王从众多专利问题中对要实现的功能进行归纳总结而提出的。

（3）查询科学效应

结合功能与科学效应对照表，根据"How to"模型代码查找相应的 TRIZ 推荐的科学效应与现象。

（4）效应取舍

对 TRIZ 推荐的多个科学效应与现象逐一进行筛选，找到适合本问题的科学效应。

（5）方案制定

查找该科学效应的详细解释，结合专业知识与行业经验，将该效应应用于问题解决中,形成最终解决方案。

通过库长的讲解,尹问特基本明白了科学效应方法使用流程。接下来,库长带着尹问特尝试将这些知识运用到现实生活中,达到融会贯通的效果。这天,他们在城堡里面的客厅休息喝茶。库长的儿子刚好在地板上玩积木。尹问特想到现在是冬天,库长的儿子坐在地板上玩儿玩具应该会觉得有点冷呀!于是他把这件事告诉女主人,库长说城堡的房间里都有暖气,不要紧。但尹问特很快就想到,如果家里停暖气了呢?细心的尹问特开始思考这个问题。他决定借助科学效应方法对问题进行分析。

问题的关键是使地板保持温暖状态,分析得到相应的模型为如何稳定温度。那么根据30种"How to"模型(附表C-1)查找与之相关概念的模型,借助功能与科学效应和现象对应表(附表C-2),查找对应的科学效应,其中有一级相变、二级相变和居里效应。尹问特马上想到,如果可以利用相变材料储能的特性,即使停暖气了,地板也能保持温暖。

尹问特想将相变储能地板配合太阳能热水装置组成环保型的室内采暖系统。太阳能热水器将热水输送到地板的相变材料储热器中将热能存储起来,当温度波动时,地板下面的相变材料储热器吸收或释放热量,并在需要时释放为室内采暖,如图7-24所示。

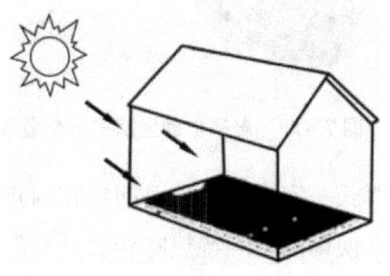

图7-24 相变储能材料地板

喝茶休息之后,尹问特便和库长一家人到外面散步,正当尹问特感到寒冷时,他看见街道上的保洁阿姨们正在辛勤地工作。尹问特十分佩服她们,同时他希望能帮助她们。他想到在严寒的天气下,冻伤最先发生的部位就在脚部。因此,若能使鞋子具备发热功能,就能减小脚部受到的严寒及湿气的侵害。

尹问特想着能不能对普通的鞋子进行一下改造。于是，决定采用科学效应方法对问题进行分析。通过分析，关键问题是怎么才能提高鞋子的温度。那么根据30种"How to"模型（附表C-1）查找与之相关概念的模型，借助功能与科学效应和现象对应表（附表C-2），查找对应的科学效应，其中有电磁感应、电介质、焦耳－楞次定律、放电、电弧、吸收、发射聚焦、热辐射、珀耳帖效应、热电子发射、汤姆逊效应、热电现象。详细研究每个效应的解释后，尹问特选择了电磁感应。由于电磁感应能使导体产生电流，从而发热，可以用于提高鞋子的温度。

于是聪明的尹问特想到利用人体的自重及摩擦力和鞋子上的压缩装置，将机械能转化为气体的内能，带动微型发电机中的导体运动，产生电流，进而使导体发出热量，使人的足部感到温暖。如图7-25所示即为尹问特设计的鞋子自助发热干燥装置。

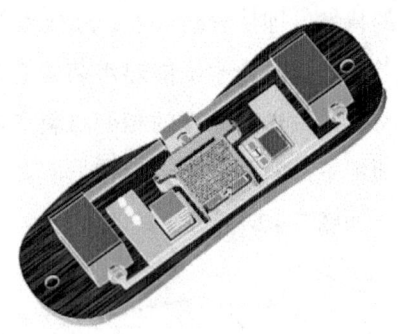

图7-25 鞋子自助发热干燥装置

到吃饭时间了，库长一家准备带着尹问特在附近的酒店吃饭。库长从服务员处拿过菜单后，便询问尹问特想吃什么，尹问特便开心地选了自己喜欢的一两道菜。终于上菜了，第一道菜便是尹问特最喜欢的"清蒸鱼"，接着第二道菜也上来了，这道菜是库长喜欢的"蒸南瓜"。看着桌上的两道菜，尹问特便和库长一家谈起了清蒸菜的学问。

他们聊了好几道美味的清蒸菜，还讨论了怎样做才美味。在这个过程中，他们也发现了一个问题。虽然清蒸菜的做法并不复杂，但是却需要耐心等待。例如，尹问特喜欢的"清蒸鱼"，一般都要蒸十来分钟，而这十来分钟只能守在厨房电磁炉边干等。如果人不守在厨房里又担心蒸的时间过长，把里面的水蒸干了，会损害厨具甚至导致危险发生。于是尹问特提出尝试采用科学效应方法对问题进行分析的建议。

尹问特分析，如何才能在不守着厨房的情况下，不用担心在做清蒸食物时，水蒸干进而引发危险呢？对，那就是在水干了的时候，使电磁炉的开关自动关闭。尹问特又接着思考能够获知水干了的方法。他想到，水的沸点是100℃，当锅里的水分干了以后，锅的温度将从100℃上升。所以只要锅的温度高于100℃，我们就能确定锅里面的水分蒸发完了！于是尹问特又查询了功能代码表，查找到了"测量温度"的模型（$F1$），根据功能与效应对照表，推荐的科学效应有热膨胀、热双金属片、珀耳帖效应、汤姆逊效应、热电现象、热电子发射、热辐射、电阻、热敏性物质、居里效应（居里点）、巴克豪森效应和霍普金森效应。

经过逐一分析，尹问特最终选择了居里效应。居里点是指磁性材料中自发磁化强度降到零时的温度。如果在蒸锅的底部中央安装一块磁铁和一块居里点为105℃的磁性材料。当锅里的水分蒸干了以后，锅的表面便迅速从100℃上升。当温度到达大约105℃时，由于被磁铁吸引的磁性材料的磁性消失，磁铁就对它失去吸力，这时磁铁和磁性材料之间的弹簧就会把它们分开，同时带动电源开关被断开，停止加热，如图7-26所示。这样不管蒸什么食物都可以不必担心水分蒸干之后带来危险了。

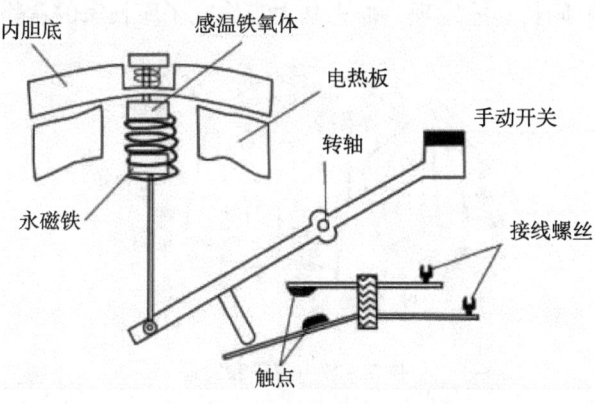

图7-26　磁性材料作用带动电源开关断开

他们吃完饭后便回到了库长家里。当他们准备进入客厅的时候,听到里面传来了东西掉落的声音。进入房间后才发现,原来是装水的瓶子掉在地上了。但是里面又没人,风也吹不到这里,瓶子为什么会无缘无故掉落呢?这时库长的儿子问,会不会是老鼠造成的?库长这才想到,最近城堡里经常有老鼠偷吃东西。仔细一看,原先桌子上摆放的食物被偷吃了。不久前,库长为了不让这些老鼠偷吃食物,在城堡内养了两只大猫,这两只猫使得城堡内的老鼠确实少了一些。但过了一阵子后库长发现城堡里的食物又被偷吃了。他感到十分困惑,明明家里养了猫而食物却还是被偷吃。他把这件事告诉了尹问特,希望尹问特能帮助他找到老鼠的窝点。尹问特想了半天也不得要领,决定还是试试科学效应方法。

通过分析,问题的关键是探测老鼠藏匿的位置。尹问特先是找到了与问题相关概念的模型:探测物体的位移和运动(F05)。接着根据功能与科学效应和现象对应表(附表C-2),查找这个模型对应的科学效应,其中有标记物、发光、发光体、磁性材料、永久磁铁、反射、感光材料、光谱、放射现象、弹性变形、塑性变形、电场、磁场、电晕放电、电弧、火花放电。

尹问特机智地选择了标记物,他在晚上睡觉前在盛放食物的桌子旁边撒了一些面粉,然后去睡觉。第二天早上,果然发现桌子和地面上有一系列白色的印记(见图7-27)。他顺着印记找去,印记却把他带到了大猫休息的地方。尹问特这才发现,原来是大猫偷吃了库长家的食物!

图7-27 桌子和脚印

接着,库长带尹问特来到一个鱼塘参观。鱼塘的面积很大,看着水面上的鱼游来游去,大家都很开心。鱼塘的工作人员告诉他们,这里确实有很多鱼,但是鱼太多也引发了一些问题,例如需要越来越多的增氧装置,鱼饲料的投放规模也比以前大得多,为此也需要雇用更多的人力来协助工作,成本越来越高,如果有个自动的装置该多好呀。

尹问特想利用科学效应方法来解决这个问题,通过分析,这里要解决的功能是:控制物体位移(F06),随后查询功能与科学效应对照表(附表C-2),他找到了一些能够解决此功能的科学效应,包括磁力、电子力、压强、浮力、液体动力、振动、惯性力、热膨胀、热双金属片等。

尹问特分析对比了一下,发现浮力与磁效应比较适用。他希望制作一台能够浮在水面的装置,该装置能一边移动增氧,一边投放鱼饵,即移动增氧投饵装置。他设计的装置如图7-28所示。装置上有浮筒,为整个装置提供浮力。装置靠叶轮的转动提供推进力。同时,叶轮上有一排排小孔,作用是拨水增氧;利用电磁铁控制投饵口开关,定时投饵。装置的制作成本低,稳定性能较好。

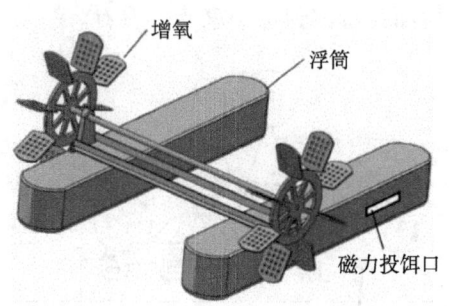

图7-28 鱼塘移动增氧投饵装置

不知不觉在科学效应城堡待了一个多星期,尹问特也通过一些应用,对使用科学效应方法来解决实际问题有了一些经验。TRIZ王国很大,他还要到别处去看看,不然假期快用完了。没有办法,尹问特只能跟科学效应城堡的朋友们告别,向新的城堡走去。

第八章 分析方法城堡之旅

出了科学效应城堡，过了一座桥，尹问特就来到了分析方法城堡，如图8-1所示。分析方法城堡城门边的石牌上有一个简单的介绍，尹问特正认真地看着，一位学者模样的中年人过来迎接他，这个学者正是分析方法城堡的管理者公才因子。公才因子带着尹问特向城堡内走去，边走边介绍说，这里有四大家族，分别是功能分析家族、裁剪家族、因果分析家族、资源分析家族，他们分别通过功能分析、因果分析、资源分析或裁剪来解决一些实际问题，后面我带你到每个家族去看看。

图8-1 分析方法城堡

1. 功能分析有绝招

来到功能分析家族，他们正在进行一个问题的功能分析。为了不打扰他们的工作，公才因子就给尹问特介绍起功能分析方法。

功能是产品的本质,用户购买产品也是因为需要其功能。功能分析在开发新技术系统或改造现有技术系统时都能发挥作用。

功能采用动宾形式描述:动词+对象。例如,洗衣机的功能为移除衣物的污渍;汽车的功能为改变物体的位置。

功能分析就是描述系统中组件与组件的功能关系,如图8-2(a)所示,一般系统组件用矩形框表示,超系统组件用菱形框表示,系统的作用对象用圆角矩形框表示,后两者在后续图中有所体现。例如,轮船移动货物的功能表示为如图8-2(b)所示。

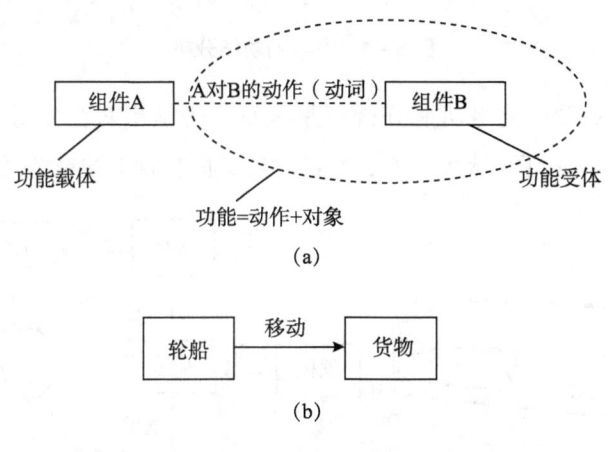

图8-2 功能分析

功能分析的流程如图8-3所示,针对问题系统,先进行组件分析,即确定需要分析的组件,接着分析这些组件的相互作用,最后用标准的图形化描述,建立功能模型。

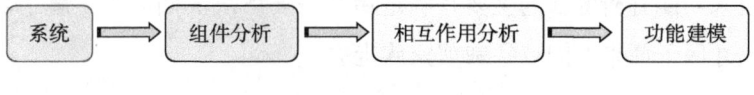

图8-3 功能分析流程

介绍完这些,公才因子看到那些进行功能分析的人们已经完成工作,就和尹问特一起围过去。原来他们刚完成了一个餐桌的功能分析,如图8-4所示,其中的箭头的类型和含义与物-场分析中的相同。

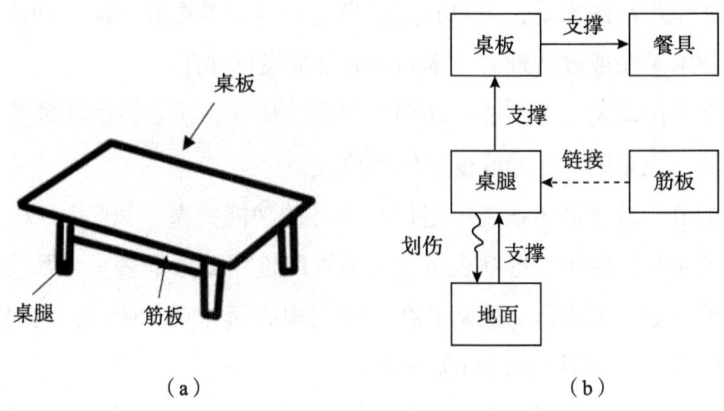

图 8-4 餐桌的功能分析

尹问特一看,觉得功能分析不是很难,于是也对沙发进行了功能分析,如图 8-5 所示。大家一看,纷纷称赞尹问特这么快就能灵活应用了。

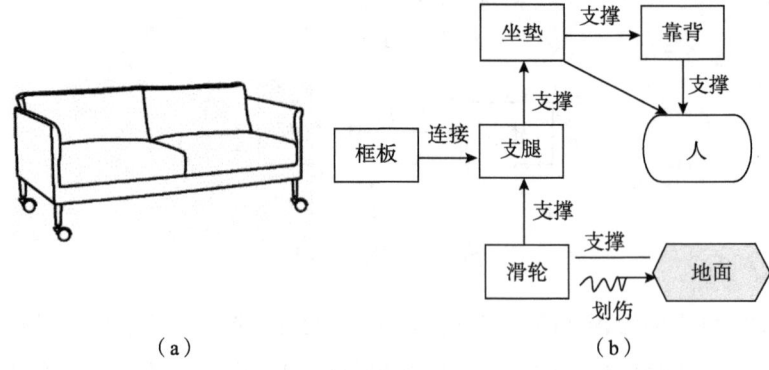

图 8-5 沙发的功能分析

看来功能分析的目的主要是确定后续需要解决的问题。了解了功能分析,公才因子便带尹问特往裁剪家族走去。

2. 裁一裁,更精简

两人到了裁剪家族,发现他们正在对摩托车进行裁剪,忙得不亦乐乎。公才因子还是决定先给尹问特介绍一下裁剪的相关概念。

这里的裁剪指的是在功能分析的基础上，裁剪系统的某个组件，而由其他剩余组件或超系统组件来承担该组件提供的有用功能，达到精简技术系统、提高理想度的目的。

裁剪方法有 4 种，如图 8-6 所示。

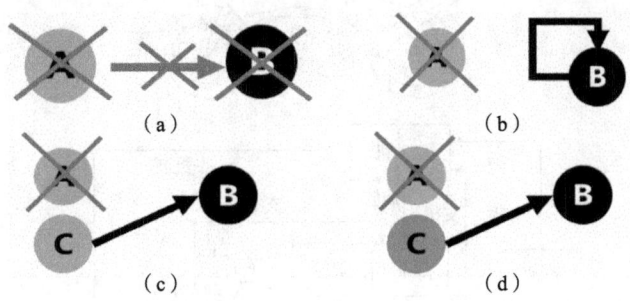

图 8-6　裁剪的方法

①若裁去组件 B，则同时也可裁去组件 A 的作用，如图 8-6（a）所示。

②若组件 B 能自我完成组件 A 的功能，则可裁去组件 B，如图 8-6（b）所示。

③若技术系统或超系统中的其他组件可以完成组件 A 的功能，则可裁去组件 A，如图 8-6（c）所示。

④若技术系统的新添组件可以完成组件 A 的功能，则可裁去组件 A，如图 8-6（d）所示。

以上裁剪方式的优先级为①→②→③→④，如果组件 B 是系统作用对象，方法①不可用。

讲完裁剪的基本概念，公才因子接着给尹问特讲解起裁剪的使用流程。

①选择功能价值较低、有害、作用不足、作用过度的组件。

②去掉（或替换）此组件，建立理想化的模型；分别尝试裁剪的 4 种方法，先尝试能否去掉 B？再看看 B 能否自我完成 A 的功能？或者系统中其他组件能否完成 A 的功能？或者新添组件能否完成 A 的功能？

③提出问题，寻找解决方案。

说完裁剪的使用步骤，裁剪家族的伙计们也完成了摩托车的裁剪设计，于是公才因子邀请裁剪族长介绍一下裁剪过程，裁剪族长很乐意分享这个裁剪设计创意。

裁剪的基础,是需要建立摩托车的功能模型,如图8-7所示。

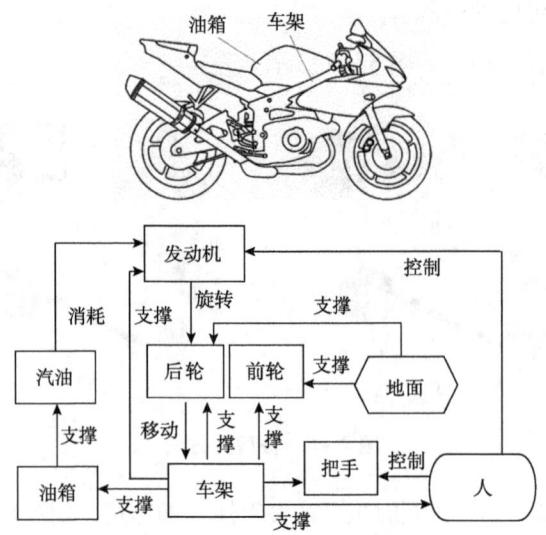

图8-7 摩托车的功能模型

找到系统中功能价值较低的组件,发现油箱的价值较低,裁去,油箱的功能由车架承担,如图8-8所示。

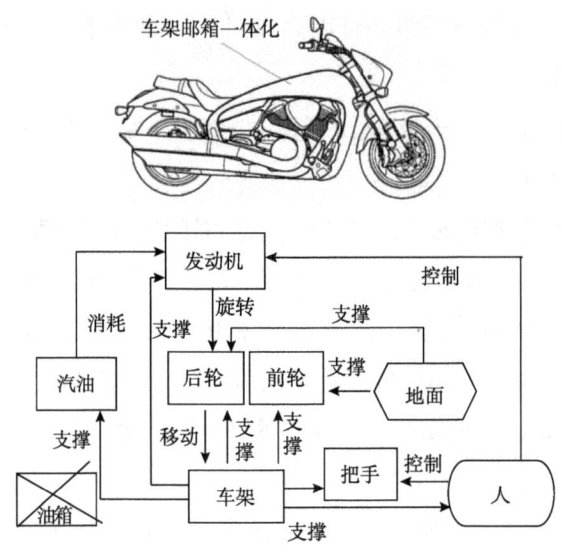

图8-8 裁剪油箱的摩托车

还可以裁去前轮,变成独轮摩托车,如图8-9所示。

图8-9 独轮摩托车

还可继续裁去把手,发动机改为电动机,变成了独轮电动车,如图8-10所示。

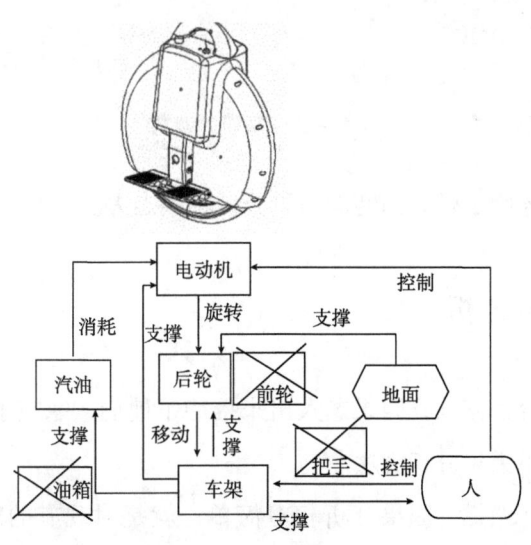

图8-10 独轮电动车

尹问特暗暗称奇，这么一裁剪，省去了很多结构，车的结构很精简，出行变得更方便。正在沉思的尹问特被公才因子拉着继续往前走，经过一家眼镜店，尹问特眼前一亮，发现也可以用裁剪方法对眼镜进行改进，他写出如图8-11所示的裁剪方案。公才因子拍手称赞：真厉害，这么快就掌握了这个方法。

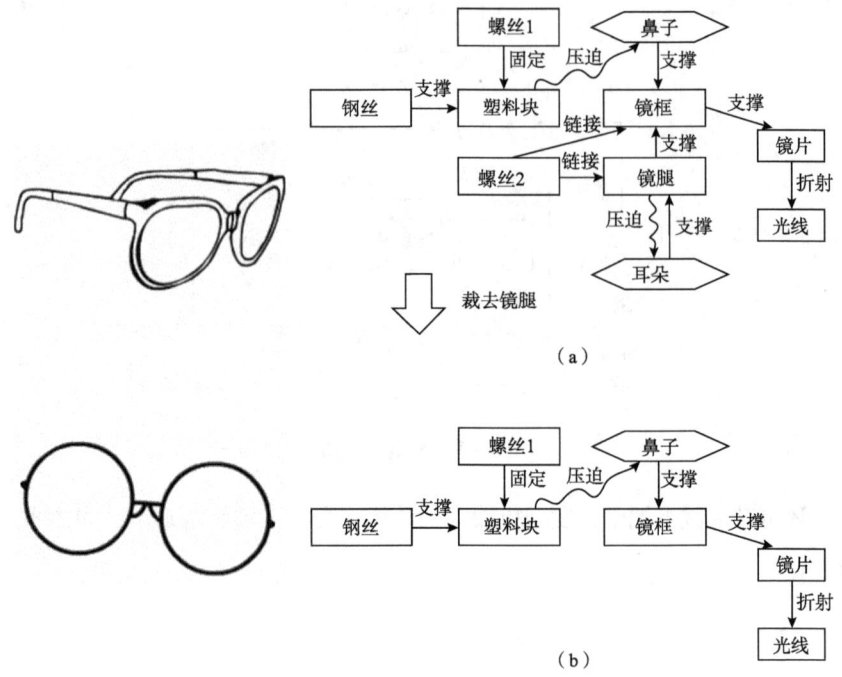

图8-11 眼镜的裁剪

接着，公才因子带尹问特向因果分析家族走去。

3. 如何因果分析

来到因果分析家族，因果老人出来接待了他们，寒暄了一阵，就开始直入主题，讲讲因果分析方法。

因果老人介绍道，因果分析相对简单，就是对现有的现象刨根问底。例如，一条生产线的机器经常停转，修过多次仍不见好转，利用因果分析的流程如下。

问:"为什么机器停了?"答:"因为超过了负荷,保险丝就断了。"
问:"为什么超负荷呢?"答:"因为轴承的润滑不够。"
问:"为什么润滑不够?"答:"因为润滑泵吸不上油来。"
问:"为什么吸不上油来?"答:"因为油泵轴磨损,松动了。"
问:"为什么磨损了呢?"答:"因为没有安装过滤器,混进了铁屑等杂质。"

这样就可以建立最终的解决办法:在油泵轴上安装过滤器。

是不是很简单呀?因果老人问尹问特,尹问特连连称是。

实践中的因果分析可以更规范化,可以采用因果树(或者鱼骨图、三轴分析法)的方式分析,如分析大楼产生火灾的原因,如图 8-12 所示。

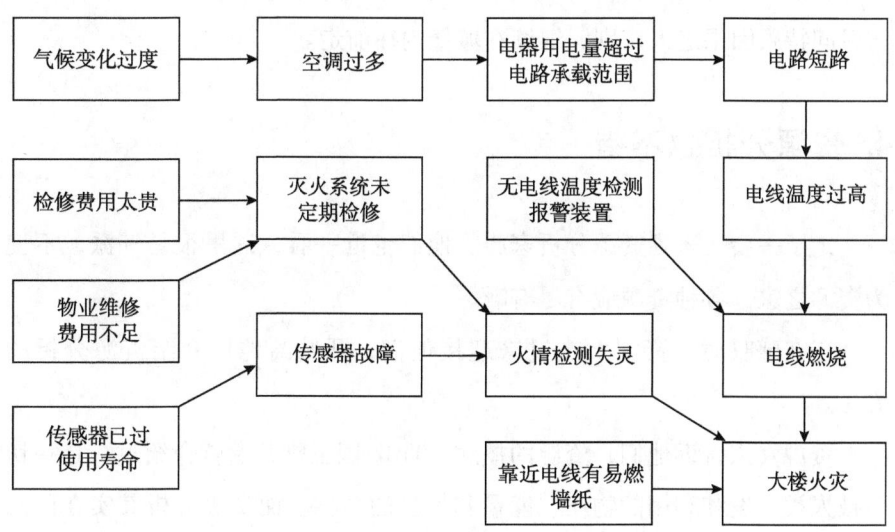

图 8-12 大楼火灾的因果分析

讲到这里,因果分析也基本讲清楚了,因果老人要尹问特自己练习一下。这时尹问特看到门外的一辆汽车无法启动,就对此进行了因果分析,如图 8-13 所示。

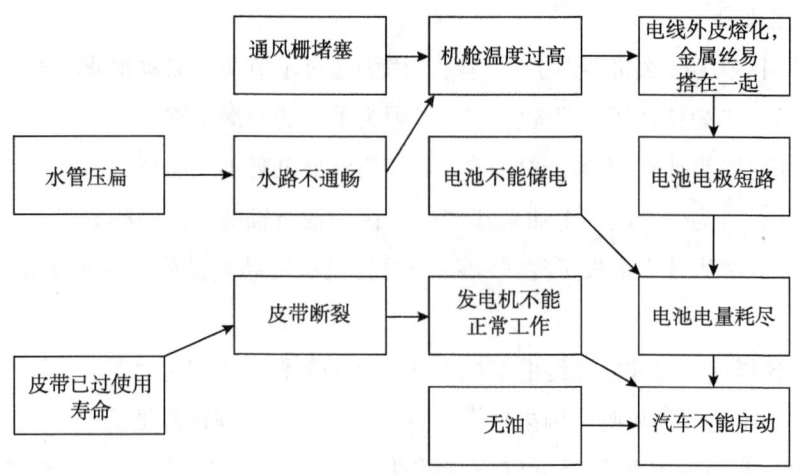

图 8-13 汽车无法启动的因果分析

看了尹问特的分析，因果老人和公才因子都认为不错。于是公才因子与尹问特跟因果老人道别，继续在城堡内往前走。

4. 资源分析也不错

走了一会，来到资源分析家族。他们走近一看，这里很是气派，不愧为资源之家，各种资源应有尽有啊。

正在感叹时，资源女杰过来迎接他们，开始给他们介绍资源分析的方法。

资源女杰告诉他们，资源的概念，TRIZ 国王刚开始就介绍过，是一切可被人类开发和利用的物质、能量和信息的总称。而资源分析其实在前面的城堡也接触过，如经天纬地（多屏幕法）、独当一面（向超系统跃迁法则）、毁方投圆（空间资源的利用技巧）等，所以也是很容易应用的方法。

资源分析的实质就是充分挖掘资源、综合利用资源。资源的种类很多，如图 8-14 所示。资源分析方法的步骤如下。

①发现与寻找资源，可以使用多屏幕法、组件分析法等。多屏幕法指导我们系统地、动态地、相关联地看待事物，寻找资源。组件分析法从功

能的角度寻找资源。

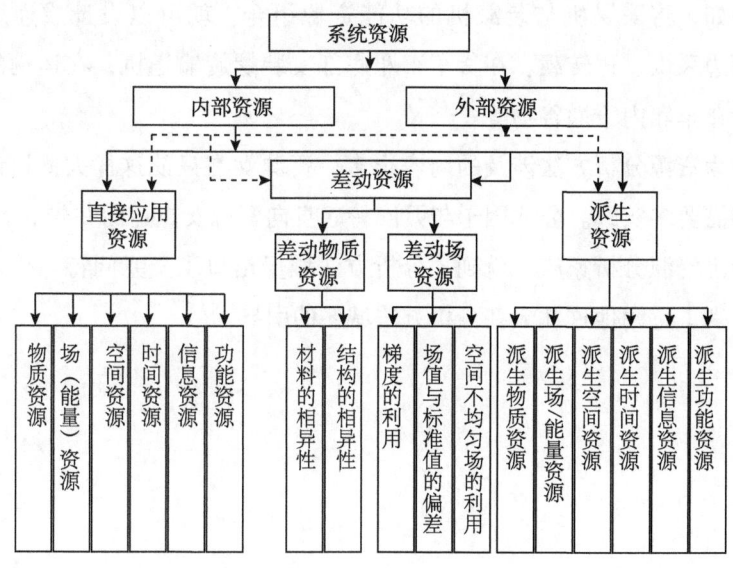

图 8-14 资源的种类

②挖掘与探究资源。挖掘是向纵深获取更多有效的、新颖的、潜在的、有用的资源；探究是针对资源进行分类，以问题为中心寻找更深层级的资源及派生资源。

③整合与组合资源。对不同来源、不同层次、不同结构、不同内容的资源进行识别与选择、汲取、重组与融合等，使其具有系统性、适用性、条理性，或创造新资源。

④评价与配置资源。资源评价以最优化利用资源的理念和理想度为准则；资源配置是在时间、空间、数量方面合理安排资源，使资源利用率最高，理想度最大化。配置原则为：a. 由实到虚，先用实物资源，再用虚物资源（微观资源、场等）；b. 由内到外，先用内部资源，再用外部资源；c. 由静到动，先用静态资源，再用动态资源；d. 由直到派，先用直接资源，再用派生资源；e. 由廉到贵，先用廉价资源，不得已时再用贵重资源；f. 由自到再，自然资源与再生资源应平衡使用。其核心思想是：挖掘隐性资源，优化资源结构，体现资源价值。

例如，混凝土搅拌机车，就综合利用了时间资源（边运输边搅拌水泥）和能源资源（发动机动力驱动水泥搅拌机转动）。

又如，将采煤机与装载机的功能资源组合，就可以设计成连续采煤机，即边采煤、边转载。在货车车厢底部安装螺旋输送机，在运输的过程中直接在车厢内干燥谷物等。

因为资源分析方法涉及的内容很多，资源女杰只能这样大概讲讲，具体应用需要多实践。公才因子与尹问特起身向资源女杰道谢并告辞。

走出资源分析家族，就到了分析方法城堡出口了。尹问特与公才因子握手道别，感谢他这几天在分析方法城堡的引导。

依依不舍，作别 TRIZ 王国

尹问特作别了公才因子，就到了 TRIZ 王国的城门边。回顾这段时间在 TRIZ 王国的学习之旅，他感觉过得非常充实。

这时 TRIZ 国王过来了，问起尹问特这段时间的游历情况，尹问特快速整理了思绪，给 TRIZ 国王介绍起来。这段时间他主要游历了创新思维方法城堡、技术进化城堡、发明技巧城堡、矛盾城堡、物场城堡、科学效应城堡、分析方法城堡。

创新思维方法城堡的五位高人传授了拓展思维的方法，帮助我们快速发散思维或变换思维，给出克服惯性思维的路径，协助我们寻找解决问题的资源。

技术进化城堡的八位进化法老给出了八个具体的技术进化法则，依照这些法则的思路，可以直接进行产品改进和新产品设计，新陈代谢长老则告诉我们如何分析技术所处的阶段，以及如何在不同的技术阶段选择不同的技术进化法则。

发明技巧城堡的 40 计给出了技术改进或重新设计的具体思路，这些思路使我们茅塞顿开、拨云见日，得出锦囊妙计。当然，一些使用频率高的发明技巧尤其要融会贯通，如随机应变（参数变化）、未雨绸缪（预操作）、化整为零（分割）、李代桃僵（机械系统替代）、披沙拣金（抽取）、一静不如一动（动态化）、周而复始（周期性作用）、撼天动地（振动）、五光十色（改变颜色）、倒行逆施（反向）。在这里也可以品味一下成语故事与发明技巧间的联系，便于我们更好地应用发明技巧。

矛盾城堡的矛盾求解方法给我们指明了矛盾问题的求解方向，对于技术矛盾，先找出矛盾双方，用标准参数描述这个矛盾，而后查询矛盾矩阵，找到推荐的发明技巧，最后根据这些发明技巧的提示，建立实际问题的解决方案。对于物理矛盾，采用分离原理求解，或根据分离原理与发明技巧对应关系，找到相应的发明技巧分离矛盾双方。

物场城堡教给我们物场分析方法，对于最小系统（两个物质及其相互作用的系统），先建立物-场模型，针对模型的缺陷类型，寻求一般解法或者标准解法，最后根据这些解法的建议，针对实际问题建立解决方案。

科学效应城堡的科学效应方法，告诉我们按图索骥，即解决"怎么做"的问题。根据实际问题，建立"How to"模型，查询标准的"How to"模型，以及科学效应与"How to"模型的对应表，得到推荐的科学效应，最后筛选科学效应，并将所选科学效应用于实际问题，建立问题的解决方案。

在分析方法城堡，有功能分析、裁剪、因果分析、资源分析四大家族的绝技，指导我们从不同的角度分析问题和解决问题。

通过游历 TRIZ 王国，尹问特总结出这里解决问题的标准化流程：先是将实际问题转化为问题模型；然后针对不同的问题模型，应用不同的 TRIZ 工具，得到解决方案模型；最后将这些解决方案模型反馈到具体的问题中，建立实际问题的解决方案。

TRIZ 国王听了这些，称赞尹问特进步很快，在这么短的时间里就掌握了很多 TRIZ 创新方法；国王也告诉他，TRIZ 王国比较大，有许多地方他还没有游历到；而且要灵活应用已经学习的方法，也是需要反复实践的，应该多和中国传统文化结合。同时，TRIZ 理论本身也有很多值得挖掘、改进、探讨的地方。TRIZ 国王希望尹问特以后再来 TRIZ 王国深度游，并积极实践这些创新方法，改进创新方法，积极推广创新方法，回去为国家创新工作多做贡献！

尹问特表示后会有期，会继续努力学习和实践创新方法，多传播创新方法，为建设创新型社会贡献自己的力量。挥手告别 TRIZ 国王，尹问特踏上归程。

朋友们，TRIZ 王国之旅完成了，但创新实践之旅还没有结束，继续加油！

参考文献

[1] 江帆,黎斯杰. 今天你创新了吗:TRIZ 创新小故事 [M]. 北京:知识产权出版社,2017.

[2] 江帆. TRIZ 创新应用与创新工程教育研究 [M]. 北京:北京理工大学出版社,2013.

[3] 江帆. TRIZ 与可拓学比较及融合机制研究 [M]. 北京:北京理工大学出版社,2015.

[4] 江帆. 机械原理 [M]. 北京:机械工业出版社,2013.

[5] 张明勤,范存礼,王日君等. TRIZ 入门 100 问:TRIZ 创新工具导引 [M]. 北京:机械工业出版社,2012.

[6] Jiangdong Chen, Fan Jiang, Yongcheng Xu, et al. Design and Analysis of a Compliant Parallel Polishing Toolhead [J]. Advances in Mechanical Design, Mechanisms and Machine Science, 2017, 55:1291 – 1307.

[7] Yongcheng Xu, Fan Jiang, Jiangdong Chen, et al. Design and Optimization of the Faucet Flow Channel Structure [J]. Advances in Mechanical Design, Mechanisms and Machine Science, 2017, 55:595 – 613.

[8] Jiang Fan. Application idea for TRIZ theory in innovation education [C]. Proceedings of the 5th International Conference on Computer Science & Education, 2010.8:1535 – 1540.

[9] Jiang Fan, Zhang Chun – liang, Wang Yi – jun. Study on teaching methodology of the TRIZ theory [C]. 2010 International Conference on Education and Sports Education, 2010.7:57 – 60.

[10] Jiang Fan, Yu Juan, Liang Zhongwei, et al. The plan research on the mechanical foun-

dation experiment system combined with TRIZ theory [C]. 2010 International Conference on Education and Sports Education, 2010.7: 61-64.

[11] Jiang Fan, Zhang Chunliang, Xiao Zhongmin. Study on innvovative training system in local university based on TRIZ theory [J]. Lecture Notes in Electrical Engineering, 2011, 111: 301-307.

[12] 江帆. TRIZ 工程创新教育理论初探 [J]. 井冈山大学学报: 自然科学版, 2011, 32 (2): 123-126.

[13] 江帆, 孙骅, 胡一丹, 等. 基于 TRIZ 理论的机械基础创新实验教学体系的构建 [J]. 装备制造技术, 2010 (2): 190-192.

[14] 江帆, 孙骅, 庾在海, 等. 基于 TRIZ 理论机械原理实验教学实施策略研究 [J]. 理工高教研究, 2010, 29 (3): 108-110.

[15] 江帆, 孙骅, 王一军, 等. TRIZ 理论在机械原理实验教学管理中的应用 [J]. 实验科学与技术, 2010, 8 (2): 140-143.

[16] 江帆, 等. 基于 TRIZ 理论的滚筒球磨机密封结构创新设计 [J]. 矿山机械, 2010, 38 (5): 70-72.

[17] 江帆, 等. 基于 TRIZ 理论的教学仪器: 汽车气体污染测试舱设计 [J]. 现代制造技术与装备, 2010.2: 10-11.

[18] Jiang Fan, Liu Zhenzhang, Ou Jiajie, et al. Design of 3D acceleration sensor based on TRIZ theory [J]. Sensor Letter, 2013, 11 (12): 2257-2263.

[19] Jiang Fan, Chen Weiping, Wang Yijun, et al. Collection mode optimization of casting dust based on TRIZ [J]. Advanced Materials Research, 2010 (97-101): 2695-2698.

[20] Jiang Fan, Wang Yijun, Xiang Jianhua, Huang Chunman. Design of the soymilk mill based on TRIZ theory [J]. Advance Journal of Food Science and Technology, 2013, 5 (5): 530-538.

[21] Jiang Fan, Zhang Chunliang, Wang Yijun, Liu Zhenzhang. The application mechanism of TRIZ in CDIO mechanical theory teaching [J]. Advanced Science Letters, 2012, 12 (6): 367-371.

[22] 江帆, 王一军, 胡一丹. 基于 TRIZ 理论的机构创新设计实例分析 [J]. 广州大学学报: 自然科学版, 2013, 12 (1): 75-60.

[23] 江帆, 杨鹏海. TRIZ 理论与可拓学的融合方法研究 [J]. 广州大学学报: 自然科

学版,2014,13(6):59-53.

[24] 江帆,方伟中,岳鹏飞,等. 基于 TRIZ 与可拓学的半自动手推叉车设计[J]. 广州大学学报,2016,15(2):76-80.

[25] 江帆,张春良,王一军,萧仲敏,等. 基于可拓学的 CDIO 教学管理研究[J]. 教学研究,2013,36(5):39-41.

[26] 江帆,方伟中,岳鹏飞. 基于理想优度的包装升降装置运动方案设计[J]. 包装工程,2016,37(7):11-15.

[27] 成思源,周金平,郭钟宁. 技术创新方法:TRIZ 理论及应用[M]. 北京:清华大学出版社,2014.

[28] 根里奇·阿奇舒勒. 创新 40 法:TRIZ 创造性解决技术问题的诀窍[M]. 成都:西南交通大学出版社,2004.7.

[29] 周苏,陈敏玲. 创新思维与科技创新[M]. 北京:机械工业出版社,2016.

[30] 檀润华. TRIZ 及应用:技术创新过程与方法[M]. 北京:高等教育出版社,2010.

[31] 孙永伟,谢尔盖·伊克万科. TRIZ:打开创新之门的金钥匙 I[M]. 北京:科学出版社,2015.

[32] 赵敏,史晓凌,段海波. TRIZ 入门及实践[M]. 北京:科学出版社,2009.

附录 A 39 个通用工程参数

表 A-1 39 个通用工程步骤

序号	名称	序号	名称	序号	名称
1	运动物体的重量	14	强度	27	可靠性
2	静止物体的重量	15	运动物体的作用时间	28	测量精度
3	运动物体的长度	16	静止物体的作用时间	29	制造精度
4	静止物体的长度	17	温度	30	作用于物体的有害因素
5	运动物体的面积	18	照度	31	物体产生的有害因素
6	静止物体的面积	19	运动物体的能量消耗	32	可制造性
7	运动物体的体积	20	静止物体的能量消耗	33	操作流程的方便性
8	静止物体的体积	21	功率	34	可维修性
9	速度	22	能量损失	35	适应性及通用性
10	力	23	物质损失	36	系统的复杂性
11	应力或压强	24	信息损失	37	控制和测量的复杂性
12	形状	25	时间损失	38	自动化程度
13	稳定性	26	物质的量	39	生产率

TRIZ 中 39 个通用工程参数及其含义如下。

（1）运动物体的重量：是指在重力场中运动物体所受到的重力。如运动物体作用于其支撑或悬挂装置上的力。

（2）静止物体的重量：是指在重力场中静止物体所受到的重力。如静止物体作用于其支撑或悬挂装置上的力。

（3）运动物体的长度：是指运动物体的任意线性尺寸，不一定是最长的，均认为是其长度。

（4）静止物体的长度：是指静止物体的任意线性尺寸，不一定是最长的，均认为是其长度。

（5）运动物体的面积：是指运动物体内部或外部所具有的表面或部分表面的面积。

（6）静止物体的面积：是指静止物体内部或外部所具有的表面或部分表面的面积。

（7）运动物体的体积：是指运动物体所占有的空间体积。

（8）静止物体的体积：是指静止物体所占有的空间体积。

（9）速度：是指物体的运动速度、过程或活动与时间之比。

（10）力：是指两个系统之间的相互作用。对于牛顿力学，力等于质量与加速度的乘积。在 TRIZ 中，力是试图改变物体状态的任何作用。

（11）应力或压强：是指单位面积上的力。

（12）形状：是指物体外部轮廓或系统的外貌。

（13）稳定性：是指系统的完整性及系统组成部分之间的关系。磨损、化学分解及拆卸都会降低稳定性。

（14）强度：是指物体抵抗外力作用使之变化的能力。

（15）运动物体的作用时间：是指运动物体完成规定动作的时间、服务期。两次误动作之间的时间也是作用时间的一种度量。

（16）静止物体的作用时间：是指静止物体完成规定动作的时间、服务期。两次误动作之间的时间也是作用时间的一种度量。

（17）温度：是指物体或系统所处的热状态，包括其他热参数，如影响温度变化速度的热容量。

（18）照度：是指单位面积上的光通量，系统的光照特性，如亮度、光线质量。

（19）运动物体的能量消耗：是指能量是运动物体做功的一种度量。在经典力学中，能量等于力与距离的乘积。能量也包括电能、热能及核能等。

（20）静止物体的能量消耗：是指能量是静止物体做功的一种度量。在经典力学中，能量等于力与距离的乘积。能量也包括电能、热能及核能等。

（21）功率：是指单位时间内所做的功，即利用能量的速度。

（22）能量损失：是指为了减少能量损失，需要不同的技术来改善能量的利用。

（23）物质损失：是指部分或全部、永久或临时的材料、部件或子系统等物质的损失。

（24）信息损失：是指部分或全部、永久或临时的数据损失。

（25）时间损失：是指一项活动所延续的时间间隔。改进时间的损失指减少一项活动所花费的时间。

（26）物质的量：是指材料、部件及子系统等的数量，它们可以被部分或全部、临时或永久地改变。

（27）可靠性：是指系统在规定的方法及状态下完成规定功能的能力。

（28）测量精度：是指系统特征的实测值与实际值之间的误差。减少误差将提高测量精度。

（29）制造精度：是指系统或物体的实际性能与所需性能之间的误差。

（30）作用于物体的有害因素：是指物体对受外部或环境中的有害因素作用的敏感程度。

（31）物体产生的有害因素：是指有害因素将降低物体或系统的效率，或完成功能的质量。这些有害因素是由物体或系统操作的一部分而产生的。

（32）可制造性：是指物体或系统制造过程中简单、方便的程度。

（33）操作流程的方便性：是指要完成的操作应需要较少的操作者、较少的步骤以及使用尽可能简单的工具。一个操作的产出要尽可能多。

（34）可维修性：是指对于系统可能出现失误所进行的维修要时间短、方便和简单。

（35）适应性及通用性：是指物体或系统响应外部变化的能力，或应用于不同条件下的能力。

（36）系统的复杂性：是指系统中元件数目及多样性，如果用户也是系统中的元素将增加系统的复杂性。掌握系统的难易程度是其复杂性的一种度量。

（37）控制和测量的复杂性：是指如果一个系统复杂、成本高，需要较长的时间建造及使用，或部件与部件之间关系复杂，都使得系统的监控与测试困难。测试精度高，增加了测试的成本也是测试困难的一种标志。

（38）自动化程度：是指系统或物体在无人操作的情况下完成任务的能力。自动化程度的最低级别是完全人工操作；最高级别是机器能自动感知所需的操作、自动编程和对操作自动监控。中等级别是指需要人工编程、人工观察正在进行的操作、改变正在进行的编程及重新编程。

（39）生产率：是指单位时间内所完成的功能或操作数。

为了应用方便，上述 39 个通用工程参数可分为如下 3 类。

物理及几何参数：（1）~（12）、（17）、（18）、（21）。

技术负向参数：（15）、（16）、（19）、（20）、（22）~（26）、（30）、（31）。

技术正向参数：（13）、（14）、（27）~（29）、（32）~（39）。

负向参数（Negative parameters）：指这些参数变大时，使系统或子系统的性能变差。如子系统为完成特定的功能所消耗的能量（19、20）越大，则设计越不合理。

正向参数（Positive parameters）：指这些参数变大时，使系统或子系统的性能变好。如子系统可制造性（32）指标越高，子系统制造成本就越低。

附录 B 76个标准解法系统

第一类标准解法：不改变或仅少量改变已有系统。

（1）假如只有 S_1，应增加 S_2 及场 F，以完善系统要求，并使其有效。

（2）假如系统不能改变，但可接受永久的或临时的添加物，可以在 S_1 或 S_2 内部添加来实现。

（3）假如系统不能改变，但用永久的或临时的外部添加物来改变 S_1 或 S_2 是可以接受的，则加之。

（4）假定系统不能改变，但可用环境资源作为内部或外部添加物是可接受的，则加之。

（5）假定系统不能改变，但可以改变系统以外的环境，则改变之。

（6）微小量的精确控制是困难的，可以通过增加一个附加物，并在之后除去来控制微小量。

（7）一个系统的场强度不够，增加场强度又会损坏系统，可将强度足够大的一个场施加到另一元件上，把该元件再连接到原系统上。同理，一种物质不能很好地发挥作用，则可连接到另一物质上发挥作用。

（8）同时需要大的（强的）和小的（弱的）效应时，需小效应的位置可由物质 S_3 来保护。

（9）在一个系统中有用及有害效应同时存在，S_1 及 S_2 不必互相接触，引入 S_3 来消除有害效应。

（10）与（9）类似，但不允许增加新物质。通过改变 S_1 或 S_2 来消除有害效应。该类解包括增加"虚无物质"，如空位、真空或空气、气泡等，或加一种场。

(11) 有害效应是一种场引起的,则引入物质 S_3 吸收有害效应。

(12) 在一个系统中,有用、有害效应同时存在,但 S_1 及 S_2 必须处于接触状态,则增加场 F_2 使之抵消 F_1 的影响,或者得到一个附加的有用效应。

(13) 在一个系统中,由于一个要素存在磁场而产生有害效应。将该要素加热到居里点以上。磁性将不存在,或者引入相反的磁场消除原磁场。

第二类标准解法:改变已有系统。

(14) 串联的物-场模型:将 S_2 及 F_1 施加到 S_3,再将 S_3 及 F_2 施加 S_1,两串联模型独立可控。

(15) 并联的物-场模型:一个可控性很差的系统中的已存在部分不能改变,则可并联第二场。

(16) 对可控性差的场,用易控场来代替,或增加易控场。由重力场变为机械场或由机械场变为电磁场。其核心是由物理接触变为场的作用。

(17) 将 S_2 由宏观变为微观。

(18) 改变 S_2 成为允许气体或液体通过的多孔的或具有毛细孔的材料。

(19) 使系统更具柔性或适应性,通常方式是由刚性变为一个铰接,或成为连续柔性系统。

(20) 驻波被用于液体或粒子定位。

(21) 将单一物质或不可控物质变成确定空间结构的非单一物质,这种变化可以是永久的或临时的。

(22) 使 F 与 S_1 或 S_2 的自然频率匹配或不匹配。

(23) 与 F_1 或 F_2 的固有频率匹配。

(24) 两个不相容或独立的动作可相继完成。

(25) 在一个系统中增加磁性材料和(或)磁场。

(26) 将(16)与(25)结合,利用磁性材料与磁场。

(27) 利用磁流体,这是(26)的一个特例。

(28) 利用含有磁性粒子或液体的毛细结构。

（29）利用附加场（如涂层）使非磁场体永久或临时具有磁性。

（30）假如一个物体不能具有磁性，将磁性物质引入环境之中。

（31）利用自然现象，如物体按场排列，或在居里点以上使物体失去磁性。

（32）利用动态，可变成自调整的磁场。

（33）加磁性粒子改变材料结构，施加磁场移动粒子，使非结构化系统变为结构化系统，或反之。

（34）与 F 场的自然频率相匹配。对于宏观系统，采用机械振动增加铁磁粒子的运动。在分子及原子水平上，材料的复合成分可通过改变磁场频率的方法用电子谐振频谱确定。

（35）用电流产生磁场并代替磁性粒子。

（36）电流变流体具有被电磁场控制的黏度，利用此性质及其他方法一起使用，如电流交流体轴承等。

第三类标准解法：传递系统。

（37）系统传递1：产生双系统或多系统。

（38）改进双系统或多系统中的连接。

（39）系统传递2：在系统之间增加新的功能。

（40）双系统及多系统的简化。

（41）系统传递3：利用整体与部分之间的相反特性。

（42）系统传递4：传递到微观水平来控制。

第四类标准解法：检测系统。

（43）替代系统中的检测与测量，使之不再需要。

（44）若（43）不可能。则测量一复制品或肖像。

（45）如（43）及（44）不可能，则利用两个检测量代替一个连续测量。

（46）假如一个不完整的物-场系统不能被检测，则增加单一或两个物-场系统，且一个场作为输出。假如存在的场是非有效的，在不影响原系统的条件下，改变或加强该场，使它具有容易检测的参数。

（47）测量引入的附加物。

(48）假如在系统中不能增加附加物,则在环境中增加而对系统产生一个场,检测此场对系统的影响。

(49）假如附加场不能被引入环境中,则分解或改变环境中已存在的物质,并测量决定系统的状态。

(50）利用自然现象。例如:利用系统中出现的已知科学效应,通过观察效应的变化,决定系统的状态。

(51）假如系统不能直接或通过场测量,则测量系统或要素激发的固有频率来确定系统变化。

(52）假如(51）不可能,则测量与已知特性相联系的物体的固有频率。

(53）增加或利用磁性物质或磁场以便测量。

(54）增加磁性粒子或改变一种物质成为磁性粒子以便测量,测量所导致的磁场变化即可。

(55）假如(54）不可能建立一个复合系统,则添加磁性粒子到系统中去。

(56）假如系统中不允许增加磁性物质,则将其加入环境中。

(57）测量与磁性有关现象,如居里点、磁滞等。

(58）若单系统精度不够,可用双系统或多系统。

(59）代替直接测量,可测量时间或空间的一阶或二阶导数。

第五类标准解法:简化改进系统。

(60）间接方法:①使用无成本资源,如空气、真空、气泡、泡沫、缝隙等;②利用场代替物质;③用外部附加物代替内部附加物;④利用少量但非常活化的附加物;⑤将附加物集中到特定位置上;⑥暂时引入附加物;⑦假如原系统中不允许附加物,可在其复制品中增加附加物,这包括仿真器的使用;⑧引入化合物,当它们起反应时产生所需要的化合物,而直接引入这些化合物是有害的;⑨通过对环境或物体本身的分解获得所需的附加物。

(61）将要素分为更小的单元。

(62）附加物用完后自动消除。

（63）假如环境不允许大量使用某种材料，则使用对环境无影响的材料。

（64）使用一种场来产生另一种场。

（65）利用环境中已存在的场。

（66）使用属于场资源的物质。

（67）状态传递1：替代状态。

（68）状态传递2：双态。

（69）状态传递3：利用转换中的伴随现象。

（70）状态传递4：传递到双态。

（71）利用元件或物质间的作用使其更有效。

（72）自控制传递。假如一物体必须具有不同的状态，应使其自身从一个状态传递到另一状态。

（73）当输入场较弱时，加强输出场，通常在接近状态转换点处实现。

（74）通过分解获得物质粒子。

（75）通过结合获得物质。

（76）假如高等结构物质需分解但又不能分解，可用次高一级的物质状态替代。

附录 C 30 个 How to 模型与 100 个科学效应对照表

表 C-1 功能代码表（How to 模型）

功能代码	实现的功能	功能代码	实现的功能	功能代码	实现的功能
F01	测量温度	F11	稳定物体位置	F21	改变表面的性质
F02	降低温度	F12	产生/控制力，形成高的压力	F22	检查物体容量的状态和特征
F03	提高温度	F13	控制摩擦力	F23	改变物体空间性质
F04	稳定温度	F14	解体物质	F24	形成要求的结构，稳定物体结构
F05	探测物体的位移和运动	F15	积蓄机械能与热能	F25	探测电场和磁场
F06	控制物体位移	F16	传递能量	F26	探测辐射
F07	控制液体及气体的运动	F17	建立移动的物体和固定的物体之间的交互作用	F27	产生辐射
F08	控制浮质（气体中的悬浮粒、如烟、雾等）的流动	F18	测量物体的尺寸	F28	控制电磁场
F09	搅拌混合物，形成溶液	F19	改变物体的尺寸	F29	控制光
F10	分解混合物	F20	检查表面状态和性质	F30	产生及加强化学变化

表 C-2 功能与科学效应和现象对应表

功能代码	对应科学效应的名称（序号）	功能代码	对应科学效应的名称（序号）	功能代码	对应科学效应的名称（序号）
F01	热膨胀（E75）、热双金属片（E76）、珀耳帖效应（E67）、汤姆逊效应（E80）、热电效应（E71）、热电子发射（E72）、热辐射（E73）、电阻（E33）、热敏性物质（E74）、居里效应（居里点，E60）、巴克豪森效应（E03）、霍普金森效应（E55）	F11	电场（E22）、磁场（E13）、磁性液体（E17）	F21	摩擦力（E66）、吸附作用（E83）、扩散（E62）、包辛格效应（E04）、放电（电晕放电 E31，电弧 E25，火花放电 E53）、弹性波（E19）、共振（E47）、驻波（E99）、振动（E98）、光谱（E50）
F02	一级相变（E94）、二级相变（E36）、焦耳-汤姆逊效应（E58）、珀耳帖效应（E67）、汤姆逊效应（E80）、热电效应（E71）、热电子发射（E72）	F12	磁力（E15）、一级相变（E94）、二级相变（E36）、热膨胀（E75）、惯性力（E49）、磁性液体（E17）、爆炸（E5）、电液压冲压、电水压震扰、（E29）、渗透（E77）	F22	引入容易探测的标志（标记物 E06，发光 E37，发光体 E38，磁性材料 E16，永久磁铁 E95）、测量电阻值（电阻 E33）、反射和放射线（反射 E41，折射 E97，发光体 E38，感光材料 E45，光谱 E50，放射现象 E43）、电-磁-光现象（X 射线 E01，电-光和磁-光现象 E27，固体的场致、电致发光 E48，热磁效应（居里点）E60，巴克豪森效应 E03，霍普金森效应 E55，共振 E47，霍尔效应 E54）

续表

功能代码	对应科学效应的名称（序号）	功能代码	对应科学效应的名称（序号）	功能代码	对应科学效应的名称（序号）
F03	电磁效应（E24）、电解质（E26）、焦耳－楞次定律（E57）、放电（E42）、电弧（E25）、吸收（E84）、反射聚焦（E39）、热辐射（E73）、珀耳帖效应（E67）、汤姆逊效应（E80）、热电现象（E71）、热电子发射（E72）	F13	约翰逊－拉别克效应（E96）、振动（E98）、低摩阻（E21）、金属覆层润滑剂（E59）	F23	磁性液体（E17）、磁性材料（E16）、永久磁铁（E95）、冷却（E63）、加热（E56）、一级相变（E94）、二级相变（E36）、电离（E28）、光谱（E50）、发射现象（E43）、X射线（E01）、形变（E85）、扩散（E62）、电场（E22）、磁场（E13）、珀耳帖效应（E67）、热电效应（E71）、包辛格效应（E4）、汤姆逊效应（E80）、居里效应（居里点，E60）、固体的场致、电致发光（E48）、古登－波尔效应和Dashen效应（E27）、气穴现象（E69）、光生伏打效应（E51）
F04	一级相变（E94）、二级相变（E36）、居里效应（E60）	F14	放电（火花放电E53，电晕放电E31，电弧E25）、电液压冲压，电水压震扰（E29）、弹性波（E19）、共振（E47）、驻波（E99）振动（E98）、气穴现象（E69）	F24	弹性波（E19）、共振（E47）、驻波（E99）、振动（E98）、磁场（E13）、一级相变（E94）、二级相变（E36）、气穴现象（E69）

续表

功能代码	对应科学效应的名称（序号）	功能代码	对应科学效应的名称（序号）	功能代码	对应科学效应的名称（序号）
F05	引入易探（标记物E6）、测的标识（发光E37、发光体E38、磁性材料E16、永久磁铁E95）、发射和发射线（反射E41、发光体E38、感光材料E45、光谱E50、放射现象E43）、形变（弹性变形E85、塑形变形E78）、改变电场和磁场（电场E22、磁场E13）、放电（电晕放电E31、电弧E25、火花放电E53）	F15	弹性变形（E85）、惯性力（E49）、一级相变（E94）、二级相变（E36）	F25	渗透（E77）、带电放电（电晕放电E31、电弧E25、火花放电E53）、压电效应（E89）、磁弹性（E14）、压磁效应（E88）、驻极体、电介体（E100）、固体的场致、电致发光（E48）、电-光和磁-光现象（E27）、巴克豪森现象（E3）、霍普金森效应（E55）、霍尔效应（E54）
F06	磁力（E15）、电子力（安培力E02、洛伦兹力E64）、压强（液体或气体的压力E91、液体或气体的压强E93）、浮力E44）、液体动力（E92）、振动（E98）、惯性力（E49）、热膨胀（E75）、热双金属片（E76）	F16	对于机械能（形变E85、弹性波E19、共振E47、驻波E99、振动E98、爆炸E05、电液压冲压、电水压震扰E29、热电子发射E72）、热能（对流E34、热传导E70、反射E41、电磁感应E24、辐射（超导性E12）、电能（电场E22）	F26	热膨胀（E75）、热双金属片（E76）、发光体（E38）、感光材料（E45）、光谱（E50）、放射现象（E43）、反射（E41）、光生伏打效应（E51）
F07	毛细现（E65）、渗透（E77）、电泳现象（E30）、Thoms效应（E79）、伯努利定律（E10）、惯性力（E49）、韦森堡效应（E81）	F17	电磁场（E23）、电磁感应（E24）	F27	放电（电晕放电E31、电弧E25、火花放电E53）、发光（E37）、发光体（E38）、固体场致、电致发光（E48）、电-光和磁-光现象（E27）、耿氏效应（E46）

226

续表

功能代码	对应科学效应的名称（序号）	功能代码	对应科学效应的名称（序号）	功能代码	对应科学效应的名称（序号）
F08	起电（E68）、电场（E22）、磁场（E13）	F18	标记（起电 E68，发光 E37，发光体 E38）、磁性材料（E16）、永久磁铁（E95）、共振（E47）	F28	电阻（E33）、磁性材料（E16）、反射（E41）、形状（E86）、表面（E7）、表面粗糙度（E8）
F09	弹性波（E19）、共振（E47）、驻波（E99）、振动（E98）、气穴现象（E69）、扩散（E62）、电场（E22）、磁场（E13）、电泳现象（E30）	F19	热膨胀（E75）、形状记忆合金（E87）、形变（E85）、压电效应（E89）、磁弹性（E14）、压磁效应（E88）	F29	反射（E41）、折射（E97）、吸收（E84）、反射聚焦（E39）、固体的场致、电致发光（E48）、电-光和磁-光现象（E27）、法拉第效应（E40）、克尔效应（E61）、耿氏效应（E46）
F10	在电场或磁场中分离（电场 E22，磁场 E13，磁性液体 E17，惯性力 E49，吸附作用 E83，扩散 E62，渗透 E77，电泳现象 E30）	F20	放电（电晕放电 E31，电弧 E25，火花放电 E53）、反射（E41）、发光体（E38）、感光材料（E45）、光谱（E50）、放射现象（E43）	F30	弹性波（E19）、共振（E47）、驻波（E99）、振动（E98）、气穴现象（E69）、光谱（E50）、放射现象（E43）、X射线（E1）、放电（E42）、电晕放电（E31）、电弧（E25）、爆炸（E5）、电液压冲压、电水压震扰（E29）

C-3 常见的科学效应

E1. X 射线（X-Rays）

波长介于紫外线和 γ 射线间的电磁辐射，由德国物理学家伦琴于 1895 年发现，故又称伦琴射线。波长小于 10^{-11} 米的称超硬 X 射线，在 10^{-11} ~

10^{-10} 米范围内的称硬 X 射线, $10^{-10} \sim 10^{-9}$ 米埃范围内的称软 X 射线。

射线具有很强的穿透力,医学上常用作透视检查,工业中用来探伤。长期受 X 射线辐射对人体有伤害。X 射线可激发荧光、使气体电离、使感光乳胶感光,故 X 射线可用电离计、闪烁计数器和感光乳胶片等检测。晶体的点阵结构对 X 射线可产生显著的衍射作用,X 射线衍射法已成为研究晶体结构、形貌和各种缺陷的重要手段。

E2. 安培力 (Ampere's force)

是指磁场对电流的作用力。一段通电直导线放在磁场中,通电导线所受力的大小和导线的长度 (L)、导线中的电流强度 (I)、磁感应强度 (B) 以及电流方向和磁场方向之间的夹角 (θ) 的正弦成正比。安培力 (F) 为:$F = KLIB\sin\theta$。

E3. 巴克豪森效应 (Barkhausen effect)

1919 年,巴克豪森发现铁的磁化过程的不连续性,当铁受到逐渐增强的磁场作用时,它的磁化强度不是平衡地而是以微小的跳跃的方式增大的。发生跳跃时,有噪声伴随着出现。如果通过扩音器把它们放大,就会听到一连串的"咔嗒"声。这就是"巴克豪森效应"。

如一个铁磁棒在一个线圈子里,当线圈电流增加时,线圈磁场增大,此时铁中的磁力线开始会猛增,然后趋向饱和,这种现象也称为巴克豪森效应。

E4. 包辛格效应 (Baushinger effect)

包辛格效应就是指原先经过变形,然后在反向加载时弹性极限或屈服强度降低的现象,特别是弹性极限在反向加载时几乎下降到零,这说明在反向加载时塑性变形立即开始了。包辛格效应在理论上和实际上都有其重要意义。在理论上由于它是金属变形时长程内应力的度量(长程内应力的大小可用 X 光方法测量),包辛格效应可用来研究材料加工硬化的机制。工程应用上,首先是材料加工成型工艺需要考虑包辛格效应。其次,包辛格效应大的材料,内应力较大。

包辛格逆效应分直接包辛格效应及包辛格逆效应。直接包辛格效应指拉伸后的钢材向压缩屈服强度小于纵向拉伸屈服强度；包辛格逆效应在相反的方向产生相反的结果。

E5. 爆炸（Explosion）

爆炸指一个化学反应能不断地自我加速而在瞬间完成，并伴随有光的发射，系统温度瞬时达极大值和气体的压力急骤变化，以致形成冲击波等现象。爆炸可通过化学反应、放电、激光束效应、核反应等方法获得。

E6. 标记物（Markers）

在材料中引入标记物，可以简化混合物中包含成分的辨别工作，而且使有标记物的运动和过程的追踪更加容易。可当作标记物的物质类型包括：铁磁物质、普通的和发光的油漆、有强烈气味的物质等。

E7. 表面（Surface）

物体的表面：用面积和状态来描述物体的外表的性质或特性。表面状态确定了物体的大量特性和与其他物体交互作用时所呈现的本性。

E8. 表面粗糙度（Surface roughness）

零件表面无论加工得多么光滑，在放大镜或显微镜下进行观察，总会看到高低不平的状况，高起的部分称为峰，低凹的部分称为谷。加工表面上具有的较小间距峰谷所组成的微观几何形状特性称为表面粗糙度，又称表面光洁度。

表面粗糙度反映零件表面的光滑程度。零件各个表面的作用不同，所需的光滑程度也不一样。表面粗糙度是衡量零件质量的标准之一，对零件的配合、耐磨程度、抗疲劳强度、抗腐蚀性等及外观都有影响。

最常用的表面粗糙度参数是：轮廓算术平均偏差，记作 Ra。

E9. 波的干涉（Wave interference）

由 2 个或 2 个以上的波源发出的具有相同频率，相同振动方向和恒定的相位差的波在空间叠加时，在叠加区的不同地方振动加强或减弱的现象，称为波的干涉。符合上列条件的波源称为相干波源，它们发出的波称为相干波。这是波的叠加中最简单的情况。

两条相干波叠加后,在叠加区内每一位置有确定的振幅。在有的位置上,振幅等于两波分别引起的振动的振幅之和,这些位置的合振动最强,称为相长干涉;而有些位置的振幅等于两波分别引起的振动的振幅之差,这些位置上的合振动最弱,称为相消干涉。它是波的一个重要特性。在日常生活中最常见的是水波的干涉,利用电磁波的干涉,可制作定向发射天线,利用光的干涉,可精确地进行长度测量等。

E10. 伯努利定律(Bernoulli's Law)

伯努利定律:理想液体作稳定流动时的能量守恒定律。在密封管道内流动的理想液体具有3种能量:压力能、动能和势能。它们可以互相转变,并且液体在管道内的任一处这3种能量总和是一定的。

由以上定律得出伯努利方程式:

$$P_1/r + v^2/2g + h = 恒定量$$

式中,P_1/r 为压力能;$v^2/2g$ 为动能;h 为势能。其中 $v = Q/A$(v 为流速,Q 为流量,A 为截面面积)。

当流体的速度加快时,物体与流体接触的界面上的压力会减小,反之压力会增加。

E11. 超导热开关(Superconducting beat switch)

超导热开关是一个用于低温(接近0 K)下的装置,用于断开被冷却物体和冷源之间的连接。当工作温度远低于临界温度的时候,此装置充分发挥了超导体从常态到超导状态的转化过程中热导电率显著减少的特性(高达10000倍)。

热开关由一条连接样本和冷却器的细导线或钽丝组成(参见居里效应)。当电流通过缠绕线螺线管时会产生磁场,使超导性停止,让热量通过导线,就相当于开关处于打开;当移开磁场的时候,超导性就得到恢复,电线的热阻快速增加;换句话说,相当于开关处于关闭。

E12. 超导性(Conductivity)

超导体是指在温度和磁场都小于一定数值的条件下,许多导电材料的电阻和体内磁感应强度都突然变为零的性质。具有超导性的物体称为超导体。1911年荷兰物理学家卡曼林·昂尼斯（1853—1926）首先发现汞在4.173K以下失去电阻的现象，并初次称之为超导性。现已知道，许多金属（如铟、锡、铝、铅、钽、铌等）、合金（如铌-锆、铌-钛等）和化合物（如 Nb-Sn、Nb-Al 等）都是具有超导性的材料。物体从正常态过渡到超导态是一种相变，发生相变时的温度称为此超导体的"转变温度"（或"临界温度"）。现有的材料仅在很低的温度环境下才具有超导性。

E13. 磁场（Magnetic field）

在永磁体或电流周围所发生的力场，即凡是磁力所能达到的空间，或磁力作用的范围，称为磁场；所以严格来说，磁场是没有一定界限的，只有强弱之分。与任何力场一样，磁场是能量的一种形式，它将一个物体的作用传递给另一个物体。

E14. 磁弹性（Magnetostriction）

磁弹性效应是指当弹性应力作用于铁磁材料时，铁磁体不但会产生弹性应变，还会产生磁致伸缩性质的应变，从而引起磁畴壁的位移，改变其自发磁化的方向。

E15. 磁力（Magnetic force）

磁力是指磁场对电流、运动电荷和磁体的作用力。电流在磁场中所受的力由安培定律确定。运动电荷在磁场中所受的力就是洛伦磁力。但实际上磁体的磁性由分子电流所引起，所以磁极所受的磁力归根结底仍是磁场对电流的作用力。这时磁力作用的本质。

E16. 磁性材料（Magnetic materials）

任何物质在外磁场中都能够或多或少地被磁化，只是磁化的程度不同。根据物质在外磁场中表现出的特性，物质可粗略地分为3类：顺磁性物质、抗磁性物质、铁磁性物质。一般把顺磁性物质和抗磁性物质称为弱磁性物质，把铁磁性物质称为强磁性物质。

通常所说的磁性材料是指强磁性物质。磁性材料按化学成分分类，常见的有两大类：金属磁性材料和铁氧体。铁氧体是以氧化铁为主要成分的磁性氧化物。软磁性材料的剩磁弱，而且容易去磁。适用于需要反复磁化的场合，可以用来制造半导体收音机的天线磁棒、录音机的磁头、电子计算机中的记忆元件以及变压器、交流发电机、电磁铁和各种高频元件的铁芯等。常见的金属软磁性材料有软铁、硅钢等，常见的软磁铁氧体有锰锌铁氧体。硬磁性材料的剩磁强，而且不易退磁，适合制成永磁铁，应用在磁电式仪表、扬声器、话筒、永磁电机等电气设备中。常见的金属硬磁性材料有碳钢、钨钢等，常见的硬磁铁氧体为钡铁氧体和锯铁氧体。

E17. 磁性液体（Magnetic liquid）

磁性液体又称磁流体、铁磁流体或磁液，是由强磁性粒子、基液及界面活性剂3者混合而成的一种稳定的胶状溶液。该流体在静态时无磁性吸引力，当外加磁场作用时，才表现出磁性。

为了使磁流体具有足够的电导率，需要在高温和高速下，加上钾、铯等碱金属和加入微量碱金属的稀有气体作为工质，以利用非平衡电离原理来提高电离度。

在电子、仪表、机械、化工、环境、医疗等行业领域具有独特而广泛的应用。根据用途不同，可以选用不同的基液的产品。

E18. 单相系统分离（Separation of monophase systems）

单相系统的分离是建立在混合物中各成分的不同物理－化学特性的基础上的，如电荷、分子活性、挥发性等。

分离通常通过热场作用（蒸馏、精馏、升华、结晶、区域熔化）来获得，也通过电场作用来获得，或通过物质一起的多相系统的生产来促进分离，如溶剂、吸附剂和其他分离法（抽出、分割、色谱法、使用半透膜和分子筛子的分离法）。

E19. 弹性波（Elastic waves）

弹性波：弹性介质中物质粒子间有弹性相互作用，当某处物质粒子离开平衡位置，即发生应变时，该粒子在弹性力的作用下发生振动，同时又引起周围粒子的应变和振动，这样形成的振动在弹性介质中的传播过程称为弹性波。在液体和气体内部只能由压缩和膨胀而引起应力，所以液体和气体只能传递纵波。而固体内部能产生切应力，所以固体既能传播横波也能传播纵波。

E20. 弹性形变（Elastic deformation）

固体受外力作用而使各点间相对位置发生改变，当外力撤销后，固体又恢复原状称为"弹性形变"。若撤去外力后，不能恢复原状，则称为"塑性形变"。因物体受力情况不同，在弹性限度内，弹性形变有4种基本类型：拉伸和压缩形变；切变；弯曲形变；扭转形变。弹性形变是指外力去除后能够完全恢复的那部分形变，可从原子间结合力的角度来了解它的物理本质。

E21. 低摩阻（Low friction）

研究者发现，在高度真空状态及暴露在高能量粒子发射下，摩擦力会下降趋近于零。当关掉发射时，摩擦力会逐渐增加。当发射再一次被打开的时候，摩擦力又消失了。这个现象一直困扰着科学家们，直至找到了一种解释才结束。

这个解释是：发射能量引起了固体表面的分子更自由地运动，从而减少了摩擦力。此解释引出了另一个既不需要发射也不需要真空而减少摩擦力的方案，这就是研究如何改变物体表面的成分以减少摩擦力。

E22. 电场（Electric field）

存在于电荷周围，能传递电荷与电荷之间相互作用的物理场称为电场。在电荷周围总有电场存在；同时电场对场中其他电荷发生力的作用。观察者相当于电荷静止时所观察到的场称为静电场。如果电荷相当于观察者运动时，则除静电场外，同时还有磁场出现。除了电荷可以引起电场外，变化的磁场也可以引起电场，前者为静电场，后者称为涡旋场或感应电场。变化的磁场引起电场，所以运动电荷或电流之间的作用要通过电磁场来传递。

E23. 电磁场（Electromagnetic field）

任何随时间而变化的电场，都要在邻近空间激发磁场，因而变化的电场总是和磁场的存在相联系。当电荷发生加速运动时，在其周围除了磁场之外，还有随时间而变化的电场。一般来说，随时间变化的电场也是时间的函数，因而它所激发的磁场也随时间变化。故充满变化电场的空间，同时也充满变化的磁场。二者互为因果，形成磁场。这说明，电场与磁场并不是两个可分离的实体，而是由它们形成了一个统一的物理实体。

E24. 电磁感应（Electromagnetic induction）

1831年8月，法拉第在软铁环两侧分别绕两个线圈，其一为闭合回路，在导线下端附近平行放置一磁针，另一与电池组相连，接开关，形成有电源的闭合回路。实验发现，合上开关，磁针偏转；切断开关，磁针反向偏转，这表明在无电池组的线圈中出现了感应电流。法拉第立即意识到，这是一种非恒定的暂态效应。紧接着他做了几十次实验，把产生感应电流的情况概括为变化的电流、变化的磁场、运动的恒定电流、运动的磁铁摩阻以及磁场中运动的导体这5类，并把这些现象正式定名为电磁感应。

电磁感应现象是电磁学中最重大的发现之一，它显示了电、磁现象之间的相互联系和转化，对其本质的深入研究所揭示的电、磁场之间的联系，对麦克斯韦电磁场理论的建立具有重大意义。电磁感应现象在电工技术、电子技术以及电磁测量等方面都有广泛的应用。

E25. 电弧（Electric arc）

电弧是一种气体放电现象，即在电压的作用下，电流以点击穿产生等离子体的方式，通过空气等绝缘介质所产生的瞬间火花。

弧光放电：产生高温的气体放电现象，它能发射出耀眼的白光。电弧可作为强光源（如弧光灯）、紫外线源（太阳灯）或强热源（电弧炉、电焊机等）。在高压开关电气设备中，由于触头分开而引起电弧，有烧毁触头的危害作用，必须采取措施，使之迅速熄灭。在加速器的离子源中，也有用弧光放电源。

E26. 电介质（Dielectric）

不导电的物质称为"电介质"，又叫"绝缘体"。电介质在电气工程上大量用作电气绝缘材料、电容器的介质及特殊电介质器件（如压电晶体）等。

绝缘体的种类很多，固体的如塑料、橡胶、玻璃、陶瓷等；液体的如各种天然矿物油、硅油、三氯联苯等；气体的如空气、二氧化碳、六氟化硫等。

绝缘体在某些外界条件，如加热、加高压等影响下，会被"击穿"而转化为导体。在未被击穿之前，绝缘体也不是绝对不导电的物体。如果在绝缘材料两端加电压，材料中将会出现微弱的电流。

E27. 古登－波尔和 Dashen 效应（Gudden－Pohl and Dashen effects）

实验证实，一个恒定的或交流的强电场，会影响到在紫外线激发下的发光物质（磷光体）的特性，这一种现象也可在随着紫外线移开后的一段衰减期中观察。

用电场预激发晶体磷而生成闪光正是古登－波尔效应的结果，也可在使用电场从金属电极进行磷光体的分解中观察到这种现象。

E28. 电离（Ionization）

原子是由带正电的原子核及其周围的带负电的电子所组成。由于原子核的正电荷数与电子的负电荷数相等，所以原子是中性的。原子最外层的电子称为价电子。所谓电离，就是原子受到外界的作用，如被加速的电子或离子与原子碰撞时使原子中的外层电子特别是价电子摆脱原子核的束缚而脱离，原子成为带一个（或几个）正电荷的离子，这就是正离子。如果在碰撞中原子得到了电子，则成为负离子。

E29. 电液压冲压，电水压震扰（Electrohydraulic shock）

高压放电下液体的压力产生急剧升高的现象。

E30. 电泳现象（Phoresis）

1809 年俄国物理学家 Рейсе 首次发现电泳现象。他在湿黏土中插上带玻璃管的正负两个电极，加电压后，发现正极玻璃管中原有的水层变混浊，即带负电荷的黏土颗粒向正极移动，这就是电泳现象。影响电泳迁移的因素：电场强度，溶液的 pH，溶液的离子强度，电渗。

E31. 电晕放电（Corona discharge）

带电体表面在气体或液体介质中局部放电的现象，常发生在不均匀电场中电场强度很高的区域内（如高压导线的周围，带电体的尖端附近）。其特点为：出现与日晕相似的光层，发出嗤嗤的声音，产生臭氧、氧化氮等。电晕引起电能的损耗，并对通信和广播发生干扰。

电晕放电在工程技术领域中有多种影响。电力系统中的高压及超高压输电线路导线上发生电晕，会引起电晕功率损失、无线电干扰、电视干扰以及噪声干扰。进行线路设计时，应选择足够的导线截面面积，或采用分裂导线降低导线表面电场的方式，以避免发生电晕。

E32. 电子力（Electrical force）

按照电场强度的定义，电场中任一点的场强（E）等于单位正电荷在该点所受的电场力。那么，点电荷（q）在电场中某点所受的电场力（F）$=Qe$。电场力（F）的大小为 $F=|q|E$，方向取决于电荷的正、负。不难判断，正电荷（$q>0$）所受的电场力，其方向与场强方向一致；负电荷（$q<0$）所受的电场力，其方向与场强方向相反。

磁场对运动电荷的作用力、运动电荷在磁场中所受的洛仑兹力都属于电子力。

E33. 电阻（Electrical resistance）

电阻是描述导体制约电流性能的物理量。根据欧姆定律，导体两端的电压（U）和通过导体的电流强度（I）成正比。由 U 和 I 的比值定义的 $R=U/I$ 称为导体的电阻，其单位为欧姆，简称欧（Ω）。电阻的倒数 $G=I/U$ 称为电导，单位是西门子（S）。

电阻率是表征物质导电性能的物理量。也称"体积电阻率"。电阻率越小导电本领越强。电阻器：电路中用于限制电流、消耗能量和产生热量的电器元件。

磁电阻材料：具有显著磁电阻效应的磁性物质。强磁性材料在受到外加磁场作用时引起的电阻变化，称为磁电阻效应。无论磁场与电流方向平行还是垂直，都将产生磁电阻效应。

E34. 对流（Convection）

流体（液体和气体）热传递的主要方式。热对流指的是液体或气体由于本身的宏观运动而使较热部分和较冷部分之间通过循环流动的方式相互掺和，以达到温度趋于均匀的过程。

对流可分为自然对流和强迫对流：自然对流是由于流体温度不均匀引起流体内部密度或压强变化而形成的自然流动。例如，气压的变化，空气的流动，风的形成，地面空气受热上升，上下层空气产生循环对流等；而强制对流是因外力作用或与高温物体接触，受迫而流动的，叫强制对流。例如，由于人工的搅拌或机械力的作用（如鼓风机、水泵等），完全受外界因素的促使而形成的对流。

E35. 多相系统分离（Separation of polyphase systems）

多相系统的分离是以混合成分的聚合状态的不同为基础的，最常使用连续相的聚合状态来进行判定。

成分间具有不同分散的多相固态系统通过沉积作用或筛分分离法来进行分解，具有连续液体或气体相位的系统通过沉积作用、过滤或离心分离机来进行分离。通过烘干将固态相中的易沸液体进行排除。

E36. 二级相变（Second order phase transitions）

在发生相变时，体积不变化的情况下，也不伴随热量的吸收和释放，只是热容量、热膨胀系数和等温压缩系统等的物理量发生变化，这一类变化称为二级相变。正常液态氦（氦 I）与超流氦（氦）之间的转变，正常导体与超导体之间的转变，顺磁体与铁磁体之间的转变，合金的有序与无序态之间的转变等都是典型的二级相变的例子。

E37. 发光（Luminescence）

发光包括自发光、白热光、荧光和光致发光、磷光、化学发光、阴极发光、辐射发光、电致发光、场致发光、热发光、生物发光等。

E38. 发光体（Luminophores）

物理学上指发出一定波长范围的电磁波（包括可见光与紫外线、红外线和 X 射线等不可见光）的物体，通常指能发出可见光的发光体。凡物体自身能发光者，称作光源，又称发光体，如太阳、灯及燃烧着的物质等都是。但像月亮表面、桌子等依靠它们反射外来光才能使人们看到它们，这样的反射物体不能称为光源。在我们的日常生活中离不开可见光的光源，可见光及不可见光的光源还被广泛应用到工农业、医学和国防现代化等方面。

E39. 反射聚焦（Radiation focusing）

聚焦波阵面成为球形或圆筒形的形状。光学聚焦（焦点）：理想光学系统主光轴上的一对特殊共轭点。主光轴上与无穷远像点共轭的点称为物方焦点（或第1焦点），记作 F；主光轴上与无穷远物点共轭的点称为像方焦点（或第2焦点），记作 F'。根据上述定义，中心在物方焦点的同心光束经光学系统后成为与主光轴平行的平行光束；沿主光轴入射的平行光束经光学系统后成为中心在像方焦点的同心光束。凸透镜有实焦点，凹透镜有虚焦点。

E40. 法拉第效应（Faraday effect）

1845年9月13日法拉第发现，当线偏振光在介质中传播时，若在平行于光的传播方向上加一强磁场，则光振动方向将发生偏转，偏转角度（Ψ）与磁感应强度（B）就光穿越介质的长度（L）的乘积成正比，即 $\Psi=VBL$，比例系数 V 称为菲尔德常数，与介质性质及光波频率有关。偏转方向取决于介质性质和磁场方向。上述现象称为法拉第效应或磁光现象。

该效应可用来分析碳氢化合物，因每种碳氢化合物有各自的磁致旋光特性；在光谱研究中，可借以得到关于激发能级的有关知识；在激光技术中可用来隔离反射光，也可作为调制光波的手段。

E41. 反射（Reflection）

波的反射：波由一种媒质达到与另一种媒质的分界面时，返回原媒质的现象。例如声波遇障碍物时的反射，它遵从反射定律。在同类媒质中由于媒质不均匀亦会使波返回原来密度的介质中，即产生反射。

E42. 放电（Discharge）

气体放电是气体导电的现象，又称气体导电。气体通常由中性分子或原子组成，是良好的绝缘体，并不导电。气体的导电性取决于其中电子、离子的产生及其在电场中的运动。

E43. 放射现象（Radioactivity）

1896年，法国物理学家贝克勒耳发现铀及含铀矿物能发出某种看不见的射线，它可穿透黑纸使照相底片感光。在贝克勒耳工作的启发下，居里夫妇发现了放射性更强的元素镭和钋。

E44. 浮力（Buoyancy）

漂浮于流体表面或浸没于流体之中的物体，受到各方向流体静压力的向上合力，其大小等于被物体排开流体的重力。例如石块的重力大于其同体积水的重量，则下沉到水底。木料或船体的重力等于其浸入水中部分所排开的水重，所以浮于水面。气球的重量比它同体积空气的重力小，即浮力大于重力，所以会上升。这种浸在水中或空气中，受到水或空气将物体向上托的力叫"浮力"。

E45. 感光材料（Photosensitive material）

感光材料是指一种具有光敏特性的半导体材料，因此又称为光导材料或是光敏半导体。它的特点就是在无光的状态下呈绝缘性，在有光的状态下呈导电性。复印机的工作原理正是利用了这种特性。

E46. 耿氏效应（Gunn effect）

n型砷化镓两端电极上加以电压，当电压高到某一值时，半导体电流便以很高频率振荡，这个效应称为耿氏效应。

E47. 共振（Resonance）

在物体做受迫振动的过程中，当驱动力的频率与物体的固有频率接近或相等时，物体的振幅增大的现象称为共振。

在许多情况下要利用共振现象。例如，收音机的调谐就是利用共振来接收某一频率的电台广播，又如弦乐器的琴身和琴筒，就是用来增强声音的共鸣器。但在不少情况下要防止共振的发生，如机器在运转中可能会因共振而降低精密度。

E48. 固体（的场致发光、电致）发光（Electroluminescence of solids）

固体发光的种类根据激发方式的不同，主要分为如下几种。

光致发光是指发光材料在可见光、紫外线或 X 射线照射下产生的发光，发光波长比所吸收的光波波长要长。

场致发光又称电致发光，是利用直流或交流电场能量来激发发光。场致发光实际上包括几种不同类型的电子过程，一种类型是本征场致发光，另外一种类型是结型场致发光。

E49. 惯性力（Inertial force）

牛顿运动定律只适用于惯性系。在非惯性系中，为使牛顿运动定律仍然有效，常引入一个假想的力，用以解释物体在非惯性系中的运动。这个由于物体的惯性而引入的假想力称为"惯性力"。它是物体的惯性在非惯性系中的一种表现，并不反映物体间的相互作用。它也不服从牛顿第三定律，于是惯性力没有施力物，也没有反作用力。例如，前进的汽车突然刹车时，车内乘客就感觉到自己受到一个向前的力，使自己向前倾倒，这个力就是惯性力。又如，汽车在转弯时，乘客也会感到有一个使他离开弯道中心的力，这个力即称"惯性离心力"。

E50. 光谱（Radiation spectrum）

复色光经过色散系统（如棱镜、光栅）分光后，被色散开的单色光按波长（或频率）大小而依次排列的图案。例如，太阳光经过三棱镜后形成按红、橙、黄、绿、蓝、靛（青蓝）、紫顺序连续分布的彩色光谱。

E51. 光生伏打效应（Photovoltaic effect）

1893 年，法国物理学家贝克勒尔意外地发现，用两片金属浸入溶液构成的伏打电池，受到阳光照射时会产生额外的伏打电势，他把这种现象称为光生伏打效应。

1883 年，有人在半导体硒和金属接触处发现了固体光伏效应。后来就把能够产生光生伏打效应的器件称为光伏器件。由于半导体 PN 结器件在阳光下的光电转换效率最高，所以通常把这类光伏器件称为太阳能电池，也称光电池或太阳电池。现主要有硅、硫化锡、砷化镓太阳能电池。

E52. 混合物分离（Separation of mixtures）

波的折射：波在传播过程中，由一种媒质进入另一种媒质时，传播方向发生偏折的现象，称波的折射。在同类媒质中，由于媒质本身不均匀，亦会使波的传播方向改变。此种现象也叫波的折射。

透射系数（传递系数）：对于两个空间中间的界面隔层来说，当声波从一空间入射到界面上时，声波激发隔层的振动，以振动向另两面空间辐射声波，此为透射声。通过一定面积的透射声波能量与入射声波能量之比称透射系数。对于开启的窗户，透射系数可近似为1。

E53. 火花放电（Spark discharge）

在电势差较高的正负带电区域之间，发出闪光并发出声响的短时间气体放电现象。在放电空间内，气体分子发生电离，气体迅速而剧烈发热，发出闪光和声响。例如，当两个带电导体互相靠近到一定距离时，就会在其间发生火花和声响（它们的电势差越大，则这种现象越显著），结果两个导体所带的电荷几乎全部消失。实质上分立的异性电聚积至足够量时，电荷突破它们之间的绝缘体而中和的现象就是放电，而中和时发生火花的就叫"火花放电"。

E54. 霍尔效应（Hall effect）

通有电流的金属或半导体放置在与电流方向垂直的磁场中时，在垂直于电流和磁场方向上的两个侧面间产生电势差的现象，1879年由霍尔首先发现。

霍尔效应常用来鉴定半导体的导电类型，用半导体材料制成的霍尔元件已应用于许多技术领域，如测定磁场、电流强度和电功率；把直流电流转换成交流电流或对电流进行调制；把各种物理量转换成电流信号后进行运算等。

利用霍尔效应制成的霍耳器件，如磁强计、安培计、瓦特计、磁罗盘等，制造霍耳器件的半导体材料主要是锗、硅、砷化镓、砷化铟、锑化铟等，用硅外延或离子注入方法。制作的薄膜霍尔器件可以和集成电路工艺相容。将霍尔器件和差分放大器及其他电路做在一个硅片上，可缩小尺寸、提高灵敏度、减小失调电压，便于大量生产。

E55. 霍普金森效应（Hopkinson effect）

霍普金森效应是由霍普金森于 1889 年发现的。霍普金森效应可在铁和镍的单晶、多晶样本中观察到，也可在很多铁磁合金中观察到。

霍普金森效应由以下 3 点组成：①将铁磁物质放入弱磁场，导磁性会在居里点附近出现急剧增大；②磁导率对温度的最大依赖关系，是由于处于居里点附近的铁磁物质的磁各向异性的戏剧性减少而导致的；③在居里点附近，因为铁磁物质自然磁化的消失，将使导磁性减小。

E56. 加热（Heating）

增加物体温度的过程称为加热，也就是将能量转化为物体或物体系统的热的形式。

E57. 焦耳–楞次定律（Joule–Lenz Law）

1840 年，焦耳把环形线圈放入装水的试管内，测量不同电流强度和电阻时的水温。通过这一实验发现：导体在一定时间内放出的热量与导体的电阻及电流强度的平方之积成正比。由于不久之后，俄国物理学家楞次也独立发现了同样的定律，该定律也称为焦耳–楞次定律。

E58. 焦耳–汤姆逊效应（Joule–Thomson effect）

气体经过绝热节流过程后温度发生变化的现象，称为"焦耳–汤姆逊效应"。当气流达到稳定状态时，一切临界温度不太低的气体（如氮、氧、空气等），经节流膨胀后温度都要降低；而临界温度很低的气体（如氢）经节流膨胀后温度反而会升高。气体经过节流膨胀过程而发生温度改变的现象，称为焦耳–汤姆逊效应。在通常温度下，许多气体都可以通过节流膨胀过程使温度降低，冷却而成为液体。工业上就利用这种效应制备液化气体。

E59. 金属覆层润滑剂（Metal–cladding lubricants）

金属有机化合物中的金属会在高温下获得释放。金属覆层滑润剂中含有金属有机化合物，这种润滑剂是依靠零件间的摩擦力来进行加热的，然后，金属有机化合物将产生分解，释放出金属，释放的金属会填充到零件表面的不平整部位，以此来减少零件间的摩擦力。

E60. 居里效应（Curie effect）

比埃尔·居里（1859—1906）法国物理学家。早期的主要贡献为确定磁性物质的转变温度（居里点），对于铁磁物质来说，由于有磁畴的存在，因此在外加的交变磁场的作用下将产生磁滞现象。磁滞回线就是磁滞现象的主要表现。如果将铁磁物质加热到一定的温度，由于金属点阵中的热运动的加剧，磁畴遭到破坏时，铁磁物质将转变为顺磁物质，磁滞现象消失，铁磁物质这一转变温度称为居里温度（居里点）。

不同的铁磁质，居里点不同。铁的居里点为 769℃；钴是 1131℃；镍的居里点较低，为 358℃。锰锌铁氧体的居里点只有 215℃，钴基非晶合金的居里点为 205℃，铁基非晶合金的居里点为 370℃，高导磁波莫合金的居里点为 460℃ 至 480℃，微晶纳米晶合金的居里点为 600℃，取向硅钢居里点为 730℃。

E61. 克尔效应（Kerr effect）

电光克尔效应：1875 年英国物理学家克尔发现，玻璃板在强电场作用下具有双折射性质，称克尔效应。后来发现多种液体和气体都能产生克尔效应。

磁光克尔效应：入射的线偏振光在已磁化的物质表面反射时，振动面发生旋转的现象，1876 年由克尔发现，磁光克尔效应分极向、纵向和横向 3 种，分别对应物质的磁化强度与反射表面垂直、与表面和入射面平行、与表面平行而与入射面垂直 3 种情形。

E62. 扩散（Diffusion）

由于粒子（原子、分子或分子集团）的热运动自发地产生物质迁移现象叫"扩散"。扩散可以在同一物质的一相或固、液、气多相间进行。也可以在不同的固体、液体和气体间进行。主要由于浓度或温度所引起。一般是从浓度较大的区域向浓度较小的区域扩散，直到相内各部分的浓度达到均匀或两相间的浓度达到平衡时为止。物质直接互相接触时，称自由扩散。若扩散是经过隔离物质进行时，则称为渗透。

E63. 冷却（Cooling）

将物体或系统的热量带走，降低物体温度的过程称为冷却。

E64. 洛伦兹力（Lorentz force）

磁场对运动点电荷的作用力。1895年荷兰物理学家洛伦兹建立经典电子论时，作为基本假设提出来的，现已被大量实验证实。

洛伦兹力的公式是：$f = qvB\sin\theta$（式中，q、v分别是点电荷的电量和速度；B是点电荷所在处的磁感应强度；θ是v和B的夹角）。洛伦兹力的方向循右手螺旋定则垂直于v和B构成的平面，为由v转向B的右手螺旋的前进方向（若q为负电荷，则反向）。由于洛伦兹力始终垂直于电荷的运动方向，所以它对电荷不做功，不改变运动电荷的速率和动能，只能改变电荷的运动方向使之偏转。

E65. 毛细现象（Capillary phenomena）

毛细管：凡内径很细的管子都叫"毛细管"。通常指的是等于或小于1毫米的细管，因管径有的细如毛发故称毛细管。例如，水银温度计、钢笔尖部的狭缝、毛巾和吸墨纸纤维间的缝隙、土壤结构中的细隙以及植物的根、茎、叶的脉络等，都可认为是毛细管。

毛细现象：插入液体中的毛细管，管内外的液面会出现高差。当浸润管壁的液体在毛细管中上升（即管内液面高于管外）或当不浸润管壁的液体在毛细管中下降（即管内液面低于管外），这种现象称为"毛细现象"。产生毛细现象原因之一是由于附着层中分子的附着力与内聚力的作用，造成浸润或不浸润，因而使毛细管中的液面呈现弯月形。原因之二是由于存在表面张力，从而使弯曲液面产生附加压强。

E66. 摩擦力（Friction）

相互接触的两物体在接触面上发生的阻碍该两物体相对运动的力称为"摩擦力"。

摩擦力可分为静摩擦力和滑动摩擦力。两个接触着的物体，有相对滑动的趋势时，物体之间就会出现一种阻碍启动的力，这种力叫静摩擦力。两个接触着的物体，有了沿接触面的相对滑动，在接触面上就会产生阻碍相对滑动的力,这种力叫滑动摩擦力,因此不能把摩擦力只看做是一种阻力,摩擦力有时可以是动力。

E67. 珀耳帖效应（Peltier effect）

1834年,法国科学家珀耳帖发现:当两种不同属性的金属材料或半导体材料互相紧密连接在一起的时候,在它们的两端通进直流电后,只要变换直流电的方向,在它们的接头处,就会相应出现吸收或者放出热量的物理,于是起到制冷或制热的效果,这里称为"珀耳帖效应"。珀耳帖冷却是运用"珀耳帖效应",即组合不同种类的两种金属,通电时一方发热而另一方吸收热量的方式。因此,应用珀耳帖效应制成的半导体制冷器,就能制造出不需要制冷剂、制冷速度快、无噪声、体积小、可靠性高的绿色电冰箱。

E68. 起电（Electrification）

人类在很早以前就知道琥珀摩擦后具有吸引稻草片或羽毛屑等轻小物体的特性。

摩擦起电:两种不同物体相互摩擦后,分别带有正电和负电的现象。

静电感应:在带电体附加的导体,受带电体的影响在其表面的不同部分出现正负电荷的现象称为"静电感应"。

E69. 气穴现象（Cavitation）

气穴现象是由于机械力,如由船用的旋转机械力产生的致使液体中的低压气泡突然形成并破裂的现象。

水的气穴现象就是指冲击波到达水面后,使水面快速上升,并在一定的水域内产生很多空泡层,最上层的空泡层最厚,向下逐渐变薄。随着静水压力的增加,超过一定的深度后,便不再产生空泡。

声波的气穴现象:用20~40千赫的声波进行了实验,声波在浓硫酸液体中产生高密度与低密度2个快速交替的区域,使得压力在其间振荡,液体中的气泡在高压下收缩,低压下膨胀。压力的变化非常快,致使气泡向内炸裂,有足够的力量产生热。

气穴现象在水下武器中的应用,如海底子弹,当子弹由特别的物体反射出去后,在它的前部会形成一种类似于气泡的东西,它的形成会让子弹的阻力减少,以增加威力。

E70. 热传导(Thermal conduction)

热传导:亦称"导热"。是热传递 3 种基本方式之一。它是固体热传递的主要方式,在不流动的液体或气体层中层层传递,在流动情况下往往与对流同时发生。热传导实质是由大量物质的粒子热运动互相撞击,而使能量从物体的高温部分传至低温部分,或由高温物体传给低温物体的过程。

热导率:或称"导热系数",是物质导热能力的量度,符号为 λ 或 K,单位为瓦每米开($W \cdot m^{-1} \cdot K^{-1}$)

E71. 热电现象(Thermoelectric phenomena)

温差电动势(热电动势);用 2 种金属接成回路,当两接头处温度不同时,回路中会产生电动势,称热电动势(或温差电动势)。热电动势的成因:自由电子热扩散(汤姆逊电动势);自由电子浓度不同(珀耳帖电动势)。

E72. 热电子发射(Thermoelectric emission)

热电子发射又称爱迪生效应,是爱迪生于 1883 年发现的。

加热金属使其中大量电子克服表面势垒而逸出的现象与气体分子相似,金属中的自由电子作无规则的热运动,其速率有一定的分布。在金属表面存在这阻碍电子逃脱出去的作用力,电子逸出需克服阻力做功,称为逸出功(旧称功函数)。在室温下,只有极少量电子的动能超过逸出功,从金属表面逸出的电子数微乎其微。一般当金属温度上升到 1000℃ 以上时,动能超过逸出功的电子数目急剧增多,大量电子由金属中逸出,这就是热电子发射。

除热电子发射外,靠电子流或离子流轰击金属表面产生电子发射的,称为二次电子发射。靠外加强电场引起电子发射的称为场效应发射。靠光照射金属表面引起电子发射的称为光电发射。各种电子发射都有其特殊的应用。

E73. 热辐射（Heat radiation）

热的一种传递方式。它不依赖物质的接触，而由热源自身的温度作用向外发射能量，这种传热方式叫"热辐射"。它和热的传导、对流不同。它不依靠媒质而把热直接从一个系统传给另一系统。热辐射是以电磁波辐射的形式发射出能量，温度的高低决定于辐射的强弱。

关于热辐射，其重要规律有4个：基尔霍夫辐射定律、普朗克辐射分布定律、斯蒂藩-玻耳兹曼定律、维恩位移定律。这4个定律有时统称为热辐射定律。

E74. 热敏性物质（Heat – sensitive substances）

受热时就会发生明显状态变化的物质，这些状态变化通常是相变、一级相变或二级相变。

由于热敏性物质可在很窄温度范围内发生急速的转化，所以常用来显示温度，以代替温度的测量。以下是可用的热敏行物质：①可改变光学性能的液晶；②改变颜色的热涂料；③溶解合金，如伍德合金；④有沸点、凝固点和转化的临界状态点的水；⑤有形状记忆能力的材料；⑥在居里点可改变磁性的铁磁材料。

E75. 热膨胀（Thermal expansion）

物体因温度改变而发生膨胀现象叫"热膨胀"。通常是指外压强不变的情况下，大多数物质在温度升高时，其体积增大，温度降低时体积缩小。在相同条件下，气体膨胀最大，液体膨胀次之，固体膨胀最小。也有少数物质在一定的温度范围内，温度升高时，其体积反而减小。

E76. 热双金属片（Thermobimetals）

热双金属片是由不同热膨胀系数合金组成的具有特殊功能的复合材料，当升温相同时，它们的膨胀程度不同，一侧膨胀大，另一侧膨胀小，从而造成双金属片的弯曲，所以相同条件下，不同类型的金属热胀冷缩程度不同。受热时发生变形能起到控制和调节温度的作用。

热双金属片作为温度测量、温度控制和温度补偿元件，广泛地用于电器、热工、汽车制造、仪器仪表、医疗器械和家用电器等各行各业。

E77. 渗透（Osmosis）

被半透膜所隔开的两种液体，当处于相同的压强时，纯溶剂通过半透膜而进入溶液的现象称为渗透。渗透作用不仅发生于纯溶剂和溶液之间，而且还可以在同种不同浓度溶液之间发生。低浓度的溶液通过半透膜进入高浓度的溶液中。砂糖、食盐等结晶体的水溶液，易通过半透膜，而糊状、胶状等非结晶体则不能通过。

E78. 塑性变形（Plastic deformation）

所有的固体金属都是晶体，原子在晶体所占的空间内有序排列。在没有外来作用时，金属中原子处于稳定的平衡状态，金属物体具有自己的形状与尺寸。施加外力，会破坏原子间原来的平衡状态，造成原子排列畸变，引起金属形状与尺寸的变化。

假若除去外力，金属中原子立即恢复到原来稳定平衡的位置，原子排列畸变消失和金属完全恢复了自己的原始形状和尺寸，则这样的变形称为弹性变形。

若外力除去后，原子间的距离虽然仍可恢复原状，但错动了的原子并不能再回到其原始位置，金属的形状和尺寸也都发生了永久改变。这种在外力作用下产生不可恢复的永久变形称为塑性变形。

E79. Thoms 效应（Thoms effect）

在管道中流体流动沿径向分为三部分：管道的中心为紊流核心，它包含了管道中的绝大部分流体；紧贴管壁的是层流底层；层流底层与紊流旋涡之间为缓冲区，层流的阻力要比紊流的阻力小。

1948 年，英国科学家 Thoms 发现，在液体中添加聚合物可以将管内流动从紊流转变成层流，从而大大降低输送管道的阻力，这就是摩擦减阻技术。

E80. 汤姆逊效应（Thomson effect）

1856 年，汤姆逊发现第三热电现象：电流通过具有温度梯度的均匀导体时，导体将吸收或放出热量（这将取决于电流的方向），这就是汤姆逊效应。由汤姆逊效应产生的热流量，称汤姆逊热。汤姆逊热是焦耳热之外的一种热。原理上，"逆汤姆逊效应"也是可能的：随着交替的温度梯度，导体中的电势差也会出现。但是，这种效应是否存在，还没有得到实验上的证实。

E81. 韦森堡效应（Weissenberg effect）

当高聚物熔体或溶液在各种旋转黏度计中或在容器中进行电动搅拌，受到旋转剪切作用，流体会沿着内筒壁或轴上升，发生包轴或爬杆现象，在锥板黏度计中则产生使锥体和板分开的力，如果在锥体或板上有与轴平行的小孔，流体会涌入小孔，并沿孔上所接的管子上升，这类现象统称为韦森堡效应。尽管韦森堡效应有很多的表现形式，但它们都是法向应力效应的反映。

E82. 位移（Displacement）

质点从空间的一个位置运动到另一个位置，它的位置变化称为质点在这一运动过程中的位移。它是一个有大小和方向的物理量，即矢量。物体在某一段时间内，如果由初位置移到末位置，则由初位置到末位置的有向线段叫位移。它的大小是运动物体初位置到末位置的直线距离；方向是从初位置指向末位置。在国际单位制中位移的单位为米。

E83. 吸附作用（Sorption）

各种气体、蒸汽以及溶液里的溶质被吸在固体或液体物质表面上的现象叫吸附。具有吸附性质的物质叫吸附剂、被吸附的物质叫吸附质。吸附作用实际是吸附剂对吸附质点的吸附作用。吸附剂之所以具有吸附性质，是因为分布在表面的质点同内部的质点所处的情况不同，内部的质点同周围各个方面的相邻的质点都有联系，因而它们之间的一切作用都互相平衡，而在表面上的质点，表面以上的作用力没有达到平衡而保留有自由的力场，借由这种力场，物质的表面就能够把同它接触的液体或气体的质点吸住。

E84. 吸收（Absorption）

吸收是物质吸取其他实物或能量的过程。气体被液体或固体吸收，或液体被固体所吸取。在吸收过程中，一种物质将另一种物质吸进体内与其融合或化合。例如，硫酸或石灰吸收水分；血液吸收营养；毡毯、矿物棉、软质纤维板及膨胀珍珠岩等材料可吸收噪声；用化学木浆或棉浆或纸质粗松的吸墨纸，用来吸干墨水。吸收气体或液体的固体，往往具有多孔结构。当声波、光波、电磁波的辐射，投射到介质中沿某一方向传播时，随入射深度逐渐被介质吸收。例如玻璃吸收紫外线，水吸收声波，金属吸收 X 射线等。

E85. 形变（Deformation）

凡物体受到外力而发生的形状变化称为"形变"。物体由于外因或内在缺陷，物质颗粒的相对位置发生改变，也可引起形态的变化。

E86. 形状（Shape）

物体形状：物体的外部轮廓（外观）。形状的几何参数包括体积、表面积尺寸。常用的形状包括光滑表面、抛物面、球面、皱褶（波状）、螺旋、窄槽、微孔、穗和环。

E87. 形状记忆合金（Shape memory）

有些材料，在发生了塑性变形后，经过合适的热过程，能够恢复到变形前的形状，这种现象称为形状记忆效应（SME）。具有形状记忆效应的金属一般是两种以上金属组成的合金，称为形状记忆合金（SMA）。

E88. 压磁效应（Piezomagnetic）

当铁磁材料受到机械力的作用时，在它的内部产生应变，从而产生应力 σ，导致磁导率 μ 发生变化的现象称为压磁效应。

E89. 压电效应（Piezoelectric effect）

由物理学知，一些离子型晶体的电介质（如石英、酒石酸钾钠、钛酸钡等）不仅在电场力作用下，而且在机械力作用下，都会产生极化现象。在这些电介质的一定方向上施加机械力而产生变形时，就会引起它内部正负电荷中心相对转移而产生电的极化，从而导致其两个相对表面（极化面）上出现符号相反的束缚电荷 Q。当外力消失，又恢复不带电原状；当外力变向，电荷极性随之而变，这种现象称为正压电效应，或简称压电效应。

若对上述电介质施加电场作用时，同样会引起电介质内部正负电荷中心的相对位移而导致电介质产生变形，且其应变 S 与外电场强度 E 成正比。这种现象称为逆压电效应或称电致伸缩。

E90. 压强（Pressure）

垂直作用于物体的单位面积上的压力。在国际单位制中其单位是"帕斯卡"，简称"帕"。

E91. 液/气体的压力（Pressure force of liquid/gas）

液体的压力是指，液体因为重力的作用和它的流动特性，当液体静止时液体内以及其接触面上各点所受的压力。这些压力都遵守下列规律：①静止液体的压力必定与接触面垂直；②静止液体内同一水平面上各点，所受压强完全相等；③静止液体内某一点的压强，对任何方向都相等；④静止液体内上下两点的压强差，等于以两点间的垂直距离为高度，单位面积为底的液柱重。

地球表面覆盖有一层厚厚的由空气组成的大气层。在大气层中的物体，都要受到空气分子撞击产生的压力，这个压力称为大气压力。也可以认为，大气压力是大气层中的物体受大气层自身重力产生的作用于物体上的压力。

E92. 液体动力（Hydrodynamic force）

流体力学：研究流体的运动规律以及流体与流体中物体之间的相互作用。在流体力学中一般不考虑流体的分子、原子结构而把它视为连续介质。它处理流体的压强、速度及加速度等问题，包括流体的形变、压缩及膨胀。因此流体力学也是以牛顿运动三定律为基础的，并遵循质量守恒、能量守恒和功能原理等力学规律。

E93. 液体和气体压强（Liquid or gas pressure）

液体压强：由于液体有重量，因此在液体的内部就存在由液体本身的重量而引起的压强，这个压强等于液体单位体积的质量和液体所在处的深度的乘积，即 $P=\rho g h$（式中 $g=9.8\text{N/kg}$）。由公式知，液体内部的压强与深度有关，深度增加，压强亦随着增加。

因为液体具有流动性，所以液体内部的压强又表现出另外一些特点：液体对容器的底部和侧壁都有压强的作用，而且压强一定与底面或侧壁垂直；液体内部的压强是向各个方向的，而且在同一深度的地方向各个方向的压强都相等。

大气压强：由于从地球表面延伸至高空的空气重量，使地球表面附近的物体单位面积上所受的力称为"大气压强"。大气压强的测量通常以水银气压计的水银柱的高来表示。地面上标准大气压约等于76厘米高水银柱产生的压强。

E94. 一级相变（Phase transition – type Ⅰ）

（物态变化）不同相之间的相互转变，称为"相变"或称"物态变化"。自然界中存在的各种各样的物质，绝大多数都是以固、液、气3种聚集态存在着。为了描述物质的不同聚集态，而用"相"来表示物质的固、液、气3种形态的"相貌"。在发生相变时，有体积的变化同时有热量的吸收或释放，这类相变即称为"一级相变"。例如，在1个大气压0℃的情况下，1kg质量的冰转变成同温度的水，要吸收334.32J的热量，与此同时体积亦收缩。所以，冰与水之间的转换属一级相变。

E95. 永久磁铁（Permanent magnets）

磁铁是成分为铁、钴、镍等，其原子结构特殊，原子本身具有磁矩的矿物质。一般的这些矿物分子排列混乱，磁区互相影响就显不出磁性，但是在外力（如磁场）导引下分子排列方向趋向一致，就显出磁性。

E96. 约翰逊－拉别克效应（Johnson – Ranbec effect）

1920年，约翰逊和拉别克发现，抛光镜面的弱导电物质（玛瑙、石板等）的平板，会被一对连接着200V电源的、邻接的金属板稳固地拿住。而在断电情况下，金属板可以很轻易地移开。

E97. 折射（Refraction）

波的折射：波在传播过程中，由一种媒质进入另一种媒质时，传播方向发生偏折的现象，称波的折射。在同类媒质中，由于媒质本身不均匀，亦会使波的传播方向改变。

绝对折射率：任何介质相对于真空的折射率，称为该介质的绝对折射率，简称折射率（Index of refraction）。对于一般光学玻璃，可以近似地认为以空气的折射率来代替绝对折射率。

E98. 振动（Vibration）

振动：是一种很常见的运动形式。在力学中，指一个物体在某一位置附近做周期性的往复运动，也称振荡。一个物理量在某一恒定值附近往复变化的过程也称振动，如交流电电压、电流随时间的变化。

E99. 驻波（Standing waves）

在同一媒质里，2个频率相同、振幅相等、振动方向相同、沿相反方向传播的波叠加而成的波叫"驻波"。驻波是波的一种干涉现象，在声学和光学中都有重要的应用。

E100. 驻极体（Electrets）

将电介质放在电场中就会被极化。许多电介质的极化是与外电场同时存在同时消失的。也有一些电介质，受强外电场作用后其极化现象不随外电场去除而完全消失，出现极化电荷"永久"存在于电介质表面和体内的现象。这种在强外电场等因素作用下，极化并能"永久"保持极化状态的电介质，称为驻极体。

驻极体具有体电荷特性，即它的电荷不同于摩擦起电，既出现在驻极体表面，也存在于其内部。若把驻极体表面去掉一层，新表面仍有电荷存在；若把它切成两半，就成为两块驻极体。这一点可与永久磁体相类比，因此驻极体又称永电体。

能制成驻极体的有天然蜡、树脂、松香、磁化物、某些陶瓷、有机玻璃及许多高分子聚合物（如 K-1 聚碳酸酯、聚四氟乙烯、聚全氟乙烯丙烯、聚丙烯、聚乙烯、聚酯）等。根据驻极体极化时所采用的物理方法，有热驻极体、光驻极体、电驻极体和磁驻极体等之分。

附录 D 经典矛盾矩阵表

改善的参数 \ 恶化的参数	1 运动物体的重量	2 静止物体的重量	3 运动物体的长度	4 静止物体的长度	5 运动物体的面积	6 静止物体的面积	7 运动物体的体积	8 静止物体的体积	9 速度	10 力	11 应力或压强	12 形状	13 稳定性
1 运动物体的重量			15, 08, 29, 34		29, 17, 38, 34		29, 02, 40, 28		02, 08, 15, 38	08, 10, 18, 37	10, 36, 37, 40	10, 14, 35, 40	01, 35, 19, 39
2 静止物体的重量				10, 01, 29, 35		35, 30, 13, 02		05, 35, 14, 02		08, 10, 19, 35	13, 29, 10, 18	13, 10, 29, 14	26, 39, 01, 40
3 运动物体的长度	15, 08, 29, 34				15, 17, 04		07, 17, 04, 35		13, 04, 08	17, 10, 04	01, 18, 35	01, 08, 10, 29	01, 18, 15, 34
4 静止物体的长度		35, 28, 40, 29				17, 07, 10, 40		35, 08, 02, 14		28, 10	01, 14, 35	13, 14, 15, 07	39, 37, 35

254

续表

改善的参数 \ 恶化的参数		1 运动物体的重量	2 静止物体的重量	3 运动物体的长度	4 静止物体的长度	5 运动物体的面积	6 静止物体的面积	7 运动物体的体积	8 静止物体的体积	9 速度	10 力	11 应力或压强	12 形状	13 稳定性
5	运动物体的面积	02, 14 29, 04		14, 15 18, 04				07, 14 17, 04		29, 30 04, 34	19, 30 35, 02	10, 15 36, 28	05, 34 29, 04	11, 02 13, 39
6	静止物体的面积		30, 02 14, 18		26, 07 09, 39							10, 15 36, 37		02, 38
7	运动物体的体积	02, 26 29, 40		01, 07 35, 04		01, 07 04, 17				29, 04 38, 34	15, 35 36, 37	06, 35 36, 37	01, 15 29, 04	28, 10 01, 39
8	静止物体的体积		35, 10 19, 14	19, 14	35, 08 02, 14						02, 18 37	24, 35	07, 02 35	34, 28 35, 40
9	速度	02, 28 13, 38		13, 14 08		29, 30 34		07, 29 34			13, 28 15, 19	06, 18 38, 40	35, 15 18, 34	28, 33 01, 18
10	力	08, 01 37, 18	18, 13 01, 28	17, 19 09, 36	28, 10	19, 10 15	01, 18 36, 37	15, 09 12, 37	02, 36 18, 37	13, 28 15, 12		18, 21 11	10, 35 40, 34	35, 10 21
11	应力或压强	10, 36 37, 40	13, 29 10, 18	35, 10 36	35, 01 14, 16	10, 15 36, 28	10, 15 36, 24	06, 35 10	35, 24	06, 35 36	36, 35 21		35, 04 15, 10	35, 33 02, 40
12	形状	08, 10 29, 40	15, 10 26, 03	29, 34 05, 04	13, 14 10, 07	05, 34 04, 10		14, 04 15, 22	07, 02 35	35, 15 34, 18	35, 10 37, 40	34, 15 10, 14		33, 01 18, 04

续表

改善的参数 \ 恶化的参数		1 运动物体的重量	2 静止物体的重量	3 运动物体的长度	4 静止物体的长度	5 运动物体的面积	6 静止物体的面积	7 运动物体的体积	8 静止物体的体积	9 速度	10 力	11 应力或压强	12 形状	13 稳定性
13	稳定性	21, 35 02, 39	26, 39 01, 40	13, 15 01, 28	37	02, 11 13	39	28, 10 19, 39	34, 28 35, 40	33, 15 28, 18	10, 35 21, 16	02, 35 40	22, 01 18, 04	
14	强度	01, 08 40, 15	40, 26 27, 01	01, 15 08, 35	15, 14 28, 26	03, 34 40, 29	09, 40 28	10, 15 14, 07	09, 14 17, 15	08, 13 26, 14	10, 18 03, 14	10, 03 18, 40	10, 30 35, 40	13, 17 35
15	运动物体的作用时间	19, 05 34, 31		02, 19 09		03, 17 19		10, 02 19, 30		03, 35 05	19, 02 16	19, 03 27	14, 26 28, 25	13, 03 35
16	静止物体的作用时间		06, 27 19, 16		01, 40 35				35, 34 38					39, 03 35, 23
17	温度	36, 22 06, 38	22, 35 32	15, 19 09	15, 19 09	03, 35 39, 18	35, 38	34, 39 40, 18	35, 06 04	02, 28 36, 30	35, 10 03, 21	35, 39 19, 02	14, 22 19, 32	01, 35 32
18	照度	19, 01 32	02, 35 32	19, 32 16		19, 32 26		02, 13 10		10, 13 19	26, 19 06		32, 30	32, 03 27
19	运动物体的能量消耗	12, 18 28, 31		12, 28		15, 19 25		35, 13 18		08, 15 35	16, 26 21, 02	23, 14 25	12, 02 39	19, 13 17, 24
20	静止物体的能量消耗		19, 09 26, 27								36, 37			27, 04 29, 18

续表

恶化的参数\改善的参数	1 运动物体的重量	2 静止物体的重量	3 运动物体的长度	4 静止物体的长度	5 运动物体的面积	6 静止物体的面积	7 运动物体的体积	8 静止物体的体积	9 速度	10 力	11 应力或压强	12 形状	13 稳定性
21 功率	08, 36 38, 31	19, 26 17, 27	01, 10 35, 37		19, 38	17, 32 13, 38	35, 06 38	30, 06 25	15, 35 02	26, 02 36, 35	22, 10 35	29, 14 02, 40	35, 32 15, 31
22 能量损失	15, 06 19, 28	19, 06 18, 09	07, 02 06, 13	06, 38 07	15, 26 17, 30	17, 07 30, 18	07, 18 23	07	16, 35 38	36, 38			14, 02 39, 06
23 物质损失	35, 06 23, 40	35, 06 22, 32	14, 29 10, 39	10, 28 24	35, 02 10, 31	10, 18 39, 31	01, 29 30, 36	03, 39 18, 31	10, 13 28, 38	14, 15 18, 40	03, 36 37, 10	29, 35 03, 05	02, 14 30, 40
24 信息损失	10, 24 35	10, 35 05	01, 26	26		30, 16		02, 22	26, 32				
25 时间损失	10, 20 37, 35	10, 20 26, 05	15, 02 29	30, 24 14, 05	26, 04 05, 16	10, 35 17, 04	02, 05 34, 10	35, 16 32, 18		10, 37 36, 05	37, 36 04	04, 10 34, 17	35, 03 22, 05
26 物质的量	35, 06 18, 31	27, 26 18, 35	29, 14 35, 18		15, 14 29	02, 18 40, 04	15, 20 29		35, 29 34, 28	35, 14 03	10, 36 14, 03	35, 14	15, 02 17, 40
27 可靠性	03, 08 10, 40	03, 10 08, 28	15, 09 14, 04	15, 29 28, 11	17, 10 14, 16	32, 35 40, 04	03, 10 14, 24	02, 35 24	21, 35 11, 28	08, 28 10, 03	10, 24 35, 19	35, 01 16, 11	
28 测量精度	32, 35 26, 28	28, 35 25, 26	28, 26 05, 16	32, 28 03, 16	26, 28 32, 03	26, 28 32, 03	32, 13 06		28, 13 32, 24	32, 02	06, 28 32	06, 28 32	32, 35 13
29 制造精度	28, 32 13, 18	28, 35 27, 09	10, 28 29, 37	02, 32 10	28, 33 29, 32	02, 29 18, 36	32, 28 02	25, 10 35	10, 28 32	28, 19 34, 36	03, 35	32, 30 40	30, 18
30 作用于物体的有害因素	22, 21 27, 39	02, 22 13, 24	17, 01 39, 04	01, 18	22, 01 33, 28	27, 02 39, 35	22, 23 37, 35	34, 39 19, 27	21, 22 35, 28	13, 35 39, 18	22, 02 37	22, 01 03, 35	35, 24 30, 18

续表

改善的参数 \ 恶化的参数		1 运动物体的重量	2 静止物体的重量	3 运动物体的长度	4 静止物体的长度	5 运动物体的面积	6 静止物体的面积	7 运动物体的体积	8 静止物体的体积	9 速度	10 力	11 应力或压强	12 形状	13 稳定性
31	物体产生的有害因素	19, 22 15, 39	35, 22 01, 39	17, 15 16, 22		17, 02 18, 39	22, 01 40	17, 02 40	30, 18 35, 04	35, 28 03, 23	35, 28 01, 40	02, 33 27, 18	35, 01	35, 40 27, 39
32	可制造性	28, 29 15, 16	01, 27 36, 13	01, 29 13, 17	15, 17 27	13, 01 26, 12	16, 40	13, 29 01, 40	35	35, 13 08, 01	35, 12	35, 19 01, 37	01, 28 13, 27	11, 13 01
33	操作流程的方便性	25, 02 13, 15	06, 13 01, 25			18, 16 15, 39	01, 16 15, 39	01, 16 35, 15	04, 18 31, 39	18, 13 34	28, 13 35	02, 32 12	15, 34 29, 28	32, 35 30
34	可维修性	02, 27 35, 11	02, 27 35, 11	01, 28 10, 25	03, 18 31	15, 32 13	16, 25	25, 02 35, 11	01	34, 39	01, 11 10	13	01, 13 02, 04	02, 35
35	适应性及通用性	01, 06 15, 08	19, 15 29, 16	35, 01 29, 02	01, 35 16	35, 30 29, 07	15, 16	15, 35 29		35, 10 14	15, 17 20	35, 16	15, 37 01, 08	35, 30 14
36	系统的复杂性	26, 30 34, 36	02, 26 35, 39	01, 19 26, 24	26	14, 01 13, 16	06, 36	34, 26 06	01, 16	34, 10 28	26, 16	19, 01 35	29, 13 28, 15	02, 22 17, 19
37	控制和测量的复杂性	27, 26 28, 13	06, 13 28, 01	16, 17 26, 24	26	02, 13 18, 17	02, 39 30, 16	29, 01 04, 16	02, 18 26, 31	03, 04 16, 35	36, 28 40, 19	35, 36 37, 32	27, 13 01, 39	11, 22 39, 30
38	自动化程度	28, 26 18, 35	28, 26 35, 10	14, 13 28, 17	23	17, 14 13		35, 13 16	35, 37	28, 10	02, 35	13, 35	15, 32 01, 13	18, 01
39	生产率	35, 26 24, 37	28, 27 15, 03	18, 04 28, 38	30, 07 14, 26	10, 26 34, 31	10, 35 17, 07	02, 06 34, 10	35, 37 10, 02		28, 15 10, 36	10, 37 14	14, 10 34, 40	35, 03 22, 39

续表

改善的参数 \ 恶化的参数	14 强度	15 运动物体的作用时间	16 静止物体的作用时间	17 温度	18 照度	19 运动物体的能量消耗	20 静止物体的能量消耗	21 功率	22 能量损失	23 物质损失	24 信息损失	25 时间损失	26 物质的量
1 运动物体的重量	28, 27 18, 40	05, 34 31, 35		06, 29 04, 38	19, 01 32	35, 12 34, 31		12, 36 18, 31	06, 02 34, 19	05, 35 03, 31	10, 24 35	10, 35 20, 28	03, 26 18, 31
2 静止物体的重量	28, 02 10, 27		02, 27 19, 06	28, 19 32, 22	35, 19 32		18, 19 28, 01	15, 19 18, 22	18, 19 28, 15	05, 08 13, 30	10, 15 35	10, 20 35, 26	19, 06 18, 26
3 运动物体的长度	08, 35 29, 34	19		10, 15 19	32	08, 35 24		01, 35	07, 02 35, 39	04, 29 23, 10	01, 24	15, 02 29	29, 35
4 静止物体的长度	15, 14 28, 26		01, 40 35	03, 35 38, 18	03, 25				06, 28	10, 28 24, 35	24, 26	30, 29 14	
5 运动物体的面积	03, 15 40, 14	06, 03		02, 15 16	15, 32 19, 13	19, 32		19, 10 32, 18	15, 17 30, 26	10, 35 02, 39	30, 26	26, 04	29, 30 06, 13
6 静止物体的面积	40		02, 10 19, 30	35, 39 38	10, 13 02			17, 32	17, 07 30	10, 14 18, 39	30, 16	10, 35 04, 18	02, 18 40, 04
7 运动物体的体积	09, 14 15, 07	06, 35 04		34, 39 10, 18	10, 13 19	35		35, 06 13, 18	07, 15 13, 16	36, 39 34, 10	02, 22	02, 06 34, 10	29, 30 07
8 静止物体的体积	09, 14 17, 15		35, 34 38	35, 06 04			01, 16 36, 37	30, 06		10, 39 35, 34		35, 16 32, 18	35, 03
9 速度	08, 03 26, 14	03, 19 35, 05		28, 30 36, 02	10, 13 19	08, 15 35, 38		19, 35 38, 02	14, 20 19, 35	10, 13 28, 38	13, 26		10, 19 29, 38
10 力	35, 10 14, 27	19, 02		35, 10 21		19, 17 10		19, 35 18, 37	14, 15	08, 35 40, 05		10, 37 36	14, 29 18, 36

续表

改善的参数 \ 恶化的参数		14 强度	15 运动物体的作用时间	16 静止物体的作用时间	17 温度	18 照度	19 运动物体的能量消耗	20 静止物体的能量消耗	21 功率	22 能量损失	23 物质损失	24 信息损失	25 时间损失	26 物质的量
11	应力或压强	09, 18 03, 40	19, 03 27		35, 39 19, 02		14, 24 10, 37		10, 35 14	02, 36 25	10, 36 37		37, 36 04	10, 14 36
12	形状	30, 14 10, 40	14, 26 09, 25		22, 14 19, 32	13, 15 32	02, 06 34, 14		04, 06 02	14	35, 29 03, 05		14, 10 34, 17	36, 22
13	稳定性	17, 09 15	13, 27 10, 35	39, 03 35, 23	35, 01 32	32, 03 27, 15	13, 19	27, 04 29, 18	32, 35 27, 31	14, 02 39, 06	02, 14 30, 40			15, 32 35
14	强度		27, 03 26		30, 10 40	35, 19	19, 35 10	35	10, 26 35, 28	35	35, 28 31, 40		29, 03 28, 10	29, 10 27
15	运动物体的作用时间	27, 03 10			19, 35 39	02, 19 04, 35	28, 06 35, 18		19, 10 35, 38		28, 27 03, 18	10	20, 10 28, 18	03, 35 10, 40
16	静止物体的作用时间				19, 18 36, 40				16		27, 16 18, 38	10	28, 20 10, 16	03, 35 31
17	温度	10, 30 22, 40	19, 13 39	19, 18 36, 40		32, 30 21, 16	19, 15 03, 17		02, 14 17, 25	21, 17 35, 38	21, 36 29, 31		35, 28 21, 18	03, 17 30, 39
18	照度	35, 19	02, 19 06		32, 35 19		32, 01 19	32, 35 01, 15	32	19, 16	13, 01	01, 06	19, 01 26, 17	01, 19
19	运动物体的能量消耗	05, 19 09, 35	28, 35 06, 18		19, 24 03, 14	02, 15 19			06, 19 37, 18	12, 22 15, 24	35, 24 18, 05		35, 38 19, 18	34, 23 16, 18

附录 D 经典矛盾矩阵表

续表

改善的参数 \ 恶化的参数	14 强度	15 运动物体的作用时间	16 静止物体的作用时间	17 温度	18 照度	19 运动物体的能量消耗	20 静止物体的能量消耗	21 功率	22 能量损失	23 物质损失	24 信息损失	25 时间损失	26 物质的量
20 静止物体的能量消耗	35				19, 02, 35, 32					28, 27, 18, 31			03, 35, 31
21 功率	26, 10, 28	19, 26, 10, 38	16	02, 14, 17, 25	16, 06, 19	16, 06, 19, 17			10, 35, 38	28, 27, 18, 38	10, 19	35, 20, 10, 06	04, 34, 19
22 能量损失	26			19, 38, 07	01, 13, 32, 15			03, 38		35, 27, 02, 37	19, 10	10, 18, 32, 07	07, 18, 25
23 物质损失	35, 28, 31, 40	28, 27, 03, 18	27, 16, 18, 38	21, 36, 39, 31	01, 06, 13	35, 18, 24, 05	28, 27, 12, 31	28, 27, 18, 38	35, 27, 02, 31			15, 18, 35, 10	06, 03, 10, 24
24 信息损失		10	10		19			10, 19	19, 10			24, 26, 28, 32	24, 28, 35
25 时间损失	29, 03, 28, 18	20, 10, 28, 18	28, 20, 10, 16	35, 29, 21, 18	01, 19, 21, 17	35, 38, 19, 18	01	35, 20, 10, 06	10, 05, 18, 32	35, 18, 10, 39	24, 26, 28, 32		35, 38, 18, 16
26 物质的量	14, 35, 34, 10	03, 35, 10, 40	03, 35, 31	03, 17, 39		34, 29, 16, 18	03, 35, 31	35	07, 18, 25	06, 03, 10, 24	24, 28, 35	35, 38, 18, 16	
27 可靠性	11, 28	02, 35, 03, 25	34, 27, 06, 40	03, 35, 10	11, 32, 13	21, 11, 27, 19	36, 23	21, 11, 26, 31	10, 11, 35	10, 35, 29, 39	10, 28	10, 30, 04	21, 28, 40, 03
28 测量精度	28, 06, 32	28, 06, 32	10, 26, 24	06, 19, 28, 24	06, 01, 32	03, 06, 32		03, 06, 32	26, 32, 27	10, 16, 31, 28		24, 34, 38, 32	02, 06, 32
29 制造精度	03, 27	03, 27, 40		19, 26	03, 32	32, 02		32, 02	13, 23, 02	35, 31, 10, 24		32, 26, 28, 18	32, 30

续表

改善的参数 \ 恶化的参数	14 强度	15 运动物体的作用时间	16 静止物体的作用时间	17 温度	18 照度	19 运动物体的能量消耗	20 静止物体的能量消耗	21 功率	22 能量损失	23 物质损失	24 信息损失	25 时间损失	26 物质的量
30 作用于物体的有害因素	18, 35 37, 01	22, 15 33, 28	17, 01 40, 33	22, 33 35, 02	01, 19 32, 13	01, 24 06, 27	10, 02 22, 37	19, 22 31, 02	21, 22 35, 02	33, 22 19, 40	22, 10 02	35, 18 34	35, 33 29, 31
31 物体产生的有害因素	15, 35 22, 02	15, 22 33, 31	21, 39 16, 22	22, 35 02, 24	19, 24 39, 32	02, 35 06	19, 22 18	02, 35 18	21, 35 22, 02	10, 01 34	10, 21 29	01, 22	03, 24 39, 01
32 可制造性	11, 03 10, 32	27, 01 04	35, 16	27, 26 18	28, 24 27, 01	28, 26 27, 01	01, 04	27, 01 12, 24	19, 35	15, 34 33	32, 24 18, 16	35, 28 34, 04	35, 24
33 操作流程的方便性	32, 40 03, 28	29, 03 08, 25	01, 16 25	26, 27 13	13, 17 01, 24	01, 13 24		35, 34 02, 10	02, 19 13	28, 32 02, 24	04, 10 27, 22	04, 28 10, 34	12, 35
34 可维修性	01, 11 02, 39	11, 29 28, 27	01	04, 10	15, 01 13	15, 01 28, 16		15, 10 32, 02	15, 01 32, 19	02, 35 34, 27		32, 01 10, 25	02, 28 10, 25
35 适应性及通用性	35, 03 32, 06	13, 01 35	02, 16	27, 02 03, 35	06, 22 26, 01	19, 35 29, 13	19, 35 16	19, 01 29	18, 15 01	15, 10 02, 13		35, 28	03, 35 15
36 系统的复杂性	02, 13 28	10, 04 28, 15		02, 17 13	24, 17 13	27, 02 29, 28		20, 19 30, 34	10, 35 13, 02	35, 10 28, 29		06, 29	13, 03 27, 10
37 控制和测量的复杂性	27, 03 15, 28	19, 29 25, 39	25, 34 06, 35	03, 27 35, 16	02, 24 26	35, 38 19, 18	19, 35 16	19, 01 16, 10	35, 03 15, 19	01, 18 10, 24	35, 33 27, 22	18, 28 32, 09	03, 27 29, 18
38 自动化程度	25, 13	06, 09		26, 02 19	08, 32 19	02, 32 13	28, 02 27	23, 28	35, 10 18, 05	35, 33	24, 28 35, 30	35, 13	11, 27 32
39 生产率	29, 28 10, 18	35, 10 02, 18	20, 10 16, 38	35, 21 28, 10	26, 17 19, 01	35, 10 38, 19	01	35, 20 10	28, 10 29, 35	28, 10 35, 23	13, 15 23		35, 38

附录 D 经典矛盾矩阵表

续表

改善的参数 \ 恶化的参数	27 可靠性	28 测量精度	29 制造精度	30 作用于物体的有害因素	31 物体产生的有害因素	32 可制造性	33 操作流程的方便性	34 可维修性	35 适应性及通用性	36 系统的复杂性	37 控制和测量的复杂性	38 自动化程度	39 生产率
1 运动物体的重量	03, 11 01, 27	28, 27 35, 26	28, 35 26, 18	22, 21 18, 27	22, 35 31, 39	27, 28 01, 36	35, 03 02, 24	02, 27 28, 11	29, 05 15, 08	26, 30 36, 34	28, 29 26, 32	26, 35 18, 19	35, 03 24, 37
2 静止物体的重量	10, 28 08, 03	18, 26 28	10, 01 35, 17	02, 19 22, 37	35, 22 01, 39	28, 01 09	06, 13 01, 32	02, 27 28, 11	19, 15 29	01, 10 26, 39	25, 28 17, 15	02, 26 35	01, 28 15, 35
3 运动物体的长度	10, 14 29, 40	28, 32 04	10, 01 35, 17	01, 15 17, 24	17, 15	01, 29 17	15, 29 35, 04	01, 28 10	14, 15 01, 16	01, 19 26, 24	35, 01 26, 24	17, 24 26, 16	14, 04 28, 29
4 静止物体的长度	15, 29 28	32, 28 03	02, 32 10	01, 18		15, 17 27	02, 25	, 03	01, 35	01, 26	26		30, 14 27, 26
5 运动物体的面积	29, 09	26, 28 32, 03	02, 32	22, 33 28, 01	17, 02 18, 39	13, 01 26, 24	15, 17 13, 16	15, 13 10, 01	15, 30	14, 01 13	02, 36 26, 18	14, 30 28, 23	10, 26 34, 02
6 静止物体的面积	32, 35 40, 04	26, 28 32, 03	02, 29 18, 36	27, 02 39, 35	22, 01 40	40, 16	16, 04	16	15, 16	01, 18 36	02, 35 30, 18	23	10, 15 17, 07
7 运动物体的体积	14, 01 40, 11	25, 26 28	25, 28 02, 16	22, 21 27, 35	17, 02 40, 01	29, 01 40	15, 13 30, 12	10	15, 29	26, 01	29, 26 04	35, 34 16, 24	10, 06 02, 34
8 静止物体的体积	02, 35 16		35, 10 25	34, 39 19, 27	30, 18 35, 04	35		01		01, 31	02, 17 26		35, 37 10, 02
9 速度	11, 35 27, 28	28, 32 01, 24	10, 28 32, 25	01, 28 35, 23	02, 24 35, 21	35, 13 08, 01	32, 28 13, 12	34, 02 28, 27	15, 10 26	10, 28 04, 34	03, 34 27, 16	10, 18	
10 力	03, 35 13, 21	35, 10 23, 24	28, 29 37, 36	01, 35 40, 18	13, 03 36, 24	15, 37 18, 01	01, 28 03, 25	15, 01 11	15, 17 18, 20	26, 35 10, 18	36, 37 10, 19	02, 35	03, 28 35, 37

续表

改善的参数 \ 恶化的参数		27 可靠性	28 测量精度	29 制造精度	30 作用于物体的有害因素	31 物体产生的有害因素	32 可制造性	33 操作流程的方便性	34 可维修性	35 适应性及通用性	36 系统的复杂性	37 控制和测量的复杂性	38 自动化程度	39 生产率
11	应力或压强	10, 13 19, 35	06, 28 25	03, 35	22, 02 37	02, 33 27, 18	01, 35 16	11	02	35	19, 01 35	02, 36 37	35, 24	10, 14 35, 37
12	形状	10, 40 16	28, 32 01	32, 30 40	22, 01 02, 35	35, 01	01, 32 17, 28	32, 15 26	02, 13 01	01, 15 29	16, 29 01, 28	15, 13 39	15, 01 32	17, 26 34, 10
13	稳定性		13	18	35, 23 18, 30	35, 40 27, 39	35, 19	32, 35 30	02, 35 10, 16	35, 30 34, 02	02, 35 22, 26	35, 22 39, 23	01, 08 35	23, 35 40, 03
14	强度	11, 03	03, 27 16	03, 27	18, 35 37, 01	15, 35 22, 02	11, 03 10, 32	32, 40 28, 02	27, 11 03	15, 03 32	13	27, 03 15, 40	15	29, 35 10, 14
15	运动物体的作用时间	11, 02 13	03	03, 27 16, 40	22, 15 33, 28	21, 39 16, 22	27, 01 04	12, 27	29, 10 27	01, 35 13	10, 04 29, 15	19, 29 39, 35	06, 10	35, 17 14, 19
16	静止物体的作用时间	34, 27 06, 40	10, 26 24		17, 01 40, 33	22	35, 10	01		02		25, 34 06, 35	01	20, 10 16, 38
17	温度	19, 35 03, 10	32, 19 24	24	22, 33 35, 02	22, 35 02, 24	26, 27	26, 27	04, 10 16	02, 18 27	02, 17 16	03, 27 35, 31	26, 02 19, 16	15, 28 35
18	照度		11, 15 32	03, 32	15, 19	35, 19 32, 39	19, 35 28, 26	28, 26 19	15, 17 13, 16	15, 01 19	06, 32 13	32, 15	02, 26 10	02, 25 16
19	运动物体的能量消耗	19, 21 11, 27	03, 01 32		01, 35 06, 27	02, 35 06	28, 26 30	19, 35	01, 15 17, 28	15, 17 13, 16	02, 29 27, 28	35, 38	32, 02	12, 28 35

续表

改善的参数 \ 恶化的参数		27 可靠性	28 测量精度	29 制造精度	30 作用于物体的有害因素	31 物体产生的有害因素	32 可制造性	33 操作流程的方便性	34 可维修性	35 适应性及通用性	36 系统的复杂性	37 控制和测量的复杂性	38 自动化程度	39 生产率
20	静止物体的能量消耗	10, 36 23			10, 02 22, 37	19, 22 18	01, 04					19, 35 16, 25		01, 06
21	功率	19, 24 26, 31	32, 15 02	32, 02	19, 22 31, 02	02, 35 18	26, 10 34	26, 35 10	35, 02 10, 34	19, 17 34	20, 19 30, 34	19, 35 16	28, 02 17	28, 35 34
22	能量损失	11, 10 35	32		21, 22 35, 02	21, 35 02, 22		35, 32 01	02, 19		07, 23	35, 03 15, 23	, 02	28, 10 29, 35
23	物质损失	10, 29 39, 35	16, 34 31, 28	35, 10 24, 31	33, 22 30, 40	10, 01 34, 29	15, 34 33	32, 28 02, 24	02, 35 34, 27	15, 10 02	35, 10 28, 24	35, 18 10, 13	35, 10 18	28, 35 10, 23
24	信息损失	10, 28 23			22, 10 01	10, 21 22	32	27, 22			35, 33	35, 33	35	13, 23 15
25	时间损失	10, 30 04	24, 34 28, 32	24, 26 28, 18	35, 18 34	35, 22 18, 39	35, 28 34, 04	04, 28 10, 34	32, 01 10	35, 28	06, 29	18, 28 32, 10	24, 28 35, 30	
26	物质的量	18, 03 28, 40	03, 02 28	33, 30	35, 33 29, 31	03, 35 40, 39	29, 01 35, 27	35, 29 10, 25	02, 32 10, 25	15, 03 29	03, 27	03, 27 29, 18	08, 35	13, 29 03, 27
27	可靠性		32, 03 11, 23	11, 32 01	27, 35 02, 40	35, 02 40, 26		27, 17 40	01, 11	13, 35 08, 24	13, 35 01	27, 40 28	11, 13 27	01, 35 29, 38
28	测量精度	05, 11 01, 23			28, 24 22, 26	03, 33 39, 10	06, 35 25, 18	01, 13 17, 34	01, 32 13, 11	13, 35 02	27, 35 10, 34	26, 24 32, 28	28, 02 10, 34	10, 34 28, 32
29	制造精度	11, 32 01			26, 28 10, 36	04, 17 34, 26		01, 32 35, 23	25, 10		26, 02 18		26, 28 18, 23	10, 18 32, 39

续表

改善的参数 \ 恶化的参数		27 可靠性	28 测量精度	29 制造精度	30 作用于物体的有害因素	31 物体产生的有害因素	32 可制造性	33 操作流程的方便性	34 可维修性	35 适应性及通用性	36 系统的复杂性	37 控制和测量的复杂性	38 自动化程度	39 生产率
30	作用于物体的有害因素	27, 24 02, 40	28, 33 23, 26	26, 28 10, 18			24, 35 02	02, 25 28, 39	35, 10 02	35, 11 22, 31	22, 19 29, 40 31	22, 19 29, 40	33, 03 34	22, 35 13, 24
31	物体产生的有害因素	24, 02 40, 39	03, 33 26	04, 17 34, 26							19, 01 31	02, 21 27, 01	02	22, 35 18, 39
32	可制造性		01, 35 12, 18		24, 02			02, 05 13, 16	35, 01 11, 09	02, 13 15	27, 26 01	06, 28 11, 01	08, 28 01	35, 01 10, 28
33	操作流程的方便性	17, 27 08, 40	25, 13 02, 34	01, 32 35, 23	02, 25 28, 39		02, 05 12		12, 26 01, 32	15, 34 01, 16	32, 25 12, 17	02, 19 29, 40	01, 34 12, 03	15, 01 28
34	可维修性	11, 10 01, 16	10, 02 13	25, 10	35, 10 02, 16		01, 35 11, 10	01, 12 26, 15		01, 16 07, 04	35, 01 13, 11	27, 11, 01	34, 35 07, 13	01, 32 10
35	适应性及通用性	35, 13 08, 24	35, 05 01, 10		35, 11 32, 31		01, 13 31	15, 34 01, 16	01, 16 07, 04		15, 29 37, 28		27, 34 35	35, 28 06, 37
36	系统的复杂性	13, 35 01	02, 26 10, 34	26, 24 32	22, 19 29, 40	19, 01	27, 26 01, 13	27, 09 26, 24	01, 13	29, 15 28, 37		15, 10 37, 28	15, 01 24	12, 17 28
37	控制和测量的复杂性	27, 40 28, 08	26, 24 32, 28		22, 19 29, 28	02, 21	05, 28 11, 29	02, 05	12, 26	01, 15	15, 10 37, 28		34, 21	35, 18
38	自动化程度	28, 26 10, 34	28, 26 18, 23	02, 33	02	01, 26 13	01, 12 34, 03	01, 35 13	27, 04 01, 35	15, 24 10	34, 27 25	27, 34 35		05, 12 35, 26
39	生产率	01, 35 10, 38	01, 10 34, 28	18, 10 32, 01	22, 35 13, 24	35, 22 18, 39	35, 28 02, 24	01, 28 07, 19	01, 32 10, 25	01, 35 28, 37	12, 17 28, 24	35, 18 27, 02	05, 12 35, 26